主 编／郑 丛 王菲瑶 李谷伟

副主编／吴 凡 郑茹文 章小玲 柯明明

三维建模

与渲染技术项目教程

（微课版）

清华大学出版社

北京

内 容 简 介

本书以"岗课赛证"融通为核心特色，以项目化教学为导向，深度整合 3ds Max 2024 与 V-Ray 渲染器的全流程技术，围绕三维模型师、室内设计师等岗位能力需求，通过九大实战项目系统构建从基础建模到商业场景渲染的完整知识体系。本书内容涵盖软件界面定制、几何体与样条线建模、复合对象与多边形高阶建模、材质贴图解析、灯光布控策略、渲染参数优化及完整空间设计案例（如现代极简风卧室、新中式风茶室），完整呈现三维设计与可视化表现的核心技术链。书中融入职业院校技能大赛的评分标准，配套"1+X"数字创意建模认证考点解析，实现技能训练与行业认证的深度衔接。

本书专为职业院校数字媒体技术、数字媒体艺术、环境艺术设计、室内设计等专业学生量身打造，深度适配职业教育长学制人才培养需求，通过渐进式项目设计构建螺旋式能力成长路径。同时，本书可作为室内设计师、效果图表现师的技术手册，满足职业技能等级认证备考与行业岗位能力提升需求，配套 CAD 源文件、材质库及渲染预设，可直接应用于教学与生产实践。

图书在版编目（CIP）数据

三维建模与渲染技术项目教程：微课版／郑丛，王菲瑶，李谷伟主编 . -- 北京：清华大学出版社，2025. 7. -- ISBN 978-7-302-69973-6

Ⅰ. TP391.414

中国国家版本馆 CIP 数据核字第 2025G3J779 号

责任编辑：李慧恬
封面设计：刘代书　钟明哲
责任校对：李　梅
责任印制：刘　菲

出版发行：清华大学出版社
　　　　　网　　　址：https://www.tup.com.cn, https://www.wqxuetang.com
　　　　　地　　　址：北京清华大学学研大厦 A 座　　　邮　编：100084
　　　　　社 总 机：010-83470000　　　　　　　　　邮　购：010-62786544
　　　　　投稿与读者服务：010-62776969, c-service@tup.tsinghua.edu.cn
　　　　　质量反馈：010-62772015, zhiliang@tup.tsinghua.edu.cn
　　　　　课件下载：https://www.tup.com.cn, 010-83470410

印 装 者：三河市铭诚印务有限公司
经　　销：全国新华书店
开　　本：185mm×260mm　　　印　　张：15.5　　　字　　数：343 千字
版　　次：2025 年 8 月第 1 版　　　　　　　　　印　　次：2025 年 8 月第 1 次印刷
定　　价：79.00 元

产品编号：111448-01

前　言

三维建模与渲染技术作为数字创意领域的核心技能，正深度驱动室内设计、影视制作、游戏开发等行业的革新。在追求高精度视觉表达与高效工作流的今天，掌握专业工具链不仅是技术门槛，更是职业竞争力的关键。3ds Max 2024 与 V-Ray 渲染器的协同应用，以其强大的建模灵活性与影视级渲染表现，成为行业标准工具组合，为从概念设计到商业交付的全流程提供了坚实的支撑。

本书立足职业教育"岗课赛证"融通理念，以真实行业需求为牵引，构建"基础夯实→技术进阶→综合实战"的能力培养模型。通过多层次的实战项目体系，系统解析三维建模与渲染技术的核心逻辑，覆盖从单体物件制作到完整空间设计的全链路技术要点。书中案例摒弃碎片化教学，聚焦"设计—技术—输出"的一体化思维，帮助读者在掌握工具操作的同时，理解行业规范与工作流逻辑，实现从技能训练到职业素养的跨越。

教学理念与资源支撑如下。

（1）长学制贯通设计：深度融合瑞安市瑞立中等职业技术学校、苍南县职业中等专业学校等院校的长学制培养经验，以阶梯式项目（如基础几何体建模→复杂装饰造型→完整空间渲染）适配中高职衔接需求，强化技术应用的连贯性与延展性。

（2）校企协同创新：引入行业工程师参与案例开发，确保技术标准与岗位需求同步。例如，"无主灯布光方案""V-RayLightMix 动态调光"等关键技术均源自实际项目经验，直击室内效果图制作的关键点。

（3）赛证驱动实战：嵌入全国职业院校技能大赛三维建模赛项技术规范，结合"1+X"数字创意建模认证考核要点，通过"认证模拟工单""微课视频解析"等资源，助力学生实现"以证提能、以赛促学"的双目标。

本书由高校教师、行业专家与中职教师团队协同编撰，兼顾理论深度与行业实践：吴凡负责项目 1 与项目 9 的编写；郑丛、章小玲负责项目 2、项目 3 和项目 8 的编写；柯明明、王菲瑶负责项目 5、项目 6 的编写；李谷伟、郑茹文等负责项目 4、项目 7 的编写。全书由郑丛统稿，李谷伟担任技术总监，确保内容的精准性与前沿性。

特别感谢瑞安市瑞立中等职业技术学校、苍南县职业中等专业学校、永嘉县职业中学、温州市轻工职业学校、温州东方技工学校、苍南飞林职业学校的教师团队，其在中高职课程衔接、实训项目开发等方面的宝贵经验为本书的实践性与适应性提供了重要支撑。

　　因三维技术迭代迅速，加之编者水平有限，书中疏漏之处在所难免，恳请广大读者、院校师生及行业专家不吝指正。愿本书成为读者探索三维艺术世界的指南针，助力更多创意人才在数字浪潮中破浪前行！

编　者

2025 年 3 月

目 录

项目 1 软件安装及个人 UI 设置 ………………………………………………… 1

  任务 1.1 3ds Max 2024 简介 ……………………………………………………… 1

    1.1.1 3ds Max 2024 的功能 ………………………………………………… 2

    1.1.2 3ds Max 2024 的特点 ………………………………………………… 2

  任务 1.2 获取、安装 3ds Max 2024 及 V-Ray 渲染器 ……………………… 2

    1.2.1 准备工作 …………………………………………………………… 3

    1.2.2 安装 3ds Max 2024 程序 ……………………………………………… 3

    1.2.3 V-Ray 渲染器程序 ………………………………………………… 4

  任务 1.3 认识 3ds Max 2024 的工作界面 ……………………………………… 6

    1.3.1 标题栏 ……………………………………………………………… 6

    1.3.2 菜单栏 ……………………………………………………………… 6

    1.3.3 工具栏 ……………………………………………………………… 7

    1.3.4 命令面板 …………………………………………………………… 10

    1.3.5 视图区 ……………………………………………………………… 10

    1.3.6 状态栏和提示行 …………………………………………………… 11

    1.3.7 时间滑块和轨迹栏 ………………………………………………… 11

  任务 1.4 设置个人 UI ……………………………………………………………… 11

    1.4.1 自定义菜单布局 …………………………………………………… 11

    1.4.2 自定义工具栏 ……………………………………………………… 12

    1.4.3 自定义视口布局和背景颜色 ……………………………………… 13

  项目重难点总结 ……………………………………………………………………… 13

项目 2 扇子的制作 ……………………………………………………………………… 14

  任务 2.1 选择操作 ………………………………………………………………… 14

    2.1.1 基础选择工具 ……………………………………………………… 15

    2.1.2 过滤选择 …………………………………………………………… 16

    2.1.3 孤立选择 …………………………………………………………… 16

  任务 2.2 变换操作 ………………………………………………………………… 17

    2.2.1 选择并移动工具 …………………………………………………… 17

    2.2.2 选择并旋转工具 …………………………………………………… 18

    2.2.3 选择并均匀缩放工具 ……………………………………………… 19

    2.2.4 坐标轴向与坐标系统 ……………………………………………… 19

任务 2.3　捕捉与轴约束 ·· 21

任务 2.4　对象的复制方式 ·· 23

　　2.4.1　变换工具复制 ·· 23

　　2.4.2　镜像复制 ·· 24

　　2.4.3　阵列复制 ·· 25

任务 2.5　扇子的制作 ·· 29

项目重难点总结 ·· 30

项目 3　雨伞模型的制作 ··· 31

任务 3.1　简单几何体建模 ·· 31

　　3.1.1　标准基本体 ·· 32

　　3.1.2　扩展基本体 ·· 39

任务 3.2　可编辑样条线建模 ······································ 50

　　3.2.1　渲染与插值卷展栏 ····································· 51

　　3.2.2　选择与软选择卷展栏 ·································· 52

　　3.2.3　几何体卷展栏 ··· 55

任务 3.3　修改器建模 ·· 61

　　3.3.1　挤出修改器 ·· 61

　　3.3.2　FFD 修改器 ··· 63

　　3.3.3　车削修改器 ·· 67

　　3.3.4　对称修改器 ·· 68

　　3.3.5　置换修改器 ·· 68

　　3.3.6　锥化修改器 ·· 69

　　3.3.7　松弛修改器 ·· 70

　　3.3.8　弯曲修改器 ·· 71

　　3.3.9　扭曲修改器 ·· 71

　　3.3.10　壳修改器 ·· 74

　　3.3.11　网格平滑与涡轮平滑 ································· 75

任务 3.4　品牌图标的制作 ·· 77

任务 3.5　高脚杯模型的制作 ······································ 79

任务 3.6　"雨伞"模型的制作 ····································· 81

项目重难点总结 ·· 85

项目 4　鱼群造型装饰建模 ·· 86

任务 4.1　复合对象建模 ··· 87

　　4.1.1　变形 ··· 87

　　4.1.2　散布 ··· 87

　　4.1.3　水滴网格 ·· 88

　　4.1.4　图形合并 ·· 89

4.1.5　布尔 ·· 90

4.1.6　放样 ·· 91

任务 4.2　多边形建模 ····································· 94

4.2.1　选择与软选择卷展栏 ························· 95

4.2.2　编辑顶点卷展栏 ····························· 96

4.2.3　编辑边卷展栏 ······························· 97

4.2.4　编辑边界卷展栏 ····························· 98

4.2.5　编辑多边形卷展栏 ··························· 98

4.2.6　编辑元素卷展栏 ····························· 102

4.2.7　编辑几何体卷展栏 ··························· 102

4.2.8　绘制变形卷展栏 ····························· 103

任务 4.3　特殊建模方法 ···································· 104

4.3.1　快照建模 ··································· 104

4.3.2　服装生成器建模 ····························· 106

任务 4.4　特殊鱼群造型装饰 ······························· 108

项目重难点总结 ··· 112

项目 5　渲染器概述 ·· 113

任务 5.1　安装 V-Ray 渲染器 ······························· 113

任务 5.2　渲染器的参数设置 ······························· 118

5.2.1　公用选项卡 ································· 118

5.2.2　V-Ray 选项卡 ······························· 120

5.2.3　GI 选项卡 ·································· 123

5.2.4　设置选项卡 ································· 125

5.2.5　Render Elements 选项卡 ······················· 126

项目重难点总结 ··· 126

项目 6　空间材质表现 ······································ 127

任务 6.1　设置渲染参数 ···································· 127

6.1.1　草图渲染参数 ······························· 128

6.1.2　大图渲染参数 ······························· 131

任务 6.2　贴图设置 ······································ 133

6.2.1　认识材质编辑器 ····························· 133

6.2.2　展开 UV 操作 ······························· 136

任务 6.3　金属质感表现 ···································· 137

6.3.1　影响金属的因素 ····························· 137

6.3.2　金属质感设置 ······························· 138

6.3.3　拉丝古铜金属质感设置 ························· 138

任务 6.4　玻璃质感表现 ···································· 141

6.4.1　透明玻璃质感设置 …………………………………………… 141

6.4.2　不同玻璃质感设置 …………………………………………… 143

任务 6.5　瓷器质感表现 …………………………………………… 147

6.5.1　白陶瓷 …………………………………………………… 147

6.5.2　青花瓷 …………………………………………………… 148

任务 6.6　木质质感表现 …………………………………………… 150

6.6.1　普通木纹 ………………………………………………… 150

6.6.2　高级木纹 ………………………………………………… 151

6.6.3　木地板 …………………………………………………… 153

任务 6.7　布料质感表现 …………………………………………… 155

6.7.1　普通布料 ………………………………………………… 155

6.7.2　丝绸 ……………………………………………………… 155

6.7.3　丝绒 ……………………………………………………… 156

6.7.4　皮革 ……………………………………………………… 159

项目重难点总结 …………………………………………………… 164

项目 7　空间灯光表现 …………………………………………… 165

任务 7.1　太阳光表现 ……………………………………………… 166

任务 7.2　室外光表现 ……………………………………………… 169

任务 7.3　室内光表现 ……………………………………………… 171

7.3.1　VRayLight ……………………………………………… 171

7.3.2　VRayIES ………………………………………………… 177

任务 7.4　最终渲染设置 …………………………………………… 181

项目重难点总结 …………………………………………………… 186

项目 8　建造现代极简风卧室 …………………………………… 187

任务 8.1　项目空间分析 …………………………………………… 187

任务 8.2　模型的建立 ……………………………………………… 189

8.2.1　整理 CAD 平面 ………………………………………… 189

8.2.2　导入 CAD 图纸 ………………………………………… 191

8.2.3　墙体的建模 ……………………………………………… 192

8.2.4　卧室天花板和地板建模 ………………………………… 194

8.2.5　展示柜的建模 …………………………………………… 197

8.2.6　电视机柜的建模 ………………………………………… 198

任务 8.3　摄影机的创建和设置 …………………………………… 199

8.3.1　摄影机的创建 …………………………………………… 199

8.3.2　摄影机的设置 …………………………………………… 199

任务 8.4　材质的设置 ……………………………………………… 200

8.4.1　基础效果渲染设置 ……………………………………… 200

8.4.2　材质制作与赋予 ……………………………… 201
任务 8.5　灯光的设置 ……………………………………… 204
8.5.1　灯光设置思路 ………………………………… 204
8.5.2　室外光制作 …………………………………… 204
8.5.3　室内光制作 …………………………………… 204
任务 8.6　GI 设置与后期设置 …………………………… 206
项目重难点总结 …………………………………………… 207

项目 9　建造新中式风茶室 ……………………………… 208
任务 9.1　项目空间分析 ………………………………… 209
任务 9.2　模型的建立与设置 …………………………… 209
9.2.1　墙体建立 …………………………………… 209
9.2.2　窗户建立 …………………………………… 211
9.2.3　吊顶建立 …………………………………… 213
9.2.4　其余模型导入与调整 ……………………… 216
任务 9.3　材质的设置 …………………………………… 217
9.3.1　设置基础灯光 ……………………………… 217
9.3.2　材质制作与赋予 …………………………… 218
任务 9.4　灯光的设置 …………………………………… 226
9.4.1　灯光设置思路 ……………………………… 226
9.4.2　室外灯光制作 ……………………………… 226
9.4.3　室内灯光制作 ……………………………… 228
任务 9.5　渲染参数的设置 ……………………………… 231
9.5.1　整体灯光效果渲染 ………………………… 231
9.5.2　渲染设置 …………………………………… 231
任务 9.6　后期处理 ……………………………………… 232
9.6.1　AO 效果图渲染 …………………………… 232
9.6.2　RGB 效果图渲染 ………………………… 233
9.6.3　Photoshop 后期调色 ……………………… 234
项目重难点总结 …………………………………………… 235

参考文献 ……………………………………………………… 236

项目1 软件安装及个人UI设置

【素质目标】

3ds Max 2024 是 Autodesk 公司基于 PC 系统开发的专业三维建模、渲染和动画软件，广泛应用于建筑设计、工业设计、游戏开发、影视制作和虚拟现实等领域。掌握对 3ds Max 2024 软件基本工具的使用有助于锻炼学生的实践能力，并在实践过程中培养学生认真钻研的工匠精神和锲而不舍的求实精神。

1. 具备分析和判断问题的科学方法和精神。

2. 具备科学的创新精神和创新能力。

3. 具备团队合作意识，培养精益求精、注重细节的工匠精神和爱岗敬业的劳模精神。

4. 具备良好的职业道德修养。

【知识目标】

1. 了解 3ds Max 2024 的工作场景及应用领域。

2. 了解 3ds Max 2024 的常用功能及特点。

3. 掌握获取、安装 3ds Max 2024 及 V-Ray 渲染器方法。

4. 熟悉 3ds Max 2024 的工作界面。

5. 掌握 3ds Max 2024 的个人 UI 设置。

软件安装及个人
UI 设置

【能力目标】

1. 学会收集、获取行业内最新流行趋势，练就关键信息获得的敏锐度。

2. 学会使用 3ds Max 2024 的工具进行创新应用。

3. 学会根据实际情况，合理安排流程进度，按时完成工作。

【本项目要点提示】

- 3ds Max 2024 软件安装步骤；
- 3ds Max 2024 工作界面及基本功能；
- 个人 UI 设置方法。

任务 1.1　3ds Max 2024 简介

3D Studio Max 简称 3ds Max，是 Autodesk 公司基于 PC 系统开发的专业三维建模、渲染和动画软件，广泛应用于建筑设计、工业设计、游戏开发、影视制作和虚拟现实等领域。通过该软件，用户可以创建各种逼真的三维场景和模型，并进行动画制作和渲染。

1.1.1　3ds Max 2024 的功能

（1）建模和造型：3ds Max 2024 提供了丰富的建模工具，包括多边形建模、NURBS 曲面建模和体积建模等。该软件支持快速创建复杂的几何形状，可以轻松实现物体的细节和纹理。

（2）材质和贴图：该软件提供了广泛的材质和纹理编辑工具，使用户能够为模型添加逼真的材质，如金属、木材和布料等。此外，该软件还支持自定义纹理映射和贴图调整，以达到更好的视觉效果。

（3）动画和渲染：3ds Max 2024 具有强大的动画功能，包括关键帧动画、物理仿真和粒子系统。它能够创建逼真的角色动画和特效，使物体具有真实的物理行为。此外，该软件还提供了高质量的渲染器，可以生成逼真的光影效果和高品质的渲染结果。

（4）灯光和相机：该软件支持多种灯光类型，如点光源、聚光灯和环境光等，可以精确控制场景的照明效果。此外，该软件还提供了多种相机设置和视角控制选项，使用户能够呈现出不同的视觉效果和镜头运动。

（5）动态模拟：3ds Max 2024 内置了强大的物理引擎，可以进行碰撞检测以及布料和刚体动力学等物理效果的模拟。用户可以通过调整参数和添加约束来模拟真实的物理行为，使动画更加逼真。

1.1.2　3ds Max 2024 的特点

（1）插件和脚本：该软件支持丰富的插件和脚本扩展，可以增加额外的功能和工具。用户可以根据自己的需求选择并安装各种插件，以扩展软件的能力和定制工作流程。

（2）团队合作和集成：3ds Max 2024 具有良好的团队协作功能，可以支持多用户同时对同一项目进行编辑和修改。此外，该软件还与其他流行的设计软件和工作流程集成，如 AutoCAD、Maya 和 Adobe Creative Suite 等，方便用户在不同软件之间进行无缝切换和协同工作。

（3）教育和支持：对于初学者和专业用户来说，3ds Max 2024 提供了丰富的教育资源和支持。该软件拥有广泛的在线教程、社区论坛和官方文档，用户可以轻松获取学习和解决问题所需的信息和指导。同时，Autodesk 公司提供定期的更新，确保软件的稳定性和功能改进。

任务 1.2　获取、安装 3ds Max 2024 及 V-Ray 渲染器

安装 3ds Max 2024 系统文件需要 3 个步骤，分别为前期的准备工作、中期的安装文件工作及后期的软件激活工作。在准备工作阶段，需要提前查看软件的安装环境要求及个人计算机配置是否达到安装环境要求，然后下载安装程序；在安装文件阶段，需要根据提示要求分别安装 3ds Max 2024 软件程序及 V-Ray 渲染器程序；在软件激活阶段，需要注册、购买和登录 Autodesk 账号。

1.2.1　准备工作

（1）系统要求：3ds Max 2024 对计算机的硬件和软件有一定要求。在安装之前，要确保计算机的操作系统符合要求。

① 操作系统：64 位 Windows 11 和 Windows 10。

② CPU ：支持 SSE 4.2 指令集的 64 位 Intel 或 AMD 多核处理器。

③ RAM ：至少 4 GB RAM（建议使用 8 GB 或更大的空间）。

④ 磁盘空间：9 GB 可用磁盘空间（用于安装）。

（2）获取安装文件：通过购买正版软件获得安装光盘或者从官方网站下载安装程序。若从官网下载软件程序，可打开 3ds Max 2024 官方网站（如 Autodesk 官方网站），在产品页面找到 3ds Max 2024 的下载链接，注册 Autodesk 账号并登录，然后进行下载。

1.2.2　安装 3ds Max 2024 程序

（1）运行安装程序：选择安装文件，双击运行。安装程序会首先解压必要的文件，这个过程可能需要一些时间，具体取决于用户的计算机性能。

（2）安装向导：在安装向导的欢迎页面，单击"下一步"按钮。选中"我同意使用条款"，阅读并接受软件许可协议。这是使用软件的法律要求，只有接受协议后才能继续安装，如图 1-1 所示。

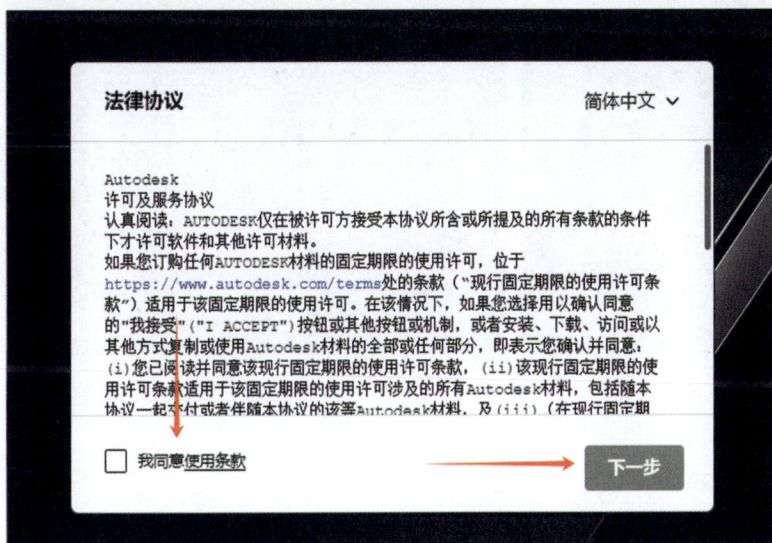

软件安装过程

图 1-1　3ds Max 2024 程序安装前置法律协议

（3）选择安装位置：既可以使用默认的安装位置，也可以自定义安装位置。如果选择自定义安装位置，建议选择一个空间充足的硬盘分区，如图 1-2 所示。

默认安装位置为 C:\Program Files\Autodesk\3ds Max 2024。

自定义安装位置的方法：单击▉▉▉按钮，选择其他位置，注意安装位置的文件命名格式需为英文格式，单击"下一步"按钮，继续进行安装。

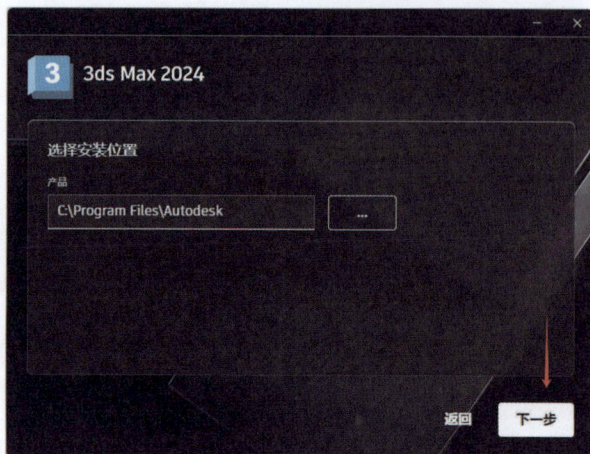

图 1-2　3ds Max 2024 选择安装位置

（4）安装选项选择：安装程序可能会提供一些安装选项，如安装特定的组件或插件。例如，可以选择是否安装额外的材质库、渲染插件等。如果不确定，保持默认选项通常也可以正常使用软件。确认安装选项后，单击"安装"按钮，会出现如图 1-3 所示界面。

（5）安装完成：当安装完成后，会出现安装完成的提示，如图 1-4 所示。

图 1-3　3ds Max 2024 安装程序

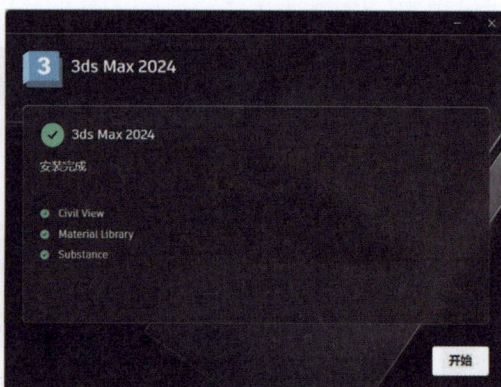

图 1-4　3ds Max 2024 安装完成

1.2.3　V-Ray 渲染器程序

V-Ray 渲染器程序是 Chaos Group 和 ASGVIS 公司出品的一款高质量渲染软件。V-Ray 能够模拟各种自然光源和人造光源，如太阳光、天空光、区域光等，并利用全局照明技术，如反射、折射、散射等模拟物体之间的光线互动，模拟产生自然的光影效果；通过材质编辑器调整物体的表面属性，如颜色、纹理、反射、透明度等，让物体具有质感和立体感。V-Ray 广泛应用于建筑设计、工业设计、游戏开发、影视制作和虚拟现实等领域。

（1）运行安装程序：选择安装文件，双击运行，选中 I accept the Agreement 复选框，单击 Install 按钮安装文件。安装程序会首先解压必要的文件，如图 1-5 所示。

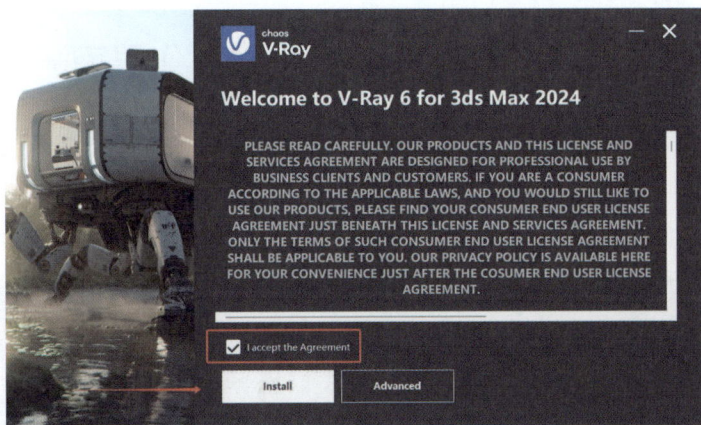

图 1-5　V-Ray 安装指引

（2）安装程序过程：等待安装完成，此步骤不需要额外操作，如图 1-6 所示。

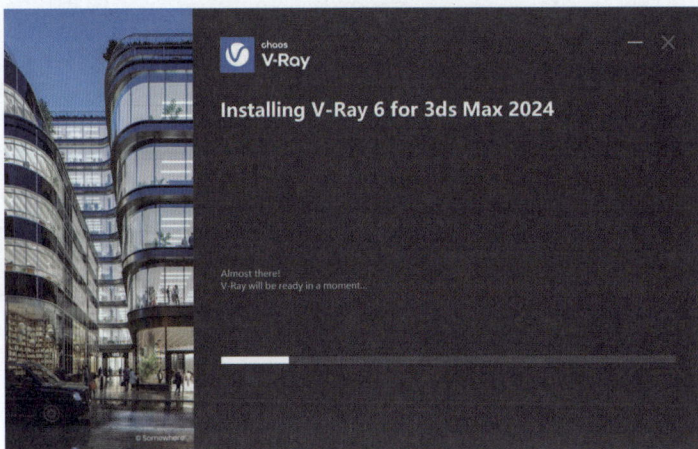

图 1-6　V-Ray 安装过程

（3）安装程序完成：单击 Done 按钮，完成安装，如图 1-7 所示。后续设置在 3ds Max 2024 工作界面进行，此步骤不再详解。

图 1-7　V-Ray 安装完成

任务 1.3 认识 3ds Max 2024 的工作界面

3ds Max 2024 的工作界面主要包含 9 个部分，分别为标题栏、菜单栏、工具栏、命令面板、视图区、状态栏、提示行、时间滑块和轨迹栏，具体如图 1-8 所示。

软件界面介绍

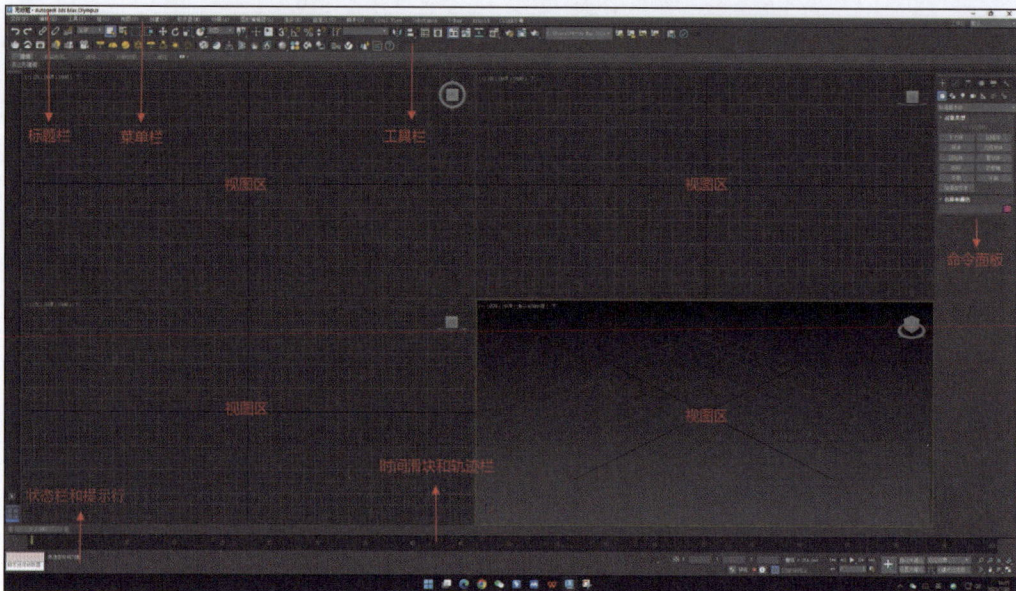

图 1-8　3ds Max 2024 工作界面

1.3.1 标题栏

标题栏位于界面的最上方，显示软件的名称以及当前打开文件的名称，同时包含标准的 Windows 窗口控制按钮，如最小化、最大化/还原和关闭按钮，用于控制软件窗口的显示状态。

1.3.2 菜单栏

（1）文件（file）文件(F)：用于执行文件相关的操作，如新建、打开、保存、另存为场景文件等，同时还可以导入和导出不同格式的文件，这在与其他软件交换数据时非常有用。例如，可以导入在其他建模软件中创建的模型，或者将 3ds Max 2024 中的模型导出为适合游戏引擎使用的格式。

（2）编辑（edit）编辑(E)：包含了对对象进行基本编辑操作的命令，如撤销（undo）和重做（redo）操作，方便用户在操作失误时恢复之前的状态或重新执行之前的操作，同时包括复制（copy）、粘贴（paste）和删除（delete）对象等功能。

（3）工具（tools）工具(T)：提供了各种用于操作和编辑场景对象的工具。例如，镜像（Mirror）工具可以沿指定轴向复制并翻转对象；阵列（Array）工具可以按照一定的规律复制多个对象，如制作一排路灯或者栅栏等。

（4）组（group）组(G)：允许用户将多个对象组合成一组，便于对它们进行统一的操作,如移动、旋转和缩放等,同时也可以进行解组或者打开组进行内部对象的单独操作。

(5) 视图(views) 视图(V)：用于控制视图的显示方式,如视图的切换(如从透视视图切换到正交视图)、视图的布局(可以选择同时显示多个视图,如顶视图、前视图、左视图和透视图等),以及视图的导航操作(如缩放、平移和旋转视图)。

(6) 创建(create) 创建(C)：3ds Max 2024 中非常重要的一个菜单,用于创建各种几何对象(如长方体、球体、圆柱体等基本几何体)、图形(如线条、矩形、圆形等二维图形)、灯光(如目标聚光灯、泛光灯等不同类型的灯光)和摄影机(如目标摄影机、自由摄影机),这些基本元素是构建三维场景的基础。

(7) 修改器(modifiers) 修改器(M)：当创建好对象后,可以通过修改器菜单为对象添加各种修改效果。例如,使用"弯曲(Bend)"修改器可以使一个直的物体弯曲;"扭曲(Twist)"修改器可以让物体产生扭曲效果,用于制作一些特殊的造型。

(8) 动画(animation) 动画(A)：包含了制作动画所需的各种工具和命令。例如,可以设置关键帧,控制对象在不同时间点的位置、旋转、缩放等属性,从而制作出物体的运动动画;可以使用动画约束,让一个对象跟随另一个对象或者按照特定的路径进行运动。

(9) 图形编辑器(graph editors) 图形编辑器(D)：用于编辑动画曲线和材质编辑器等相关内容。在动画曲线编辑器中,可以精确地调整动画关键帧之间的过渡方式,比如是线性过渡还是平滑过渡等,从而控制动画的节奏和效果。在材质编辑器中,可以创建和编辑各种材质,用于赋予模型不同的外观,如颜色、纹理、反射等。

(10) 渲染(rendering) 渲染(R)：提供了渲染场景的各种功能。可以设置渲染的参数,如分辨率、渲染质量、光照效果等。此外,还可以选择不同的渲染器。3ds Max 自带了扫描线渲染器,同时也支持其他第三方渲染器,如 V-Ray 等。渲染输出可以生成静态的图像文件(如 JPEG、PNG 等格式)或者动画视频文件(如 AVI、MP4 等格式)。

1.3.3　工具栏

工具栏通常位于菜单栏的下方,包含一系列常用的工具按钮。通过这些按钮可以快速访问一些频繁使用的功能。

(1) "撤销"工具 ↩：可以倒退至前一步骤,持续单击可连续倒退至前一步,默认"撤销"记录步骤为 20 个步骤。

(2) "选择"工具 ▦：最基本的工具,用于选择场景中的对象。通过单击对象或者框选对象的方式选中一个或多个对象,被选中的对象会以白色线框或者实体颜色高亮显示,方便后续的操作。"选择工具"分为 5 种类型,分别为"直接选择"工具、"区域选择"工具、"按名称选择"工具、"过滤选择"工具及"孤立选择"工具。

① "直接选择"工具 ▦ (快捷键为 Q)：实现对单个物体的选择。当需要选择多个物体时,按 Ctrl 键进行加选;若需要减少选择物体,可按 Alt 键进行减选。

② "区域选择"工具 ▦：选择单个或多个对象时,可以利用"区域选择"完成对物体的选择。"区域选择"有 5 种类型,分别为"矩形选择区域" ▦ (常用)、"圆

形选择区域" ▨ 、"围栏选择区域" ▧ 、"套索选择区域" ▧ 及"绘制选择区域" ▮ ，分别针对不同类型的选择环境进行使用。当"窗口/交叉"模式为"窗口" ▨ 时，需要使用"区域选择"工具完全包含对象才可以被选择；当"窗口/交叉"模式为"交叉" ▨ 时，用光标画出的区域与对象有重叠时即可被选择。

③"按名称选择"工具 ▤ （快捷键为 H）：单击工具，弹出"从场景选择"对话框，找到对应对象名称，此项选择需要配合对象的命名，便于场景对象过多、使用常规的选择方法不易精准选择的情形。如图 1-9 所示，选择"按名称选择"工具定位选择已创建的"圆锥形"对象。

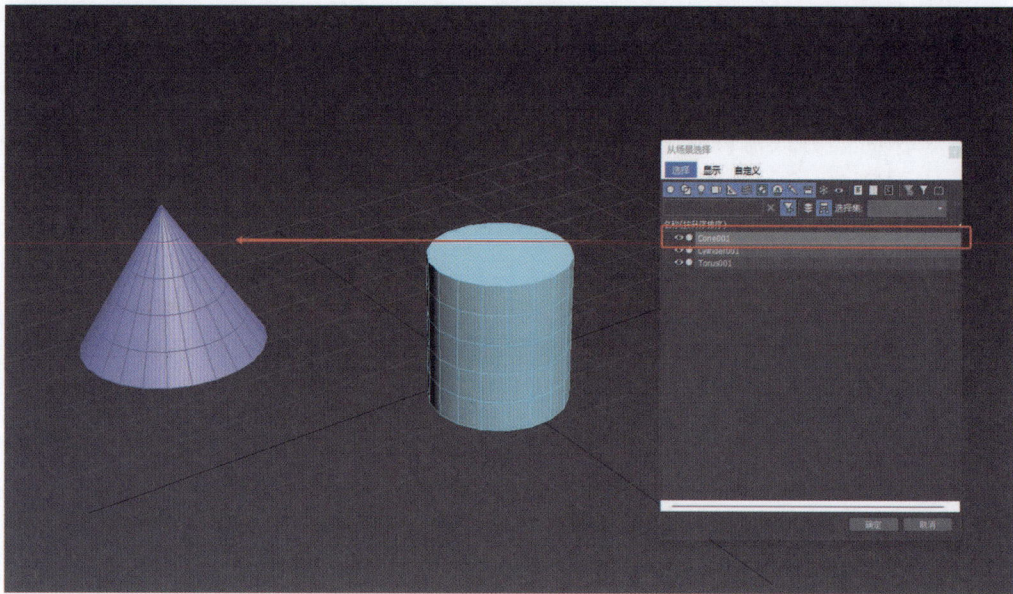

图 1-9　按名称选择

④"过滤选择"工具 全部 ▾ ：在进行对象选择时，可根据对象的类型进行选择，设置某一类别对象后，场景中只能选择相应对象，其他对象不可选择。例如，分别创建若干三维对象与二维对象，将"过滤选择"设置为"S- 图形"，场景中只能选择图形对象，其余对象不可选择，如图 1-10 所示。

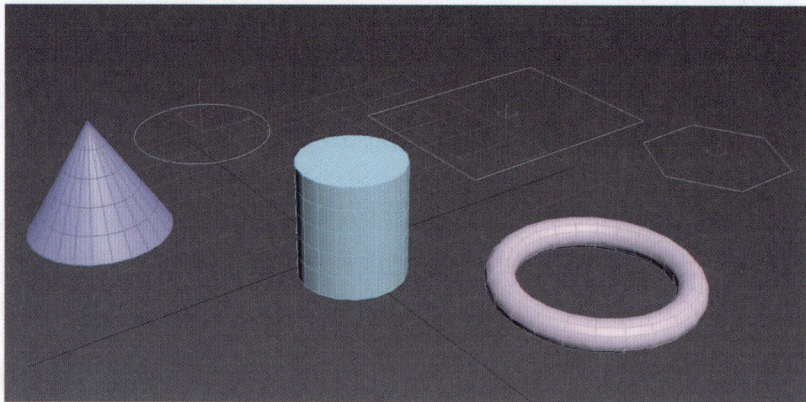

图 1-10　"过滤选择"选择图形对象

"过滤选择"工具可通过快捷键显示和隐藏不同类型的物体,以下是常用的快捷键。显示与隐藏几何体:Shift+G;显示和隐藏图形:Shift+S;显示和隐藏灯光:Shift+L;显示和隐藏摄影机:Shift+C。

⑤"孤立选择"工具:对于复杂对象,需要将其中一部分"孤立"出来,再进行相应的修改。选择对象,右击并选择"孤立当前选择"命令,场景中除选择对象外都隐藏;再右击并选择"结束隔离"命令,场景中所有对象都显示。

(3)"选择并移动"工具 ✛(快捷键为 W):在选择对象后,可以使用此工具对对象进行移动操作。在视图中会出现移动坐标轴(通常用红、绿、蓝三色分别代表 X、Y、Z 轴),移动坐标轴可以沿着相应的轴向移动对象。

"精准移动"工具:右击"选择并移动"工具,显示"移动变换输入"对话框,分别为"绝对:世界"和"偏移:世界"选项。"绝对:世界"表示当前物体相对 3ds Max 世界坐标体系位置的改变,X、Y、Z 轴代表世界坐标体系,并非当前屏幕坐标;"偏移:世界"表示物体相对当前屏幕坐标系位置的改变,比较常用。一般情况下,可以使用"偏移:世界",通过 X、Y、Z 轴实现对象的定量精准移动。

(4)"选择并旋转"工具 ↻(快捷键为 E):用于旋转选中的对象。同样会出现旋转坐标轴,通过拖动坐标轴可以绕相应的轴向旋转对象,旋转角度可以在状态栏中查看。选择某一轴线,会高亮显示。若在旋转时发现旋转错误,需要复位,可在按住左键的同时单击。

"精准旋转"工具:右击"选择并旋转"工具,显示"旋转变换输入"对话框,设置"偏移:世界"中 X、Y、Z 轴的数值,实现定量精准旋转。

(5)"选择并缩放"工具 ▦(快捷键为 R):共有 3 种缩放方式,分别是"均匀缩放""非均匀缩放"和"选择并挤压"。"均匀缩放"可以保持对象的形状不变,同时在各个轴向等比例缩放;"非均匀缩放"可以在不同轴向进行不同比例的缩放;"选择并挤压"可以在一个轴向缩放的同时在另一个轴向进行反向缩放,用于制作一些特殊的变形效果。

"精准缩放"工具:右击"选择并缩放"工具,显示"缩放变换输入"对话框,设置"偏移:世界"中 X、Y、Z 轴的数值,实现定量精准缩放。

(6)"捕捉"工具 ▨:用于精准定位对象与对象之间位置的工具,包括"2D 捕捉"工具 ▨、"2.5D 捕捉"工具 ▨ 和"3D 捕捉"工具 ▨ 等。这些工具可以帮助用户精确地定位对象的位置、旋转角度或者缩放比例,长按"捕捉"按钮,可在下拉列表中选择不同类型的"捕捉"工具。"2D 捕捉"工具主要用于二维平面,即栅格平面上的点;"2.5D 捕捉"工具主要用于 2.5 维平面,即捕捉三维物体的二维平面。

右击"捕捉"工具,显示"栅格和捕捉设置"对话框,选择选项可根据具体捕捉对象特点进行有效捕捉,提升操作效率。

(7)"镜像"工具 ▧:提供对象的"复制""实例"及"参考"工具,可根据"镜像轴"上的 X、Y、Z 轴与"克隆当前选择"结合进行使用。

(8)"对齐"工具 ▤:设置对象与对象之间的位置对应关系的工具,可根据"对齐"的 X、Y、Z 轴对齐对象。

(9)"渲染"工具 ▦ 与"渲染设置"工具 ▧:"渲染"场景效果的工作界面,通过

"渲染设置"调整，输出不同类型的渲染器、渲染产出质量等。

1.3.4　命令面板

命令面板通常位于界面的右侧，是 3ds Max 2024 的核心操作区域之一。它由多个子面板组成，从左到右依次为"创建"面板、"修改"面板、"层次"面板、"运动"面板、"显示"面板和"工具"面板。

（1）"创建"面板 ➕：此面板与菜单栏中的"创建"菜单功能类似，用于创建各种三维对象和二维图形。它又细分为几个类别，如"几何体" ⬤ 用于创建基本的三维几何体和高级的复合对象；"图形" ⬚ 用于创建二维图形，这些图形可以作为建模的基础，如通过挤出（extrude）操作将二维图形转换为三维模型；"灯光" 💡 用于创建各种类型的灯光来照亮场景；"摄影机" 📷 用于创建拍摄场景的摄影机，从而可以从特定的角度渲染场景。

（2）"修改"面板 📋：在创建对象后，通过修改面板可以为对象添加各种修改器。修改器可以堆叠使用，即可以为一个对象添加多个修改器，并且每个修改器的参数可以调整，从而实现复杂的造型变化。

（3）"层次"面板 ▦：主要用于处理对象之间的层次关系，如父子关系。当建立了父子关系后，子对象会继承父对象的某些运动属性。例如，在制作机械手臂动画时，可以对手臂的各个部件建立父子关系，这样当移动或旋转父对象（如大臂）时，子对象（如小臂和手部）会随之运动，方便制作复杂的联动动画。

（4）"运动"面板 ⬤：用于控制对象的运动属性，包括设置动画控制器和轨迹等。可以通过这个面板为对象指定不同的动画控制方式，如线性动画控制器、贝塞尔曲线动画控制器等，从而精确地控制对象的运动轨迹。

（5）"显示"面板 ▦：用于控制对象在视图中的显示方式，如隐藏或显示对象、冻结或解冻对象。隐藏对象可以使场景看起来更简洁，方便对其他对象进行操作；冻结对象可以防止其被意外移动或修改，同时还可以显示冻结对象的轮廓，便于参考。

（6）"工具"面板 🔧：提供了一些额外的工具，如资源浏览器、运动捕捉工具等。这些工具在特定的场景下非常有用。例如，资源浏览器可以方便地查找和导入外部资源，运动捕捉工具可以将真实世界中的动作捕捉数据应用到 3ds Max 2024 中的角色动画制作中。

1.3.5　视图区

视图区是 3ds Max 2024 界面的主要部分，用于显示三维场景。默认情况下，有四个视图，分别是顶视图（top）、前视图（front）、左视图（left）和透视图（perspective）。

（1）顶视图（快捷键为 T）：从场景的正上方观察，类似于从屋顶向下看。在这个视图中，主要看到的是对象的平面布局，对于创建和对齐对象的位置很有帮助。例如，在建筑建模中用于确定房间的布局和建筑的平面形状。

（2）前视图（快捷键为 F）：从场景的正前方观察，主要用于查看对象的正面形状和高度关系。在角色建模中，可以很好地观察角色的正面五官、身体比例等细节。

（3）左视图（快捷键为 L）：从场景的左侧观察，和前视图类似，用于查看对象的侧面形状和尺寸关系。

（4）透视图（快捷键为 P）：一个模拟人眼观察的视图，能够呈现出物体的远近关系和真实的空间感。在这个视图中可以看到场景的三维效果，方便评估整个场景的视觉效果，如灯光和材质的表现等。用户可以通过视图导航工具（如缩放、平移和旋转）来调整各个视图的显示内容。

1.3.6　状态栏和提示行

状态栏位于界面的底部，主要显示当前选择对象的一些基本信息，如对象的名称、当前选择的数量、当前光标在视图中的坐标位置等。提示行则会根据用户当前进行的操作给出相应的提示信息。例如，当使用某个工具时，提示行可能会显示该工具的功能介绍和操作方法。

1.3.7　时间滑块和轨迹栏

时间滑块位于视图区的下方，用于控制动画的时间。通过拖动时间滑块，可以在不同的时间点查看场景中的动画效果。轨迹栏位于时间滑块的下方，它显示了动画关键帧的信息。用户可以在轨迹栏上直接编辑关键帧，如添加、删除或者移动关键帧，从而调整动画的节奏和内容。

任务 1.4　设置个人 UI

UI 即 User Interface（用户界面）的简称。泛指用户的操作界面，包含移动 App、网页、智能穿戴设备等。在 3ds Max 2024 中设置个人 UI 可以根据自己的工作习惯和偏好来定制操作环境。好的 UI 不仅能让软件变得有个性、有品位，还能让软件的操作变得舒适、简单、自由，充分体现软件的定位和特点。

设置个人 UI

1.4.1　自定义菜单布局

（1）打开自定义菜单编辑器：通过选择主菜单栏中的"自定义"→"自定义用户界面"命令，打开"自定义用户界面"对话框。

（2）创建新菜单：在"自定义用户界面"对话框的"菜单"选项卡中，单击"新建"按钮，创建一个属于自己的新菜单。

（3）新菜单命名：如 3ds Max 2024，可以将命令从左边的命令列表拖动到新菜单中。这些命令可以是 3ds Max 2024 自带的建模、渲染、动画等各种功能命令，如图 1-11 所示。

（4）编辑现有菜单：对现有的菜单进行编辑。例如，重新排列菜单中的命令顺序，使用"删除"命令删除很少使用的命令或使用"重命名"命令进行重命名。

（5）保存菜单布局：完成菜单布局的调整后，单击"自定义用户界面"对话框中的"保存"按钮，将自定义的菜单布局保存为一个文件（.cui 文件），方便以后在需要的时候通过"加载"按钮进行加载。

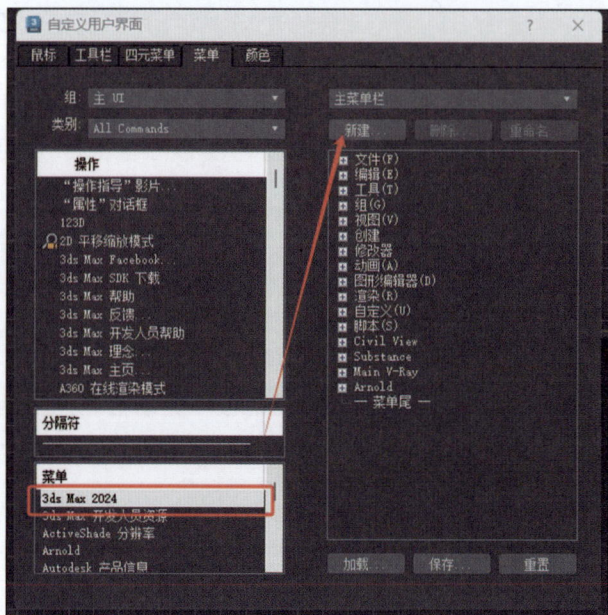

图 1-11　新建菜单

1.4.2　自定义工具栏

（1）显示/隐藏工具栏：在主菜单栏中选择"自定义"→"显示 UI"命令，这里可以选择显示或隐藏诸如"主工具栏""层工具栏"等各种工具栏。可以根据自己的工作流程决定哪些工具栏是需要一直显示的，哪些是可以隐藏的。

（2）创建新工具栏：在"自定义用户界面"对话框中切换到"工具栏"选项卡，单击"新建"按钮为新工具栏命名。从命令列表中将相关的工具拖动到新工具栏中，比如各种建模工具（如"长方体""球体"等工具按钮），如图 1-12 所示。

图 1-12　创建新工具栏

（3）调整工具栏位置和外观：可以将工具栏停靠在 3ds Max 2024 窗口的边缘，或者使其浮动。将光标移动到工具栏的空白处，按住左键拖动鼠标可以改变其位置。此外，还可以通过拖动浮动的工具栏边缘来调整大小。在"自定义用户界面"对话框的"工具栏"选项卡中，可以更改工具栏的按钮大小等外观属性。

1.4.3　自定义视口布局和背景颜色

（1）自定义视口配置：在 3ds Max 2024 的"视图"菜单中，有多种视口布局可供选择，如"四视图"（包括顶视图、前视图、左视图和透视图）、"双视图"等。可以根据当前的工作任务选择合适的视口布局。选择"视图"→"视口配置"命令，选择"布局"选项卡，设置视口，如图 1-13 所示。

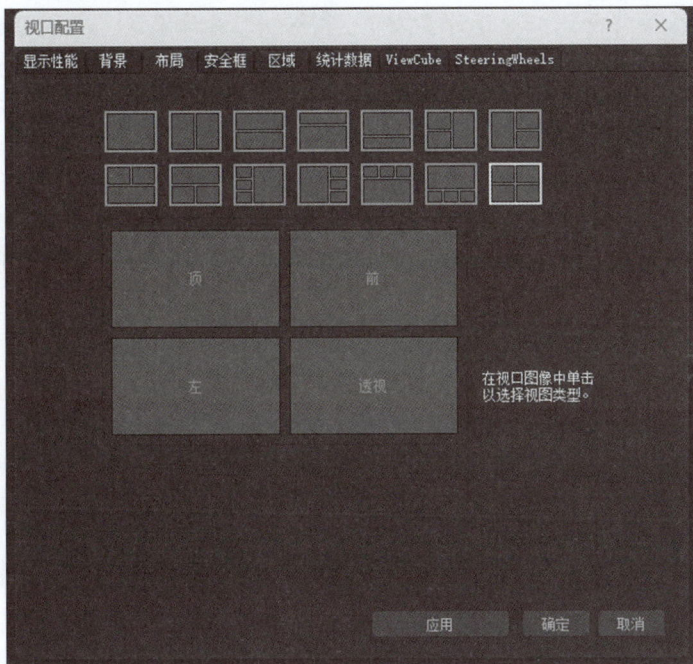

图 1-13　"视口配置"对话框

（2）自定义视口背景颜色：在主菜单栏中选择"自定义"→"自定义用户界面"命令，切换到"颜色"选项卡。

（3）在"元素"列表中选择"视口背景"，可以通过调整颜色参数来设置视口背景的颜色，选择"立即应用颜色"，将颜色应用于界面。若重置颜色，单击"重置"按钮即可。

项目重难点总结

1．掌握 3ds Max 2024 及 V-Ray 软件的获取、安装与激活的方法，需要对软件安装流程有基本认识，能够处理安装过程中遇到的问题。

2．熟悉 3ds Max 2024 工作界面及基本工具，需要对工作界面和基本工具有系统的认识，能够综合运用相关工具进行设计。

项目2　扇子的制作

【素质目标】

1. 培养规范操作习惯：通过选择、变换、捕捉等基础工具的操作，养成严谨的三维建模习惯。

2. 提升职业素养：在模型制作中注重细节，体现设计规范性。

3. 强化团队协作意识：通过课堂案例，学会分工协作完成复杂模型搭建。

4. 增强耐心与专注力：在重复性操作中锻炼细致观察和持续优化的能力。

【知识目标】

1. 掌握基础操作工具：理解选择工具（基础选择、过滤选择、孤立选择）的适用场景。熟悉变换工具（移动、旋转、缩放）与坐标系统（世界坐标、局部坐标）的关系。

2. 理解捕捉与轴约束原理：掌握 2D/2.5D/3D 捕捉之间的区别，能根据需求设置捕捉类型。

3. 掌握复制技术：区分变换复制、镜像复制、阵列复制的功能特点，理解实例与复制的差异。

4. 熟悉模型制作逻辑：通过"扇子制作"案例，掌握从部件建模到整体组装的流程化思维。

扇子的制作1

【能力目标】

1. 精准操作能力：能准确选择复杂模型中的特定部件，并进行孤立编辑。能通过捕捉与轴约束实现高精度对齐与角度调整。

2. 灵活应用能力：能根据模型需求切换坐标系统，能结合镜像复制与阵列复制高效生成对称结构模型。

3. 综合实践能力：能独立完成课题案例模型的完整制作。

4. 问题解决能力：能排查常见操作问题（如捕捉失效、轴约束冲突）。

【本项目要点提示】

- 选择操作；
- 变换操作；
- 捕捉与轴约束；
- 复制与阵列。

任务 2.1　选　择　操　作

3ds Max 2024 软件的操作都是基于场景中选定对象进行的，在应用各种命令前，要先选择对象。在主工具栏 中都是针对选择操作的。

2.1.1　基础选择工具

1. 选择对象

选择工具用于选择对象,快捷键为 Q,连续按 Q 键,可切换选择的区域,有矩形、圆形、围栏、套索、绘制五种模式。当需要选择多个物体时,可以利用区域选择完成对物体的选择。配合使用窗口／交叉按钮▣,在框选物体时,只要与光标划出的区域有交叉的物体均能被选中,区域框是虚线框。当按下▣按钮时变化为▣,即可框选物体,此时只有被选择区域完全包含在内的物体才会被选中,区域框是实线框。

小贴士:选择"自定义"→"首选项"→"常规"命令,选择"场景选择"下的"按方向自动切换窗口/交叉"。默认选择"右→左⇒交叉",这样在选择区域的时候,鼠标从左到右选,执行"窗口"功能,选中完全在框选区域内的物体;鼠标从右到左选,执行"交叉"功能,即任何在该区域内和碰到区域线的物体都被选中,如图2-1所示。

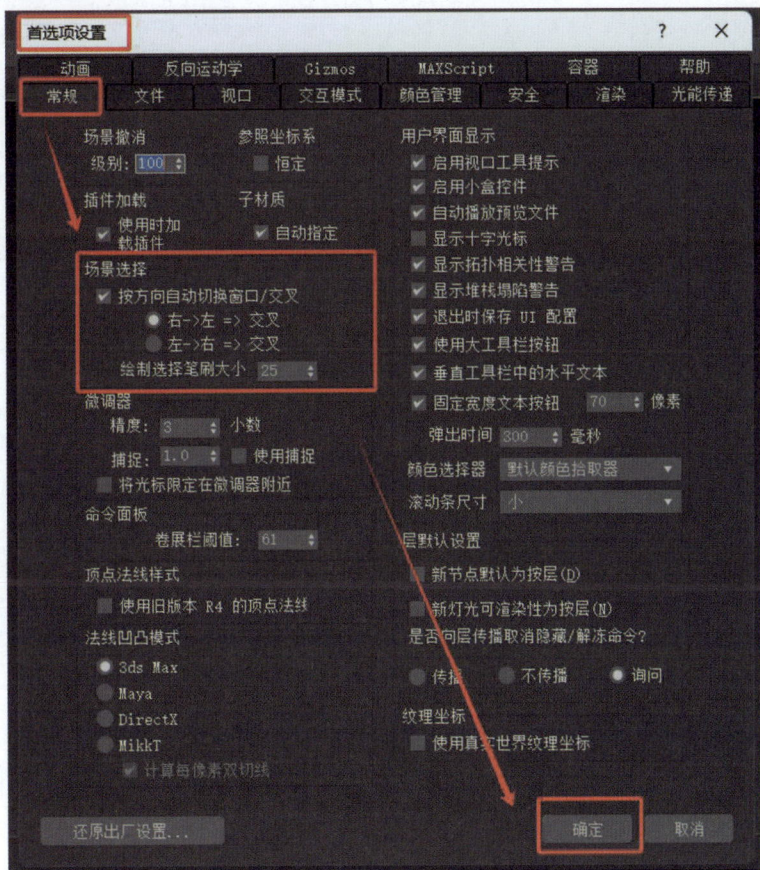

图 2-1　窗口／交叉设置

需要不连续选择多个物体时,可以在单击选择第一个物体后,按住 Ctrl 键进行加选;若想取消对某选择物体的选择,则按住 Alt 键进行减选。还可以通过"编辑"→"反选"命令或组合键 Ctrl+I 进行对象选择的切换。

2．按名称选择

"按名称选择"按钮为 ▤，快捷键为 H。单击"按名称选择"工具按钮，弹出"从场景选择"对话框。单击想选中对象的名称，然后单击"确定"按钮，则选中了该名称的对象，如图 2-2 所示。

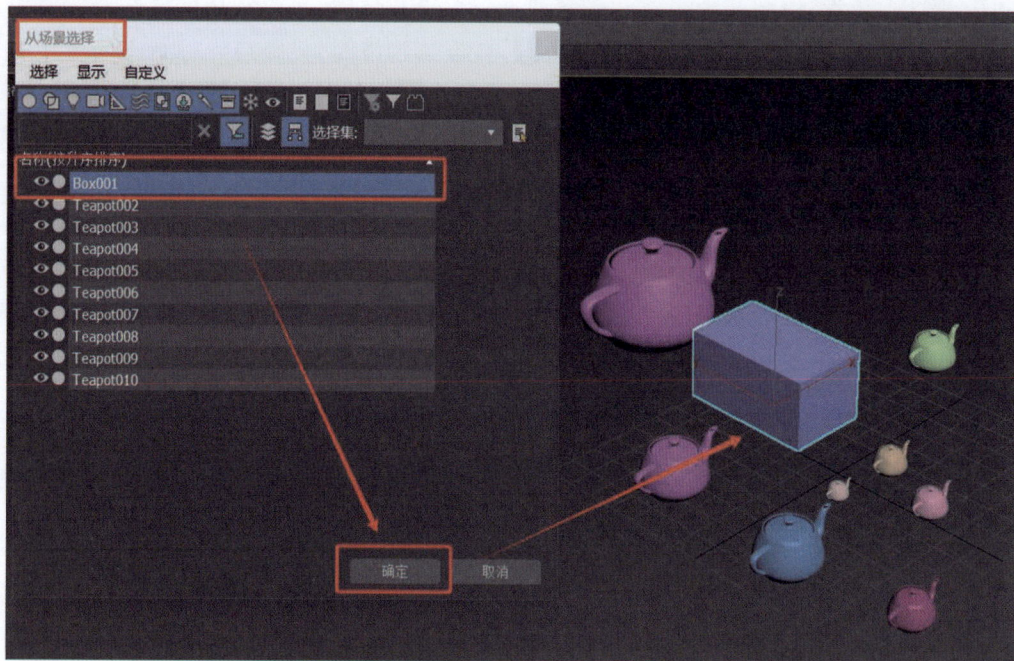

图 2-2　按名称选择

2.1.2　过滤选择

在进行对象选择时，可根据对象的类型进行选择，通过过滤选择工具进行过滤选择，如图 2-3 所示。这样可以在建模时进行过滤选择，减少错误选择。

也可通过快捷键来显示和隐藏不同类型的物体。Shift+G 可以隐藏或显示几何体，Shift+S 可以隐藏或显示图形，Shift+L 可以隐藏或显示灯光，Shift+C 可以隐藏或显示摄影机。

2.1.3　孤立选择

针对造型复杂的物体，有时需要将其中一部分孤立出来进行相应的修改，则此时需要用到孤立选择。选中物体后，右击，选择"孤立当前选择"命令，快捷键为 Alt+Q，则场景中未被选择的物体全部隐藏，只显示选中的物体，状态栏中▣被点亮。

要退出孤立模式，需要右击，选择"结束隔离"命令，或者单击状态栏中刚刚被点亮的▣按钮，则所有的对象均会重新显示出来，如图 2-4 所示。

图 2-3　过滤选择

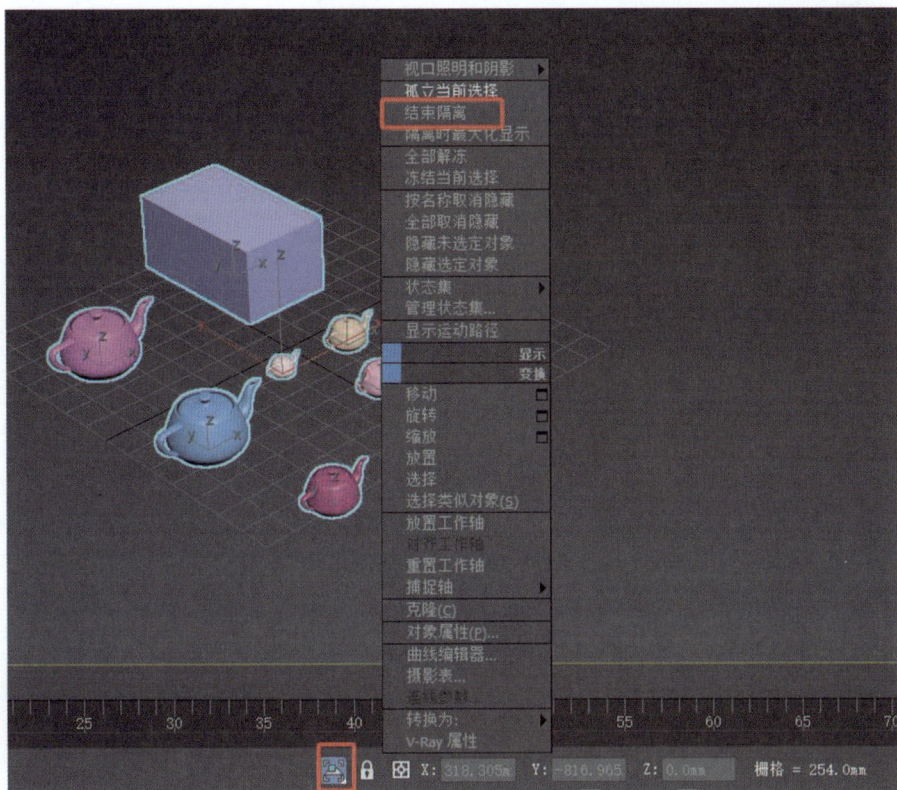

图 2-4　结束孤立操作

任务 2.2　变换操作

3ds Max 中对象的变换指的是使对象产生位置、方向和体积比例的变换。在主工具栏中，从左到右分别是"选择并移动"（快捷键为 W）、"选择并旋转"（快捷键为 E）和"选择并均匀缩放"（快捷键为 R），分别用于对象的移动、旋转和缩放操作。

2.2.1　选择并移动工具

选择并移动工具在选择对象的同时可以实现对象的移动。选中对象，激活"选择并移动"按钮，除出现高亮显示框外，还出现三个轴向，分别是 X 轴（红色）、Y 轴（绿色）、Z 轴（蓝色）。当光标移至某一轴向时，该轴向会黄色高亮显示，这时单击并移动，就可以沿着该轴向进行移动。当光标移至两个轴向的中间位置时，两个轴向均会黄色高亮显示，这时单击并移动，就可以沿着两个轴向进行移动。当三个轴都不出现黄色高亮显示时，这时单击并移动，物体就沿着任意方向进行移动，如图 2-5 所示。

右击选择并移动工具按钮，弹出"移动变换输入"对话框，如图 2-6 所示。有以下两个参数可供选择。

（1）"绝对：世界"表示当前物体相对 3ds Max 世界坐标系位置的改变，X、Y、Z 轴对应世界坐标系，并不是对应当前屏幕坐标系。

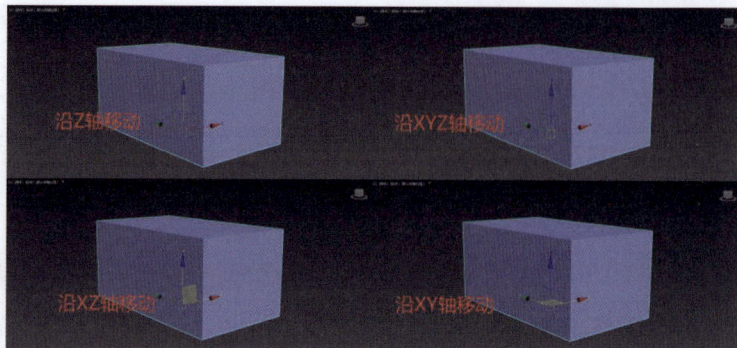

图 2-5　移动轴向选择

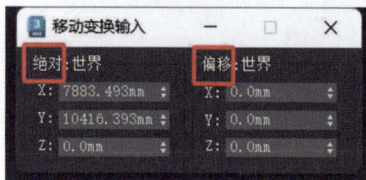

图 2-6　"移动变换输入"对话框

（2）"偏移：世界"表示物体相对当前屏幕坐标系位置的改变。

一般情况下，"偏移：世界"用得较多。通过改变 X、Y、Z 值实现对象的定量移动，可以将对象移动具体的距离。结合"选择并移动"工具，实现物体的具体位置的移动。

2.2.2　选择并旋转工具

选择并旋转工具在选择对象的同时可以实现对象的旋转，快捷键为 E。

当光标放在三个轴向上时，会黄色高亮显示，表示该轴向旋转激活，按住左键拖动鼠标可进行旋转操作，同时会出现旋转的角度值，如图 2-7 所示。最外面的一个灰色的圆表示沿着垂直于当前屏幕的一条轴旋转，里面的深灰色圆表示可以沿任意方向进行旋转。如果在旋转的时候发现旋转错误，需要复位，则在按住左键的同时右击即可。

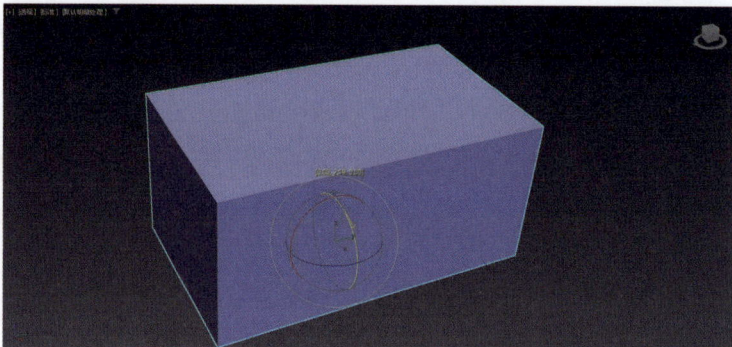

图 2-7　选择并旋转

当需要进行准确角度的旋转时，右击选择并旋转工具按钮，弹出"旋转变换输入"对话框，如图 2-8 所示。输入负值，物体会沿着顺时针方向旋转；输入正值，物体会沿着逆时针方向旋转。

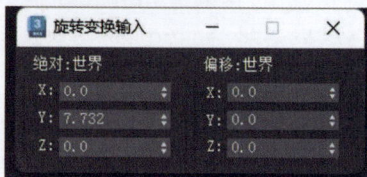

图 2-8　"旋转变换输入"对话框

2.2.3 选择并均匀缩放工具

选择并均匀缩放工具在选择物体的同时可以对物体进行均匀缩放,快捷键为 R。选择对象,激活选择并均匀缩放工具,光标放置位置的轴向会黄色高亮显示,表明当前可以在黄色高亮轴上进行缩放操作。当 X、Y、Z 三个轴都黄色高亮显示时,执行的是均匀缩放,其他轴向缩放,物体会变形。在选择并均匀缩放工具的下拉列表中还有另外两个工具按钮: ▣ 是选择并非均匀缩放工具,▣ 是选择并挤压工具。采用选择并挤压工具时,缩放时物体的体积不变,物体的造型发生改变。如在进行缩放时想取消缩放,则在缩放的同时右击进行复位,如图 2-9 所示。

图 2-9　三种缩放方式

与前面所讲的两个工具相似,要对物体进行准确比例的缩放,右击 ▣ 按钮,弹出"缩放变换输入"对话框,如图 2-10 所示。"绝对:世界"是指相对于物体的初始状态,"偏移:世界"是指相对于物体的前一个状态。原始状态下"绝对:世界""偏移:世界"显示均为 100%,表示物体是初始状态。

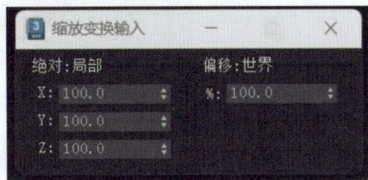

图 2-10　"缩放变换输入"对话框

2.2.4 坐标轴向与坐标系统

1．显示坐标轴

使用选择并移动工具时,物体上会出现三个坐标轴向。如果在视图中发现坐标轴向不见了,可以用以下方法将其找回。执行"自定义"→"首选项"命令,弹出"首选项设置"对话框,在 Gizmos 选项卡的"变换 Gizmo"参数下选择"启用"复选框,如图 2-11 所示,则坐标轴向就会出现,也可以通过快捷键 Ctrl+Shift+X 完成。

2．调整坐标轴的大小

如果坐标轴显示较小,不便于进行操作,可通过按"+"键增大坐标轴;稍后再通过按"－"键缩小坐标轴,如图 2-12 所示。

3．调整坐标轴的位置

当需要调整一个物体的坐标轴时,可以单击"层次"面板下的"仅影响轴"按钮,激活坐标轴调整,按需调整(可以移动、旋转和缩放),过程中还可以"重置轴",最后单击"仅影响轴"按钮完成调整,如图 2-13 所示。

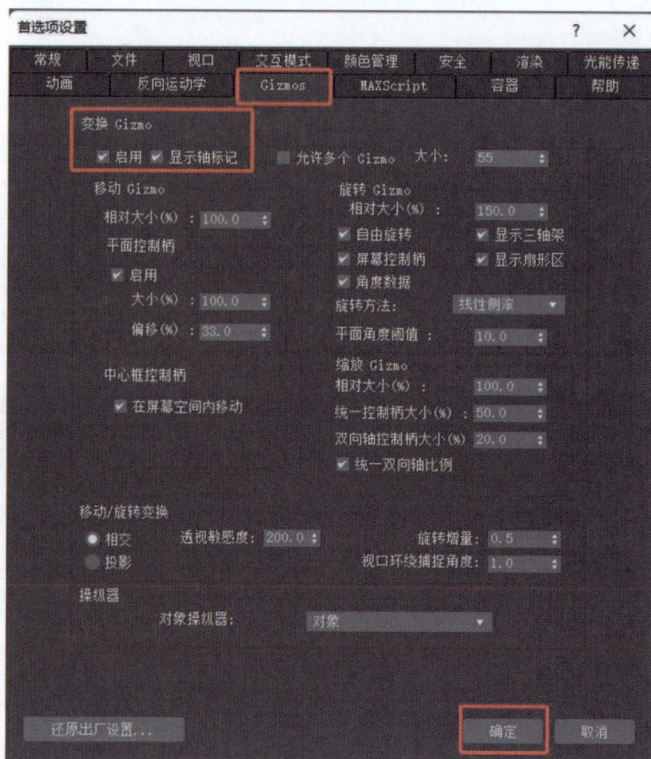

图 2-11　变换 Gizmos 设置

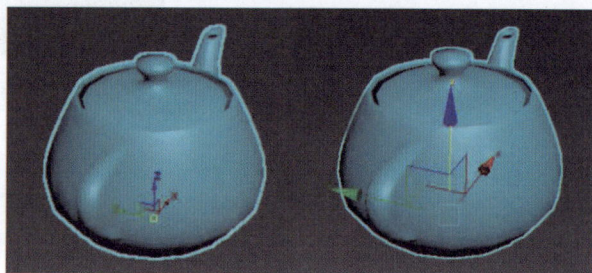

图 2-12　调整坐标轴的大小

图 2-13　调整坐标轴的位置

任务 2.3　捕捉与轴约束

在 3ds Max 中创建和变换对象时,可以利用捕捉工具精准控制对象的尺寸和位置。

1. 捕捉的类型

通过长按 3 按钮,看到维度捕捉分为 2D 捕捉、2.5D 捕捉和 3D 捕捉。开启 / 关闭捕捉的快捷键为 S。

三种捕捉的区别

(1)2D 捕捉:仅捕捉当前激活的视图平面(如顶视图、前视图、左视图等)的二维空间内捕捉对象的特征点(如顶点、边、栅格点等)。

(2)2.5D 捕捉:能够捕捉到三维空间中的特征点,但移动对象时,仅允许在当前视图平面内移动,深度轴(如 Z 轴)坐标保持不变。

(3)3D 捕捉:可捕捉三维空间中任意位置的顶点、边、面等,移动时沿所有方向自由调整。

2. 捕捉的设置

右击捕捉按钮,弹出"栅格和捕捉设置"对话框,可以对捕捉进行设置。在"捕捉"选项卡下有很多捕捉类型,使用时选择所需的类型进行捕捉即可。在"选项"选项卡下,"角度"需要配合使用角度捕捉 ,"百分比"需要配合使用百分比捕捉 。选择"捕捉到冻结对象"复选框,就可以捕捉到当前被冻结的物体;选择"启用轴约束"复选框,在捕捉时可以强制对象沿特定方向移动 / 旋转,避免误操作。在进行捕捉操作时,还可以使用快捷键 F5(X 轴)、F6(Y 轴)、F7(Z 轴)、F8($XY/YZ/ZX$ 平面)快速进行轴约束操作。

课堂案例 1:拼图游戏

大家肯定都玩过拼图游戏,今天我们在 3ds Max 中也来玩一下拼图游戏,如图 2-14 所示,我们的拼图是三维的,一共 9 块拼图,散落在场景中。

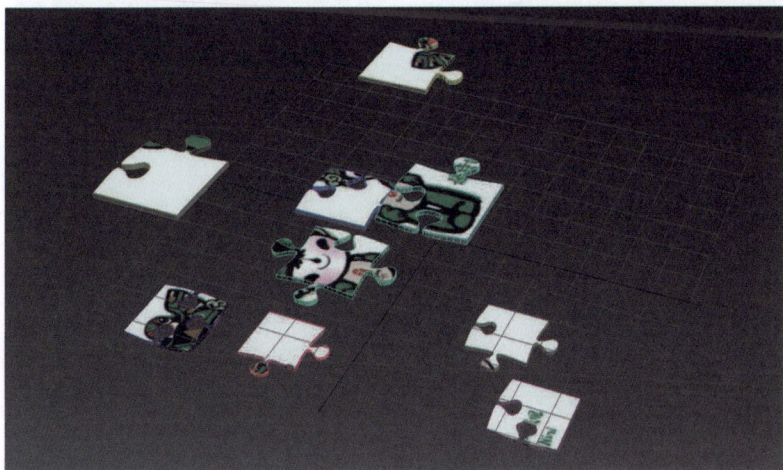

拼图游戏

拼图游戏素材

图 2-14　拼图初始状态

（1）设置捕捉选项，如图 2-15 所示。在顶视图中利用捕捉将拼图拼完整，如图 2-16 所示。

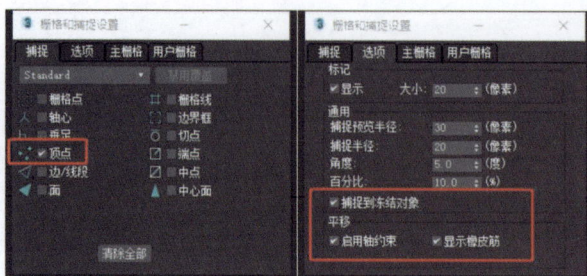

图 2-15　捕捉设置

图 2-16　顶视图效果

（2）切换到前视图，将拼图放在同一个平面上，就可以完成拼图，如图 2-17 所示。这里需要注意的是，可以再次利用捕捉将拼图放在同一平面上，也可以利用移动工具修改所有拼图的 Z 轴为 0（同一数值即可），如图 2-18 所示。两种方法大家都可以试一下。

图 2-17　拼图完成图

图 2-18　利用"移动变换输入"调整 Z 轴

任务 2.4　对象的复制方式

2.4.1　变换工具复制

1．变换复制

配合使用 Shift 键和对象变换工具是复制对象最常用的方法。只要在进行移动、旋转或缩放操作的同时按住 Shift 键,就会弹出"克隆选项"对话框,如图 2-19 所示。

（1）复制:创建一个与原对象完全独立的新对象,二者后续修改互不影响。

（2）实例:创建与原对象实时关联的新对象,二者共享参数和修改器,修改任意一个会影响所有实例。

（3）参考:创建与原对象单向关联的新对象,原对象的修改会影响参考对象,但参考对象的修改不会反向影响原对象。

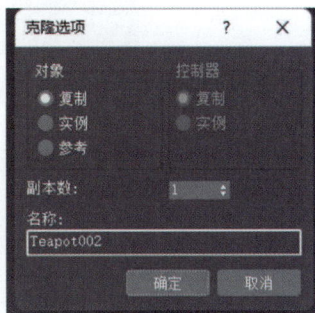

图 2-19　"克隆选项"对话框

2．原地复制

原地复制的快捷键为 Ctrl+V,复制完成后,可以借助选择并移动工具对复制的物体进行准确的移动。

课堂案例 2：制作"简易楼梯"模型

本案例制作简易楼梯模型,重点使用移动复制命令。

（1）打开 3ds Max,在顶视图绘制一个 1000mm × 350mm × 125mm 的长方体,如图 2-20 所示。

（2）选择物体,打开 2.5D 捕捉,捕捉"顶点",设置捕捉选项为"启用轴约束""显示橡皮筋",如图 2-21 所示。激活移动工具,切换到前视图,按住 Shift 键,沿着 X、Y 轴移动长方体,在弹出的"克隆选项"对话框中选中"实例",设置副本数为9,如图 2-22 所示。复制 9 个长方体,得到简易楼梯模型,效果如图 2-23 所示。

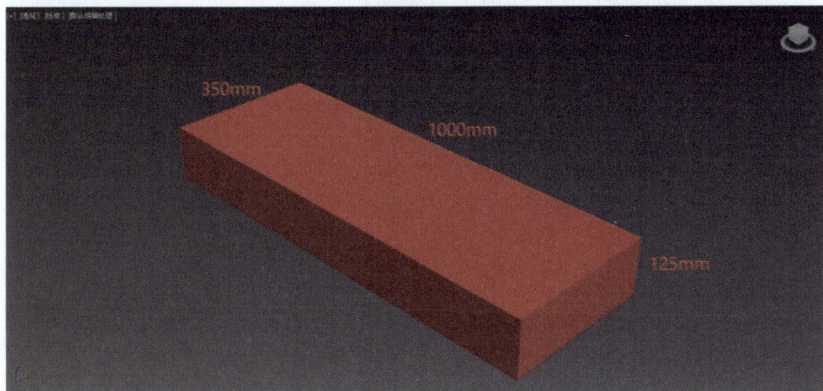

制作"简易楼梯"模型

图 2-20　创建长方体

23

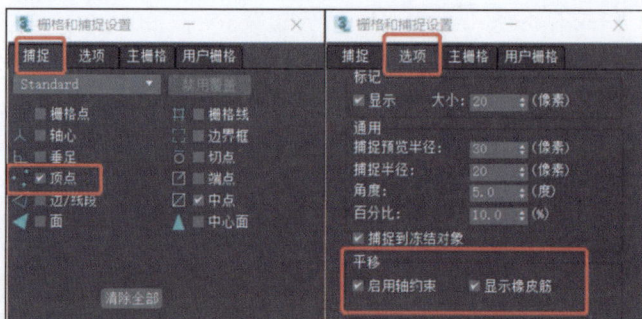

图 2-21　捕捉设置

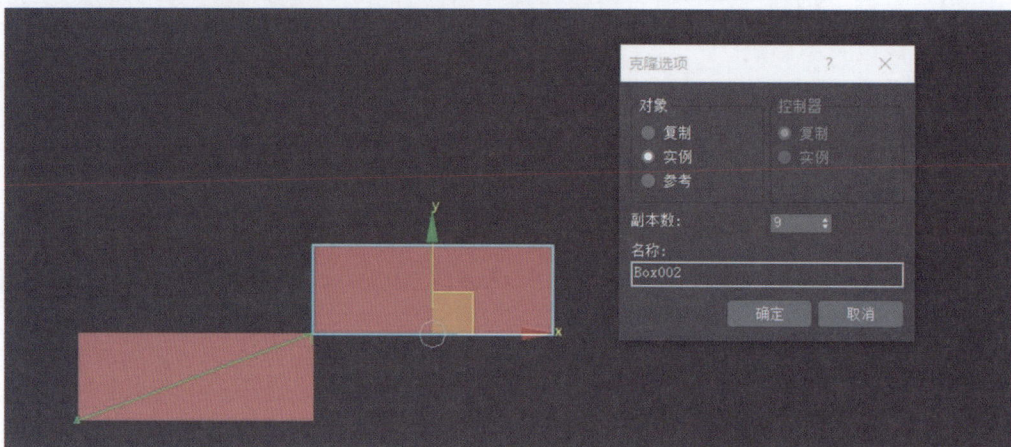

图 2-22　实例克隆

2.4.2　镜像复制

镜像工具是对物体做镜像处理，镜像复制出的物体与原物体对称。选中物体，单击镜像工具按钮，弹出"镜像：世界 坐标"对话框，如图 2-24 所示。在镜像的过程中可根据实际情况进行"镜像轴""克隆当前选择"的设置。

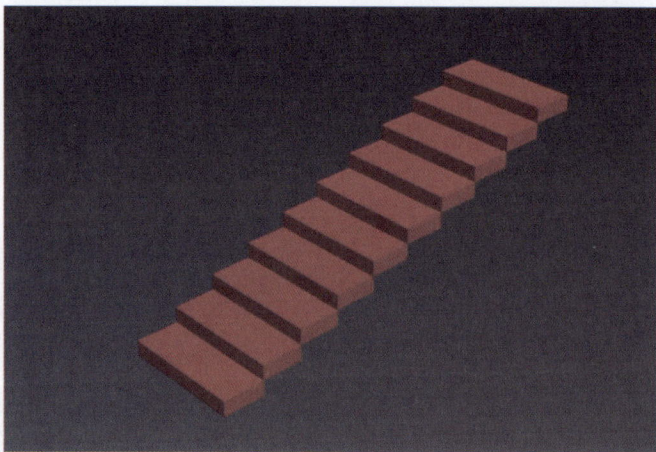

图 2-23　简易楼梯模型的最终效果

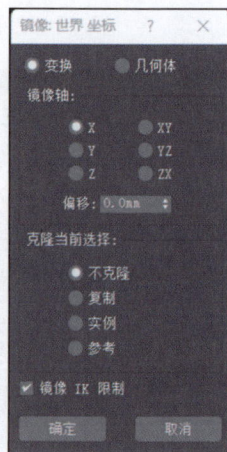

图 2-24　镜像复制

选择镜像轴后选择"不克隆",则只是直接对原对象进行镜像,不产生副本。如果选择"复制"或"实例"或"参考",则克隆出的对象是以原物体轴心点为中心进行镜像复制的。如果给出一定的偏移值,则两个对象的轴心点的间距即为偏移值的大小。

2.4.3　阵列复制

1. "移动"阵列复制

阵列复制可以获得较为复杂的复制效果。绘制长方体,尺寸为100mm×200mm×100mm(长×宽×高),实现在X轴上阵列复制10个,每两个的间距为300mm的效果。

(1)采用"增量"方式进行阵列复制:选择长方体,在"工具"菜单下选择"阵列",弹出"阵列"对话框。在"移动"行上设置X轴上的增量为300mm,"阵列维度"选择1D,数量为10,参数设置如图2-25所示。单击"确定"按钮,最终的效果如图2-26所示。其他轴上阵列复制的方法与X轴上的类似。

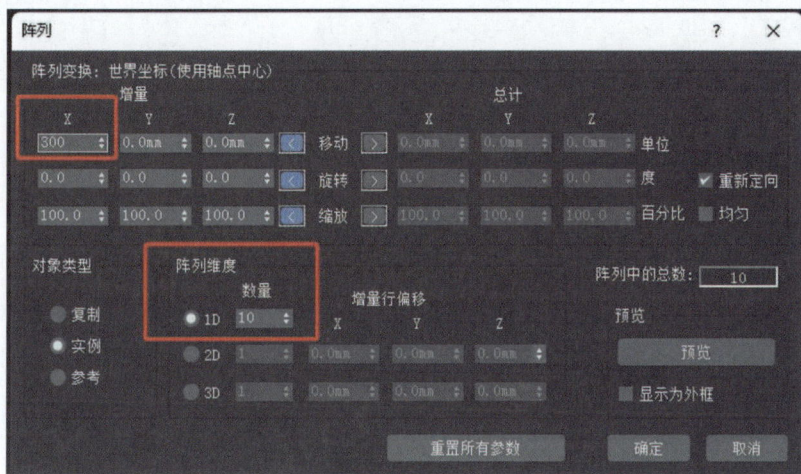

图 2-25　增量方式阵列

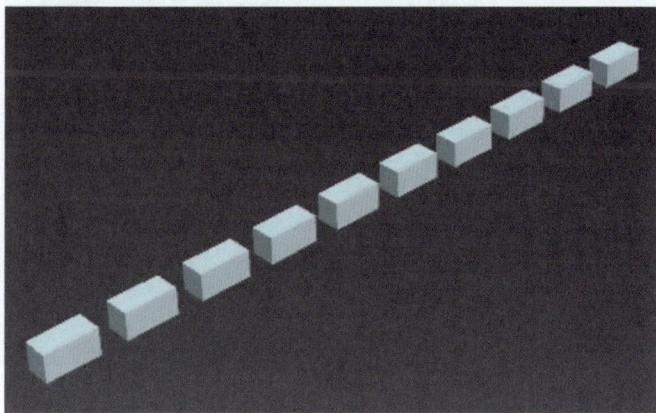

图 2-26　增量方式最终效果1

(2)采用"总计"方式进行阵列复制:"总计"代表从第一个对象到最后一个对象之间的总距离。单击"重置所有参数"按钮,在"移动"行单击向右的箭头 ■ ,设

置 X 轴上的总计值为 3000.0mm（也代表每两个的间距为 300.0mm），"阵列维度"选择 1D，数量为 10，参数设置如图 2-27 所示，此时所得的效果与以"增量"方式阵列复制一致。

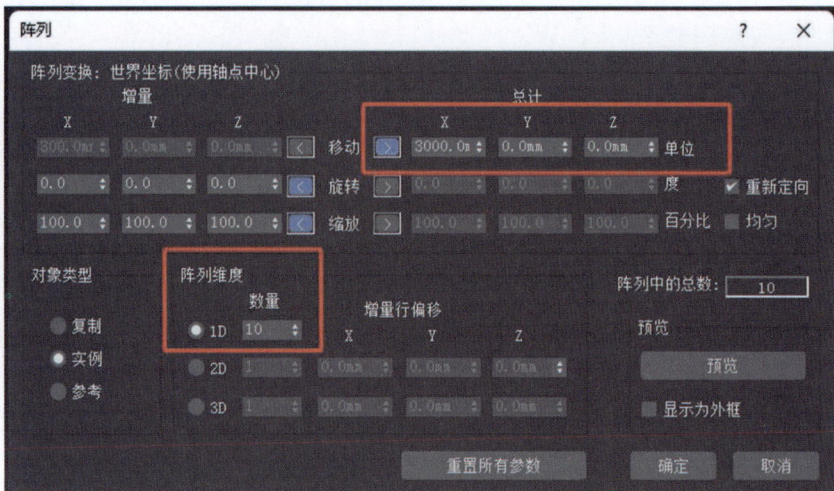

图 2-27　总计方式阵列

绘制长方体，尺寸为 100mm×200mm×100mm（长×宽×高），实现在 X 轴、Y 轴上分别阵列复制 5 个且每两个的间距为 300mm 的效果。

采用"增量"方式进行阵列复制，X 轴上增量设置为 300.0mm，"阵列维度"选择 1D，数量为 5；"阵列维度"选择 2D，数量为 5，在 2D 所对应的参数上设置 Y 轴参数为 300.0mm，参数设置如图 2-28 所示。单击"确定"按钮后，最终的效果如图 2-29 所示。

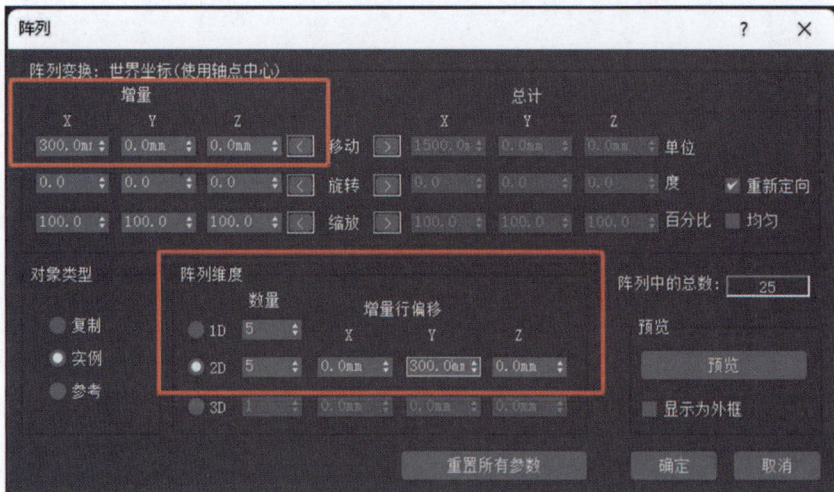

图 2-28　二维阵列

如果希望在 Z 轴上再复制 5 个，则"阵列维度"选择 3D，数量为 5，在 3D 所对应的参数上设置 Z 轴的参数即可。

图 2-29　增量方式最终效果 2

2. "旋转"阵列复制

绘制长方体,尺寸为 100mm×200mm×100mm(长×宽×高),实现在 X 轴上阵列复制 6 个且每两个的间距为 300mm 的效果,同时后一个物体相对于前一个物体旋转 60.0°。

执行"工具"→"阵列"命令,在弹出的"阵列"对话框中重置所有参数,在"移动"行上设置 X 轴上的增量为 300mm,"阵列维度"选择 1D,数量为 6;在"旋转"行上设置 Z 轴上的增量为 60.0°,旋转阵列参数设置如图 2-30 所示,旋转阵列复制最终效果如图 2-31 所示。

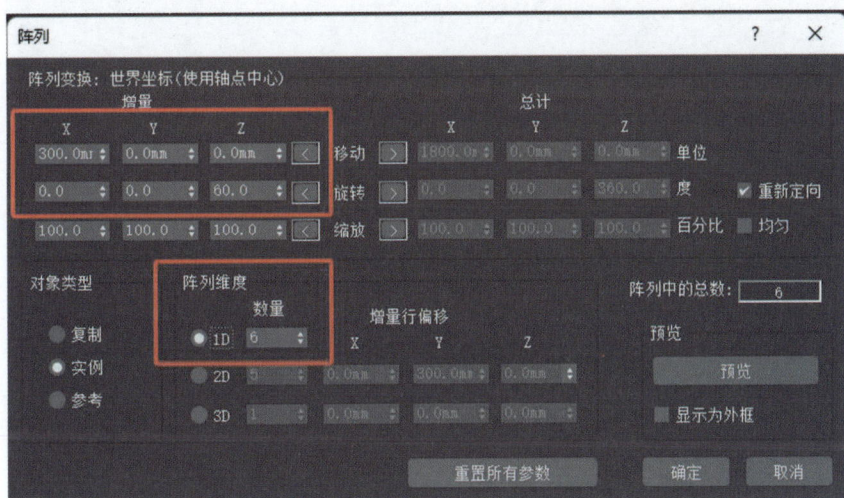

图 2-30　旋转阵列参数设置

图 2-31　旋转阵列复制最终效果

3．"缩放"阵列复制

绘制球体，半径为 100mm，实现在 X 轴上阵列复制 6 个且每两个的间距为 300mm，并且后一个物体是前一个物体的 70%（等比缩放）效果。

执行"工具"→"阵列"命令，在弹出的"阵列"对话框中重置所有参数，在"移动"行上设置 X 轴上的增量为 300.0mm，"阵列维度"选择 1D，数量为 6，在"缩放"行上选中"均匀"复选框，设置参数增量为 70.0（%），缩放阵列参数设置如图 2-32 所示。缩放阵列复制最终效果如图 2-33 所示。

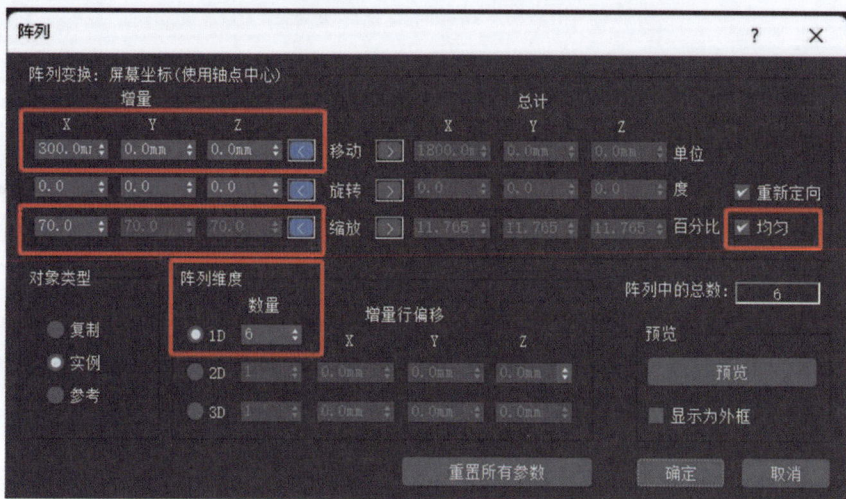

图 2-32　缩放阵列参数设置

图 2-33　缩放阵列复制最终效果

课堂案例 3：制作"魔方"模型

本案例制作简易的魔方模型，重点在于使用阵列复制命令。

单击"创建"面板，选择"几何体"，在"标准基本体"的下拉菜单中选择"扩展基本体"，选择"切角长方体"，绘制 57.0mm×57.0mm×57.0mm 的切角长方体，圆角为 3mm。

执行"工具"→"阵列"命令，在弹出的"阵列"对话框中重置所有参数。设置在移动行 X 轴增量为 57.0mm，阵列维度 1D 数量为 3；选择 2D，数量设置为 3，2D

制作"魔方"模型

行上的 Y 轴增量设置为 57.0mm；选择 3D，数量设置为 3，3D 行上 Z 轴增量设置为 57.0mm，魔方阵列参数设置如图 2-34 所示。魔方模型便制作完成了，最终效果图如图 2-35 所示。

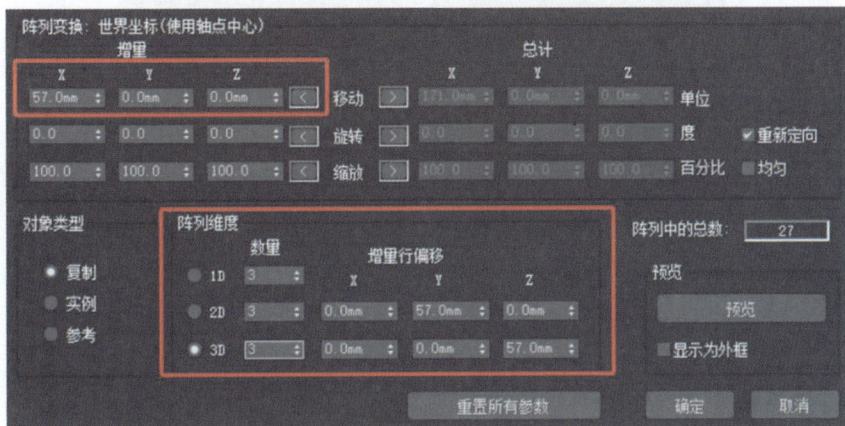

图 2-34 魔方阵列参数设置

图 2-35 魔方最终效果

任务 2.5 扇子的制作

中国是世界上最早使用扇子的国家之一，扇子在中国有着非常悠久的历史。在远古时代，我们的祖先就用植物叶或禽羽制成"羽扇"来进行简单的纳凉。

在前视图绘制 200.0mm × 12.0mm × 0.5mm 的长方体，选择"层次"→"轴"→"仅影响轴"命令，对轴心进行改变，将轴心移到长方体的一端，如图 2-36 所示。

扇子的制作 2

使用阵列工具对长方体进行阵列复制，扇子阵列参数设置如图 2-37 所示，扇子最终效果如图 2-38 所示。

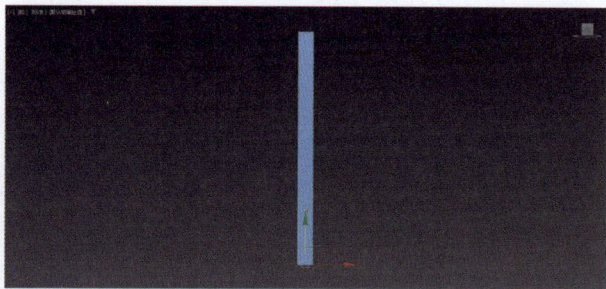

图 2-36　改变轴心后的长方体

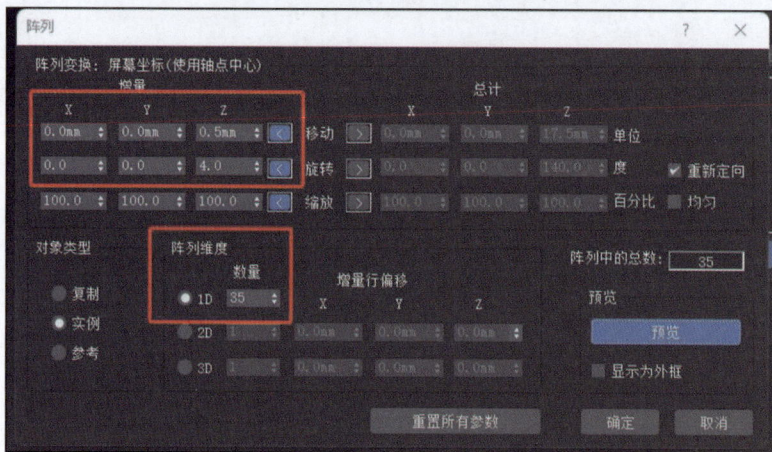

图 2-37　扇子阵列参数设置

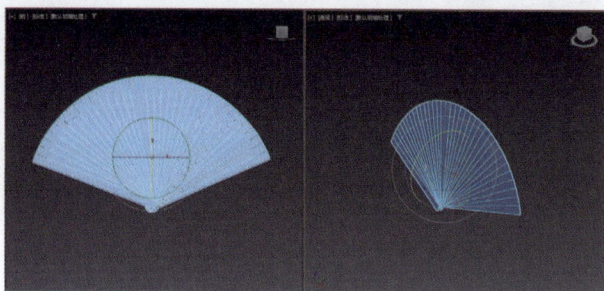

图 2-38　扇子最终效果图

项目重难点总结

1. 本项目介绍了选择、变换、捕捉与轴约束、复制等内容，综合运用各种操作方法，可以快速地完成建模，提高工作效率。

2. 一些常用的快捷键如下：

选择（Q）、加选（Ctrl）、减选（Alt）、按名称选择（H）、选择并移动（W）、选择并旋转（E）、选择并均匀缩放（R）、角度捕捉（A）、复制（Shift+ 移动）、X 轴锁定（F5）、Y 轴锁定（F6）、Z 轴锁定（F7）、$XY/YZ/ZX$ 平面锁定（F8）、隐藏栅格（G）。

项目3　雨伞模型的制作

【素质目标】

基础建模技巧不仅仅限制于软件,在掌握基础建模后,引导学生灵活使用所学工具,来完成并创新模型,培养学生的钻研精神和创新精神。在学习过程中,引导学生多了解模型及产品背后的故事,了解设计者的初衷,提高审美水平,并学习工匠们精益求精、追求完美细节的精神。

1. 具备一定的审美和创造力。

2. 具备良好的空间想象和观察能力。

3. 具备解决问题的能力。

4. 具备团队合作能力。

5. 具备追求质量的意识。

雨伞模型的制作

【知识目标】

1. 掌握简单几何体建模。

2. 掌握可编辑样条线建模。

3. 掌握修改器建模。

【能力目标】

1. 理解三维建模的基本原理。

2. 掌握几种基本的建模技巧。

3. 学会灵活使用各种建模方法完成建模。

【本项目要点提示】

- 简单几何体建模;

- 可编辑样条线建模;

- 修改器建模;

- 各种建模方式的灵活应用。

任务 3.1　简单几何体建模

3ds Max 提供了多种建模方式,它们都有各自不同的应用场合。其中,"标准基本体"和"扩展基本体"是系统默认的原始创建命令,是建模过程中使用最多的,也是创建复杂模型的基础。下面将重点介绍这两种基本体的创建方式。

3.1.1 标准基本体

3ds Max 中所有对象都是通过创建命令面板来完成的，如图 3-1 所示。单击➕面板，单击⭕按钮，在"标准基本体"中选择相应的对象类型。

1. 长方体

单击"创建"面板中的"长方体"按钮，激活长方体命令。在顶视图中单击并按住左键拖动鼠标，拉出矩形底面，释放左键并向上或向下拖动鼠标，拉出长方体的高度，再单击完成长方体的创建，如图 3-2 所示。

在"创建"面板下方出现该长方体的有关设置的卷展栏。

（1）"名称和颜色"卷展栏用于设置长方体的名称和颜色。

（2）"创建方法"卷展栏用于选择创建对象的类型，有"立方体"和"长方体"两种选择。

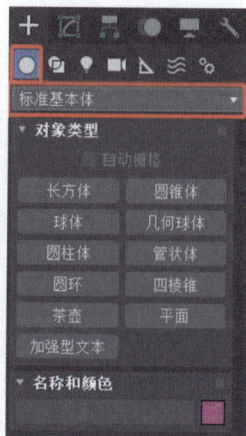

图 3-1　标准基本体"创建"面板

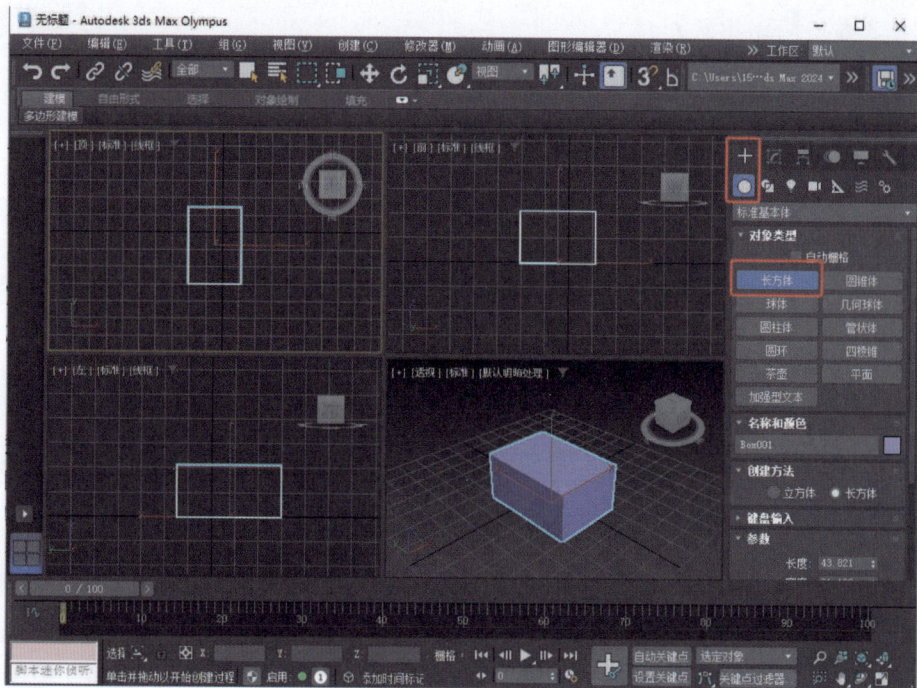

图 3-2　创建长方体

（3）在"键盘输入"卷展栏中可以输入坐标参数以及长方体的长、宽、高数值，单击"创建"按钮创建长方体。

（4）"参数"卷展栏用于设置当前长方体的长、宽、高以及分段数，分段数越多，则物体表面越细腻，但渲染所需时间相对也会增加。

（5）"生成贴图坐标"表明创建的对象自带贴图坐标，默认选中。

（6）"真实世界贴图坐标大小"将以真实世界贴图大小在对象上显示贴图，默认不选中。

2．圆锥体

单击"创建"面板中的"圆锥体"按钮,激活圆锥体命令。在顶视图中单击并按住左键拖动鼠标,拉出圆锥体的底面,释放左键并向上拖动鼠标,拉出圆锥体的高度后单击,再次移动鼠标调整圆锥体顶面的大小,最后单击完成圆锥体的创建,如图3-3所示。

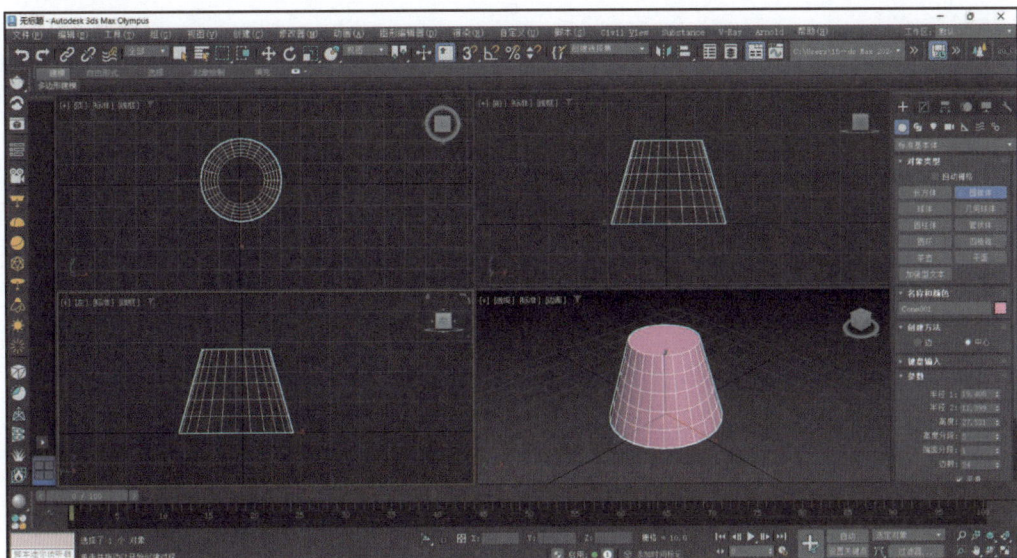

图 3-3　创建圆锥体

在"创建"面板下方出现该圆锥体的有关设置的卷展栏。

(1)"半径1"用于设置圆锥体底面的半径参数。

(2)"半径2"用于设置圆锥体顶面的半径参数。

(3)"平滑"用于设置圆锥表面是否进行光滑处理,默认选中。

(4)"启用切片"可以创建切片圆锥体,在切片的起始位置和结束位置中输入参数即可。切片圆锥体效果如图3-4所示。

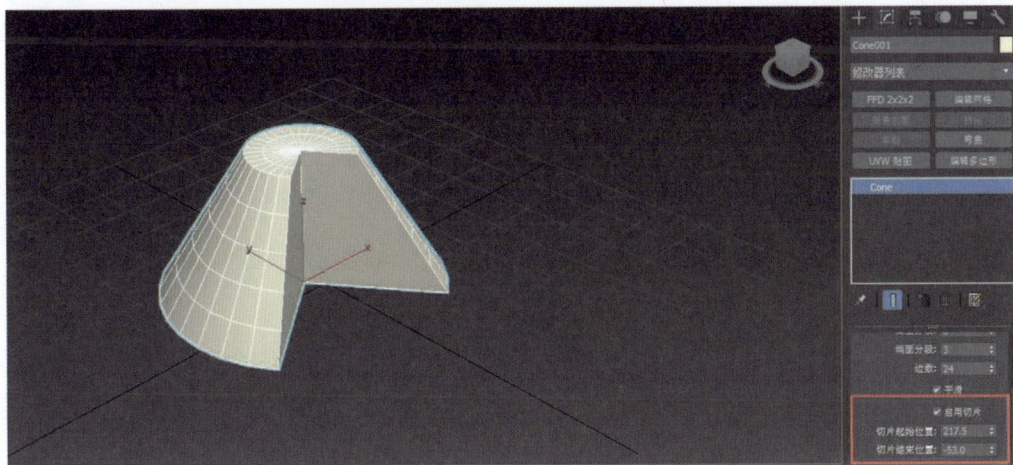

图 3-4　切片圆锥体效果

3. 球体

单击"创建"面板中的"球体"按钮，激活球体命令。在顶视图中单击并按住左键拖动鼠标，拉出球体，在合适的位置释放左键，即完成球体的创建，如图 3-5 所示。默认的创建方法是从球心出发开始创建，可以在"创建方法"卷展栏中通过选择来确定从哪里开始创建。

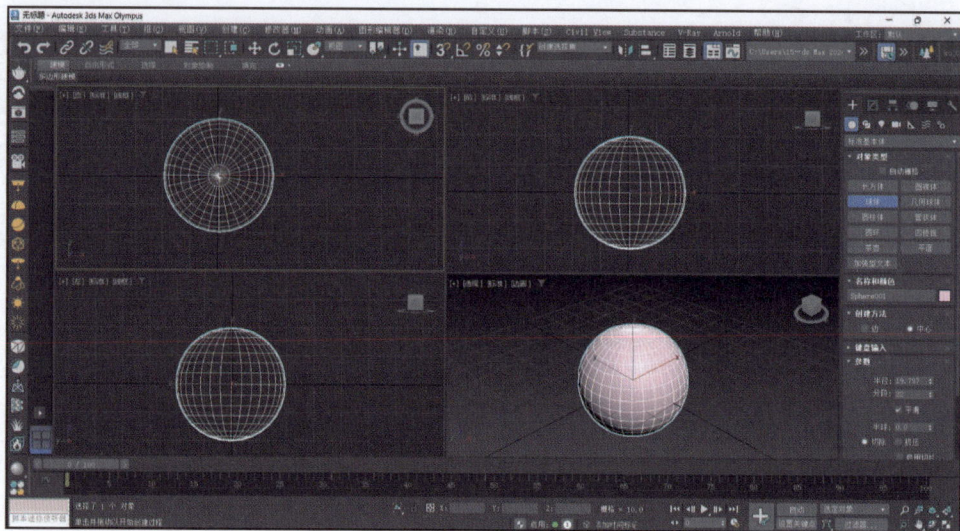

图 3-5　创建球体

在"创建"面板下方出现该球体的有关设置的卷展栏。

（1）"半径"用于设置球体的半径。

（2）"分段"用于设置球体表面划分段数，该参数数值越高，球体表面越光滑，但相应渲染时间也会增加，最小值为 4。

（3）"半球"用于设置球体的完整性，数值有效范围为 0～1。当数值为 0 时，球体完整显示；当数值为 0.5 时，显示为标准的半球；当数值为 1 时，球体完全消失。

（4）半球的创建方式有"切除"和"挤压"两种方式。"切除"是通过半球断开时将球体中的顶和面切除以减少它们的数量，默认选中；"挤压"是保持原始球体中的顶点数和面数，将几何体向球体的顶部挤压，直到体积越来越小。

（5）"启用切片"同圆锥体的切片效果类似，通过设置切片的起始位置和结束位置来创建有切片效果的球体。在启用切片时，整体球的面数是不受影响的。

（6）"轴心在底部"用于确定球体坐标系的中心是否在球体的生成中心，默认不选中。

4. 几何球体

几何球体与球体近似，球体是以多边形相接构成的，而几何球体是以三角面相接构成的。

单击"创建"面板中的"几何球体"按钮，激活几何球体命令。在顶视图中单击并按住左键拖动鼠标，拉出几何球体，在合适的位置释放左键，即完成几何球体的创建，如图 3-6 所示。

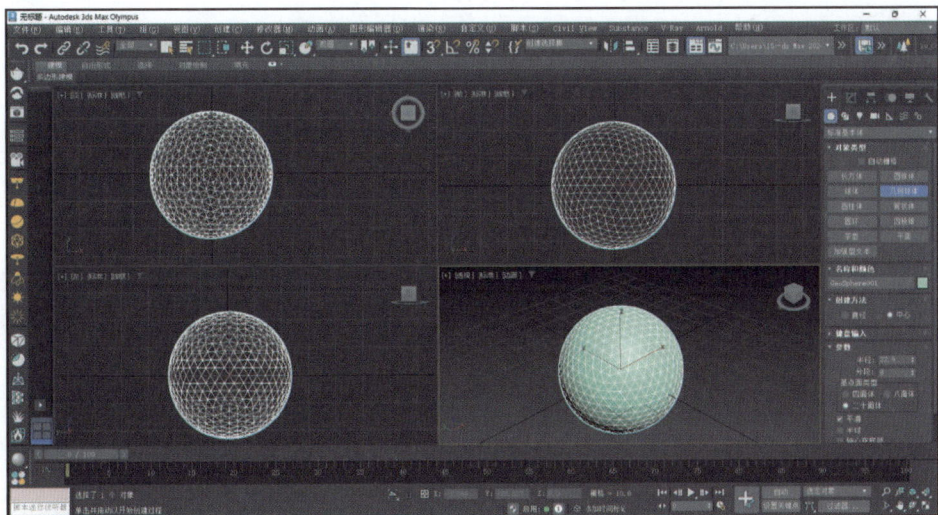

图 3-6　创建几何球体

在"创建"面板下方出现该几何球体的有关设置的卷展栏。

(1)"半径"用于设置几何球体的半径。

(2)"基点面类型"用于确定几何球体的表面形态。当选择"四面体"时,几何球体表面不是很光滑;"八面体"会更光滑一些;"二十面体"与球体更加接近,非常光滑。这些选项还可以配合"分段"数进行设置,分段数最小为1。

(3)"平滑"用于设置几何球体表面是否进行光滑处理,默认选中,取消选中时,几何球体表面由多个平面组成。

5．圆柱体

单击"创建"面板中的"圆柱体"按钮,激活圆柱体命令。在顶视图中单击并按住左键拖动鼠标,拉出圆形底面,释放左键并向上或向下拖动鼠标,拉出圆柱体的高度,再单击完成圆柱体的创建,如图 3-7 所示。

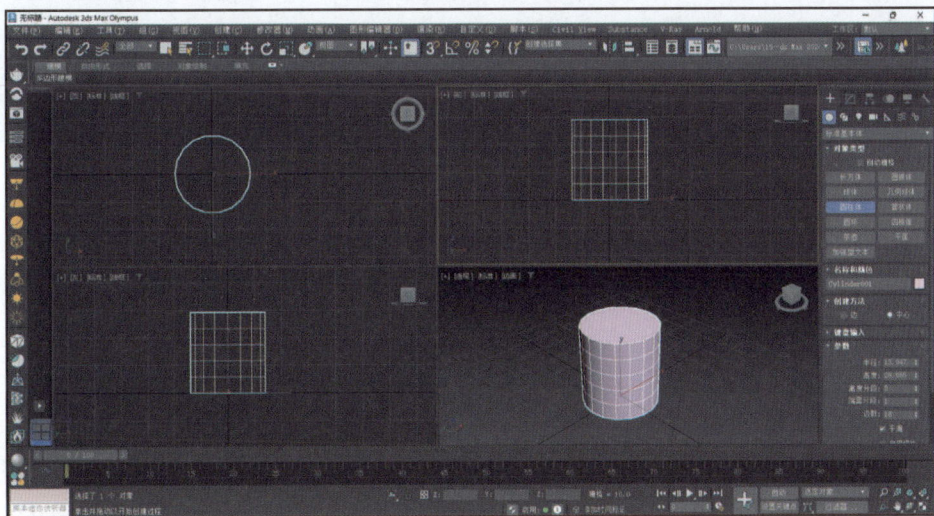

图 3-7　创建圆柱体

在"创建"面板下方出现该圆柱体的有关设置的卷展栏。

（1）"参数"卷展栏中的"半径"用于设置圆柱体的底面圆的半径大小，即圆柱体的粗细。

（2）"高度"用于设置圆柱体的高度。

（3）"高度分段"用于设置圆柱体高度的分段数。

（4）"端面分段"用于设置圆柱体顶面与底面圆中心的同心圆分段数。

（5）"边数"用于设置圆柱体表面的光滑程度，参数越大则越接近于圆柱，最小值为3。"边数"和"平滑"互相搭配，就可以制作出有平滑效果的圆柱体。如果"边数"为3，取消"平滑"的选中，则模型就变成了三角柱。

（6）"启用切片"则与圆锥体和球体类似。

6．管状体

单击"创建"面板中的"管状体"按钮，激活管状体命令。在顶视图中单击并按住左键拖动鼠标，拉出管状体的外半径（内半径），释放左键并拖动鼠标，拉出管状体的内半径（外半径）后单击，接着向上或向下移动鼠标拉出管状体的高度，最后单击完成管状体的创建，如图3-8所示。

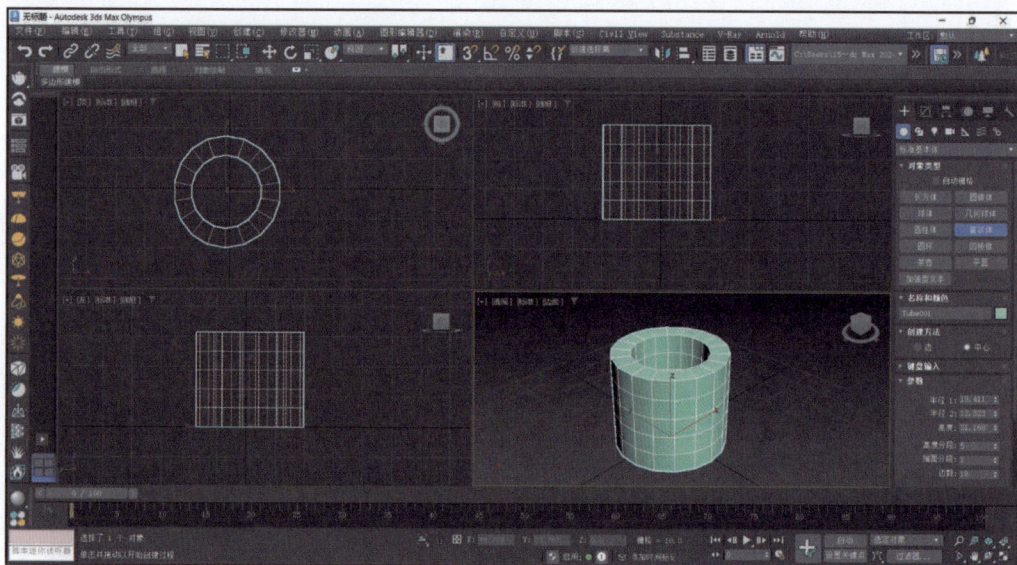

图3-8　创建管状体

在"创建"面板下方出现该管状体的有关设置的卷展栏。

"参数"卷展栏中"半径1"和"半径2"分别用于设置管状体的内半径和外半径，半径值大的为外半径。其他参数与圆柱体类似。

7．圆环

单击"创建"面板中的"圆环"按钮，激活圆环命令。在顶视图中单击并按住左键拖动鼠标，拉出圆环的大小，释放左键并拖动鼠标，拉出圆环的粗细，再单击完成圆环的创建，如图3-9所示。

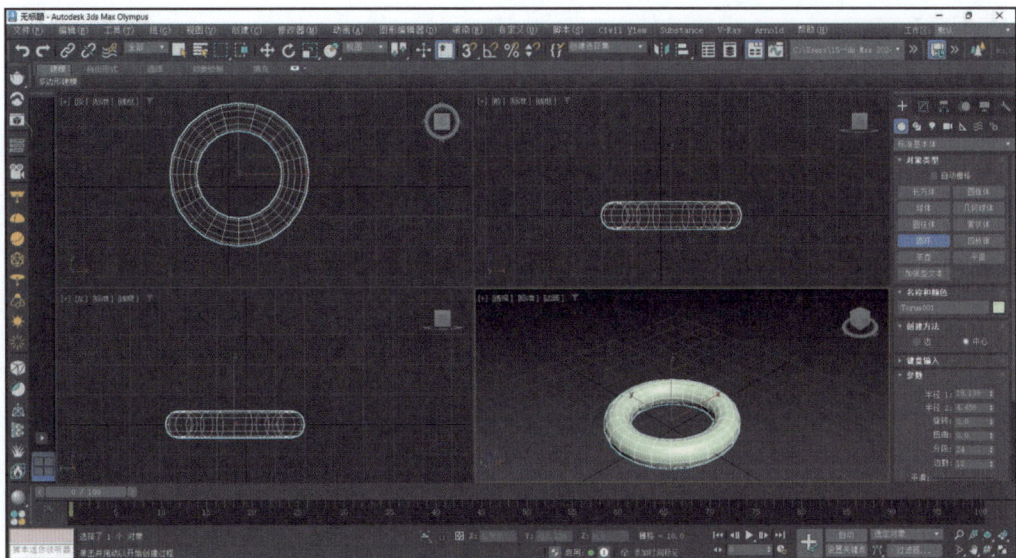

图 3-9　创建圆环

在"创建"面板下方出现该圆环的有关设置的卷展栏。

（1）"参数"卷展栏中"半径1"用于设置圆环的大小，"半径2"用于设置圆环的粗细。

（2）"旋转"用于设置圆环每个截面沿着圆环中心的旋转角度。

（3）"扭曲"用于设置圆环每个截面沿着圆环中心的扭曲角度。

（4）"分段"用于设置环形的边数，最小值为3，分段数越多则越接近圆环。

（5）"边数"用于设置环形横截面圆形的边数，最小值为3，分段数越多则横截面越接近于圆。

（6）"平滑"用于设置圆环是否进行平滑处理，"全部"表示所有表面进行光滑处理，"侧面"表示对相邻的边界进行平滑处理，"无"表示禁用平滑处理，"分段"表示对每个分段进行平滑处理。

（7）选中"启用切片"后会生成切片圆环。

8．四棱锥

单击"创建"面板中的"四棱锥"按钮，激活四棱锥命令。在顶视图中单击并按住左键拖动鼠标，拉出矩形底面，释放左键并向上或向下拖动鼠标，拉出四棱锥的高度，再单击完成四棱锥的创建，如图3-10所示。

在"创建"面板下方出现该四棱锥的有关设置的卷展栏。

（1）"参数"卷展栏中的"宽度"与"深度"用于设置底面矩形的大小。

（2）"高度"用于设置四棱锥的高度,宽度、深度以及高度的分段数也可以在参数卷展栏中进行设置。

（3）"创建方法"中可以设置从"基点/顶点"或"中心"开始创建四棱锥的底面，默认从"基点/顶点"开始创建。

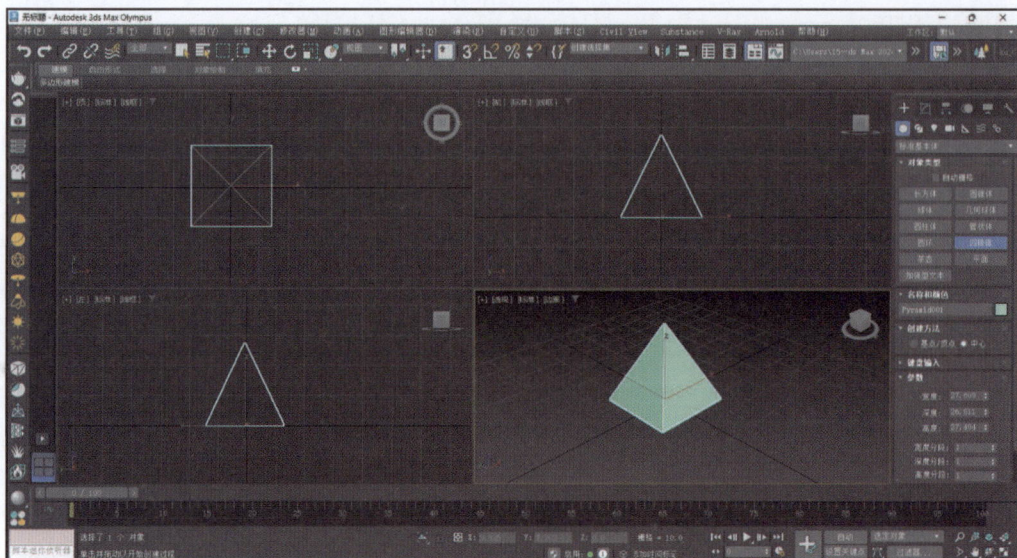

图 3-10　创建四棱锥

9．茶壶

单击"创建"面板中的"茶壶"按钮，激活茶壶命令。在顶视图中单击并按住左键拖动鼠标即可完成茶壶的创建，如图 3-11 所示。

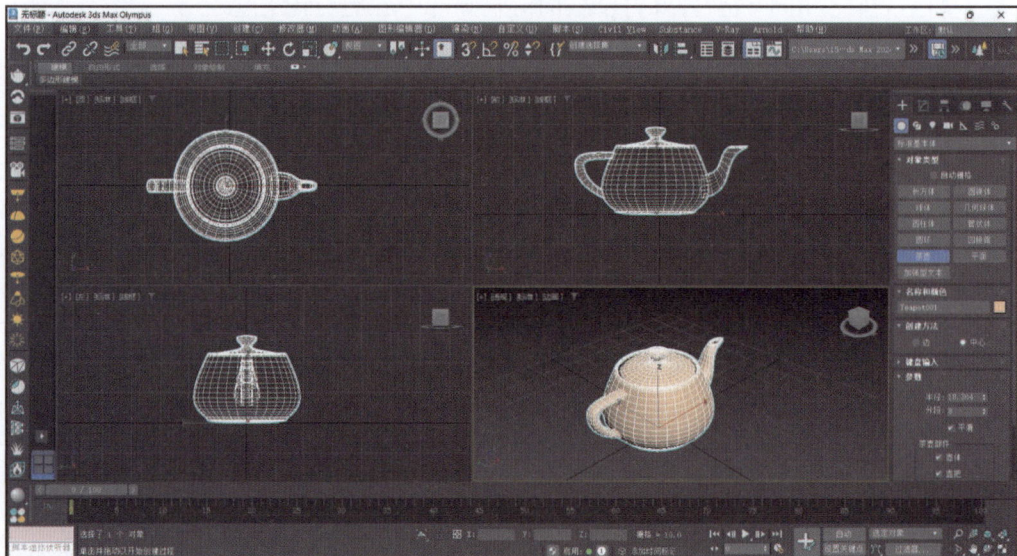

图 3-11　创建茶壶

在"创建"面板下方出现该茶壶的有关设置的卷展栏。

（1）"参数"卷展栏中"半径"用于设置茶壶的大小。

（2）"分段"用于控制茶壶的精细程度，可以配合"平滑"来使用，分段最小值为1，此时的茶壶就不是圆圆胖胖的茶壶了。

（3）在"茶壶部件"中可以任意选中或取消选中"壶体""壶把""壶嘴"和"壶盖"，选中的部件显示，取消选中的部件则隐藏。

10．平面

单击"创建"面板中的"平面"按钮，激活平面命令。在顶视图中单击并按住左键拖动鼠标即可完成平面的创建，如图 3-12 所示。在创建的过程中如果按住 Ctrl 键，则可以创建一个正方形平面。

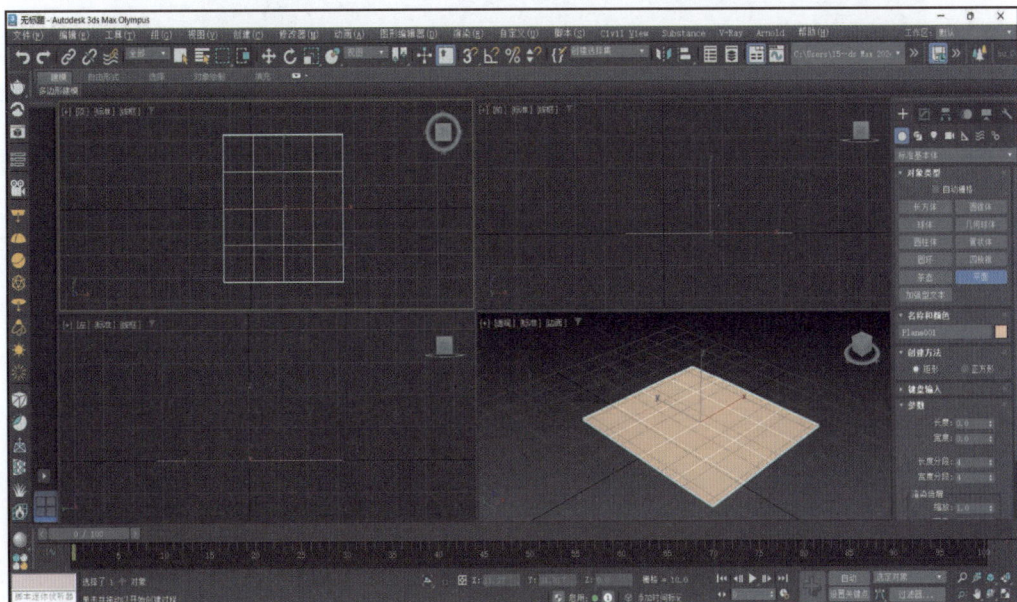

图 3-12　创建平面

在"创建"面板下方出现该平面的有关设置的卷展栏。

（1）"参数"卷展栏中"长度"和"宽度"用于设置平面的长度和宽度。

（2）"长度分段"和"宽度分段"用于控制长度和宽度的分段数。

（3）"渲染倍增"用于指定长度或宽度在渲染时的倍增因子，其中"缩放"用于指定渲染时平面面积的倍增值。

（4）"密度"用于指定渲染时平面长宽方向上段数的倍增值。

3.1.2　扩展基本体

扩展基本体常用来创建复杂或不规则的几何体，单击 ➕ 面板，单击 ⭘ 按钮，在"扩展基本体"中选择相应的对象类型，如图 3-13 所示。

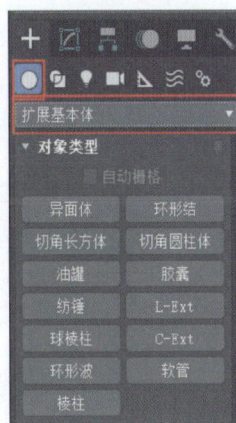

图 3-13　扩展基本体
"创建"面板

1．异面体

异面体可以用来创建由各种表面组成的多面体。单击"创建"面板中的"异面体"按钮，激活异面体命令，在场景中单击并拖动鼠标就可以创建，如图 3-14 所示。

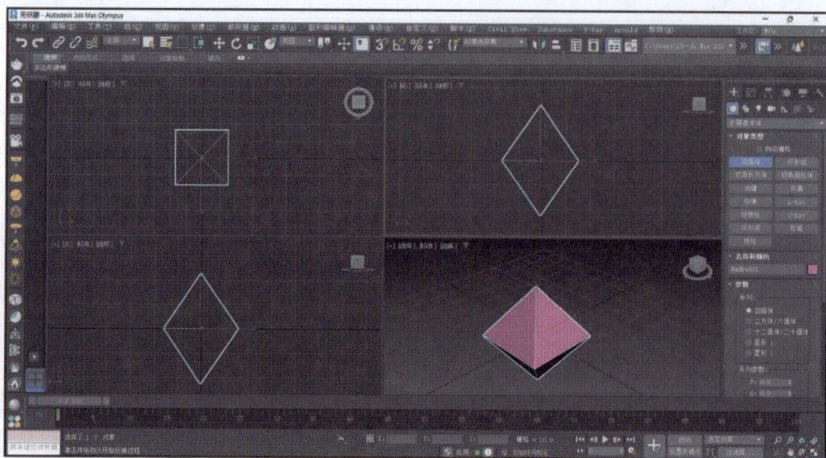

图 3-14　创建异面体

在"创建"面板下方出现该异面体的有关设置的卷展栏。

（1）"参数"卷展栏中"系列"组中可以通过单击来切换异面体为"四面体""立方体/八面体""十二面体/二十面体""星形 1"或"星形 2"。

（2）"系列参数"中 P 和 Q 值的改变可以创造不同形态的异面体，它们的数值范围都为 0～1，而且 P 和 Q 值的和不能超过 1。P 代表所有顶点，Q 代表所有面。

（3）"轴向比率"中的 P、Q、R 三个值分别调整三个方向上的缩放比例。

（4）"顶点"用于给每个扩展多边形的中心另外添加顶点和边；"基点"默认选中，不给异面体添加；"中心"用于为每个扩展多边形的中心添加顶点；"中心和边"用于添加中心顶点并使用轴向比率选项的每个面的边连接。

（5）"半径"可以控制异面体的大小。

2．环形结

单击"创建"面板中的"环形结"按钮，激活环形结命令。在场景中单击并按住左键拖动鼠标，拉出环形结的大小，释放左键并拖动鼠标，拉出环形结的粗细，再单击完成环形结的创建，如图 3-15 所示。

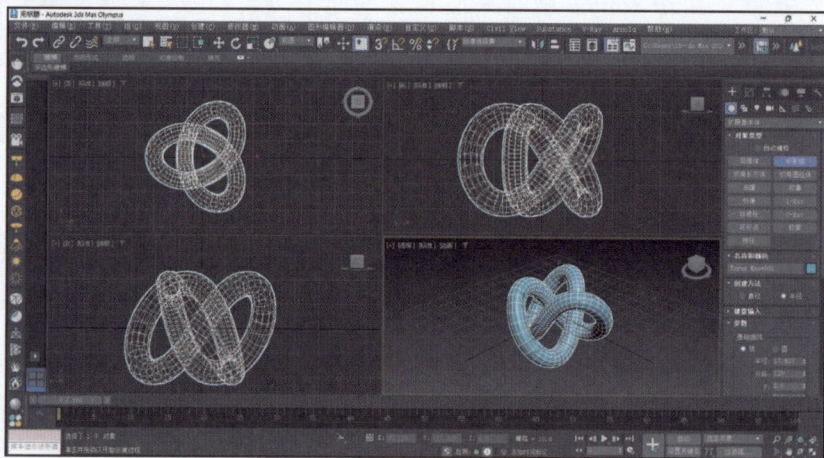

图 3-15　创建环形结

在"创建"面板下方出现该环形结的有关设置的卷展栏。

（1）在"参数"卷展栏的"基础曲线"组中，默认以"结"的方式创建环形结。可以通过"半径"调整环形结的大小；"分段"用于控制环形结的精致程度，最小值为4。

（2）P和Q用于控制打结数目，最小值都为1。当P和Q的值相同时，就会呈现出圆环的造型，P和Q值只有在"结"的方式下才能激活。

（3）"圆"的方式下会激活"扭曲数"和"扭曲高度"，"扭曲数"用于设置对象突出的卷曲角的数值，"扭曲高度"用于设置对象突出的卷曲角的高度。

（4）"横截面"组中的"半径"控制环形结的粗细；"边数"用于控制模型横截面的精细程度，最小值为3。

（5）"偏心率"用于设置横截面主轴和副轴的比率，值为1时横截面为圆形，最大值为10，最小值为0.1。

（6）"扭曲"用于设置横截面围绕基础曲线扭曲的次数。

（7）"块"用于设置环形结中突出的数量，当"块高度"为0时，则"块"数值失效。"块高度"用于设置块的高度，作为横截面块的百分比。

（8）"块偏移"用于设置块起点的偏移，用度数来测量，修改它的数值就可以制作出块在环形结中流动的动画效果。

（9）"平滑"组提供用于改变环形结平滑显示或渲染的选项。

3．切角长方体

单击"创建"面板中的"切角长方体"按钮，激活切角长方体命令。在场景中单击并按住左键拖动鼠标，拉出切角长方体的底面矩形，释放左键并向上或向下拖动鼠标，拉出切角长方体的高度后单击，再次拖动鼠标可以拉出切角长方体的切角程度，最后单击完成创建，如图3-16所示。

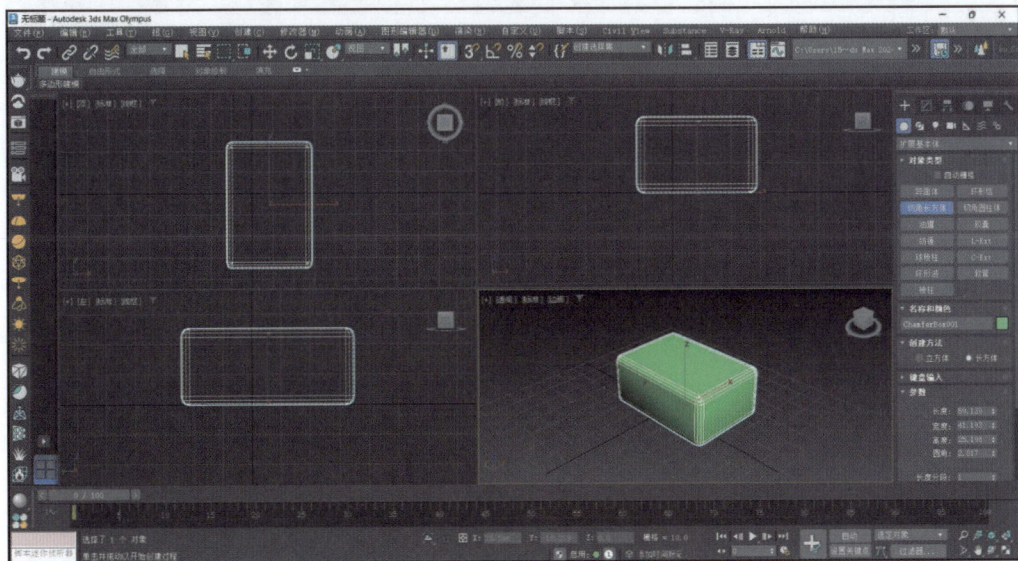

图3-16　创建切角长方体

在"创建"面板下方出现该切角长方体的有关设置的卷展栏。

（1）"参数"卷展栏中"长度""宽度""高度"决定切角长方体的大小；"圆角"用于设置切角长方体边的圆度，值为 0 时就是长方体。

（2）可以通过设置"长度分段""宽度分段"和"高度分段"来设置各个方向的分段数；"圆角分段"用来控制圆角的圆滑程度，可以配合"平滑"来使用。

4. 切角圆柱体

单击"创建"面板中的"切角圆柱体"按钮，激活切角圆柱体命令。在场景中单击并按住左键拖动鼠标，拉出切角圆柱体的底面圆形，释放左键并向上或向下拖动鼠标，拉出切角圆柱体的高度后单击，再次拖动鼠标可以拉出切角圆柱体的切角程度，最后单击完成创建，如图 3-17 所示。

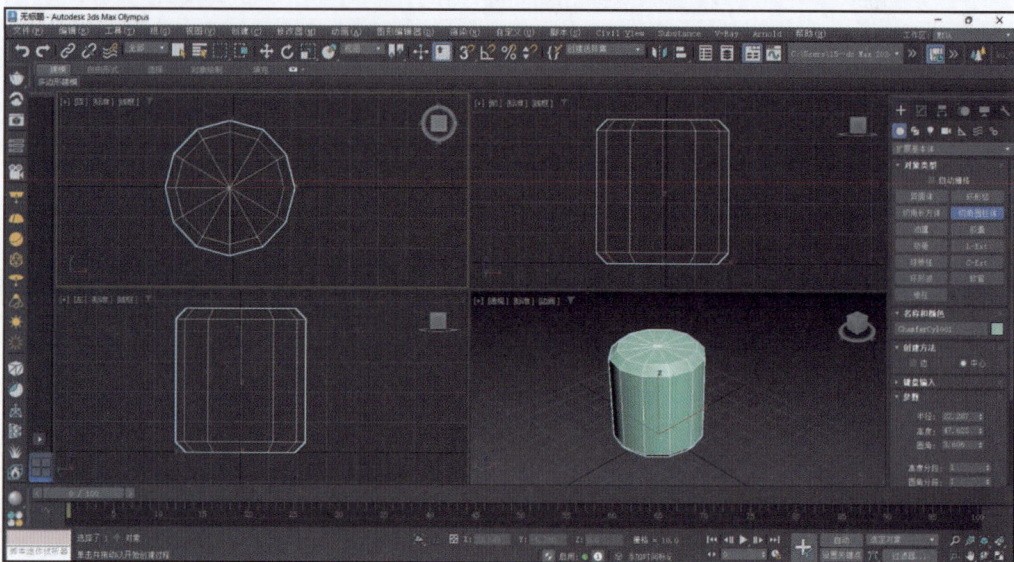

图 3-17　创建切角圆柱体

在"创建"面板下方出现该切角圆柱体有关设置的卷展栏。

（1）"参数"卷展栏中"半径"用于设置底面圆的大小；"高度"用于设置切角圆柱体的高度；"圆角"用于设置切角圆柱体的切角程度，值为 0 时就是圆柱体。

（2）可以通过设置"高度分段"来设置切角圆柱体高度的分段数；"圆角分段"用来控制圆角的圆滑程度，可以配合"平滑"来使用。

（3）"边数"用于设置底面圆的精细程度，最小值为 3。当值为 3 时，底面为三角形，边数值越高越接近于圆。

（4）"端面分段"是底面圆围绕圆心的一个分段。

（5）"启用切片"可以设置有切片效果的切角圆柱体。

5. 油罐

单击"创建"面板中的"油罐"按钮，激活油罐命令。在场景中单击并按住左键拖动鼠标，拉出油罐的底面，释放左键并向上或向下拖动鼠标，拉出油罐的高度后单击，再次拖动鼠标可以确定油罐的封口高度，最后单击完成创建，如图 3-18 所示。

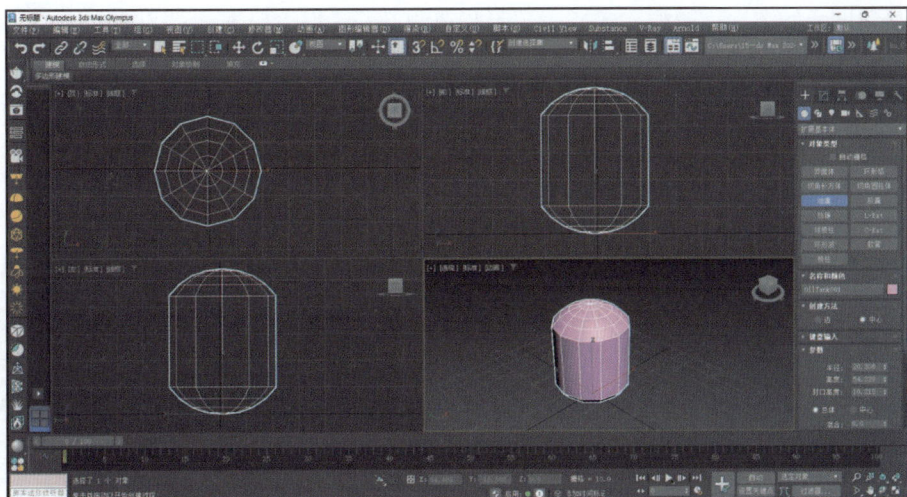

图 3-18 创建油罐

在"创建"面板下方出现该油罐有关设置的卷展栏。

(1)"参数"卷展栏中"半径"和"高度"可以控制油罐的大小,"封口高度"用于设置油罐两端凸面顶盖的高度。

(2)油罐的高度由总体和中心两种模式确定:"总体"是指油罐的总体高度,包括圆柱体和顶盖的总体高度;"中心"是指测量油罐圆柱状的高度,不包括顶盖部分高度。

(3)"混合"用于设置封口倒角;"边数"用于设置油罐底面圆的精细程度,最小值为3,边数值越高,越接近圆。

6.胶囊

单击"创建"面板中的"胶囊"按钮,激活胶囊命令。在场景中单击并按住左键拖动鼠标,拉出胶囊的底面,释放左键并向上或向下拖动鼠标,拉出胶囊的高度后单击即可完成创建,如图 3-19 所示。

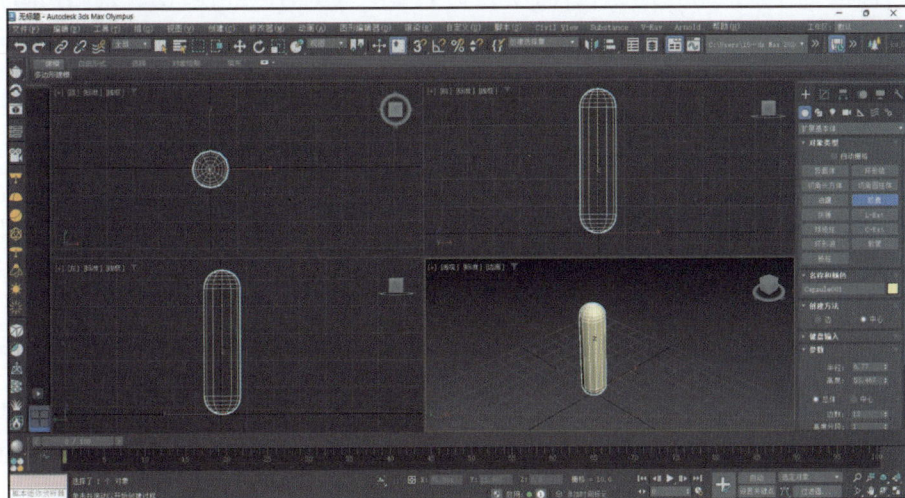

图 3-19 创建胶囊

胶囊的"参数"卷展栏除了没有"封口高度"和"混合"，其余与油罐的参数类似，详细参数解释参照油罐。

7．纺锤

单击"创建"面板中的"纺锤"按钮，激活纺锤命令。在场景中单击并按住左键拖动鼠标，拉出纺锤的底面；释放左键并向上或向下拖动鼠标，拉出纺锤的高度后单击，再次拖动鼠标可以确定纺锤的封口高度；最后单击完成创建，如图 3-20 所示。

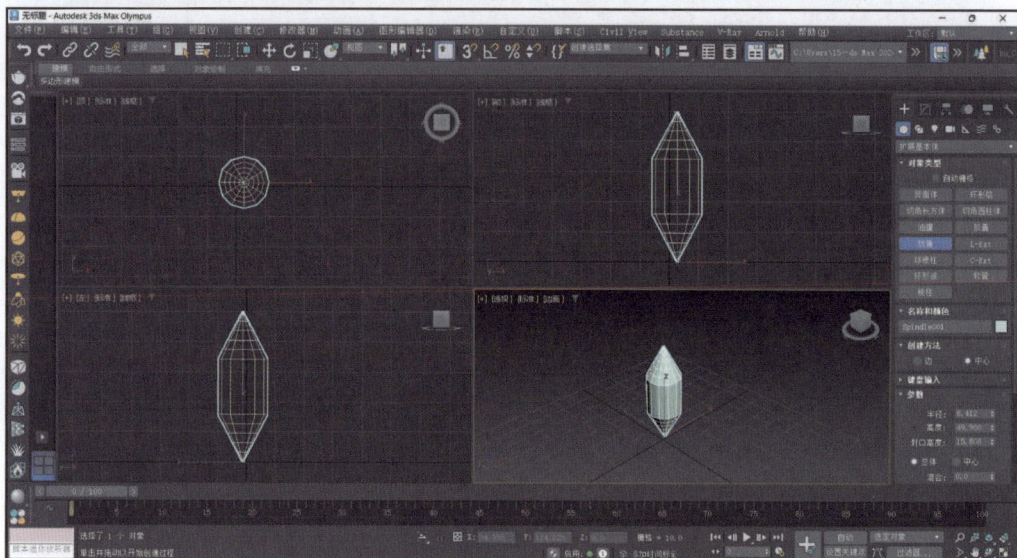

图 3-20　创建纺锤

在"创建"面板下方出现该纺锤体有关设置的卷展栏。

（1）"参数"卷展栏中"封口高度"用于设置圆锥体封口的高度，当为最小值 0.1 时，纺锤体就变成圆柱体，封口高度的最大值为"高度"的一半。

（2）其他参数与油罐类似，详细参数解释参照油罐。

纺锤体是圆锥体封口的圆柱体，胶囊是半球体封口的圆柱体，油罐是凸面封口的圆柱体，切角圆柱体是倒角圆形封口的圆柱体。这几个基本体非常类似，只是封口类型不同。

8．L-Ext

L-Ext 也称为 L 形挤出，单击"创建"面板中的 L-Ext 按钮，激活 L-Ext 命令。在场景中单击并按住左键拖动鼠标，拉出 L 形底面，释放左键并向上或向下拖动鼠标，拉出 L-Ext 的高度后单击，再次拖动鼠标可以确定 L-Ext 的厚度，最后单击完成创建，如图 3-21 所示。

L-Ext 的"参数"卷展栏非常直观，可以分别设置"侧面长度""前面长度""侧面宽度""前面宽度""高度"以及对应的分段数。

9．球棱柱

单击"创建"面板中的"球棱柱"按钮，激活球棱柱命令。在场景中单击并按住左键拖动鼠标，拉出球棱柱的底面，释放左键并向上或向下拖动鼠标，拉出球棱柱的高度后单击,再次拖动鼠标可以确定球棱柱的圆角,最后单击完成创建,如图3-22所示。

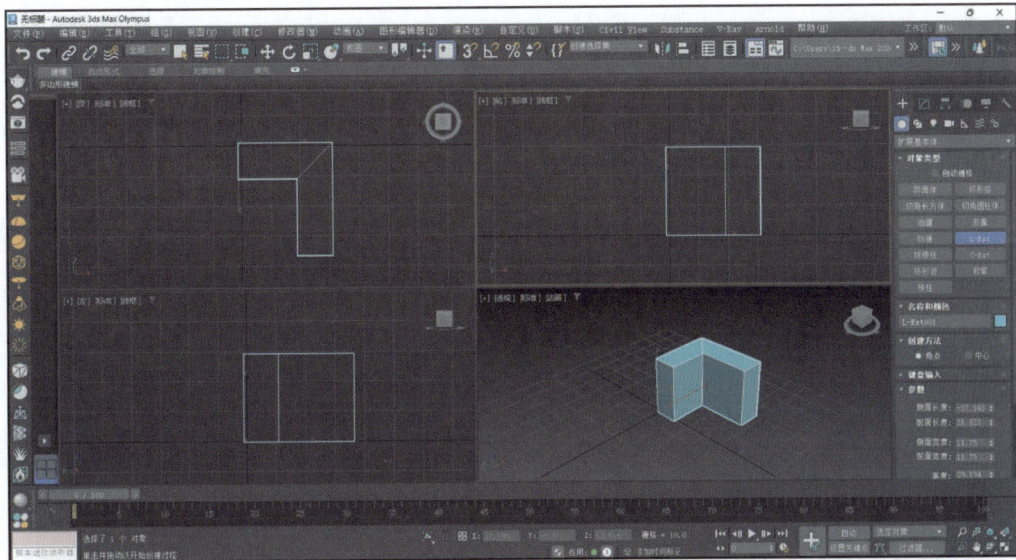

图 3-21 创建 L-Ext

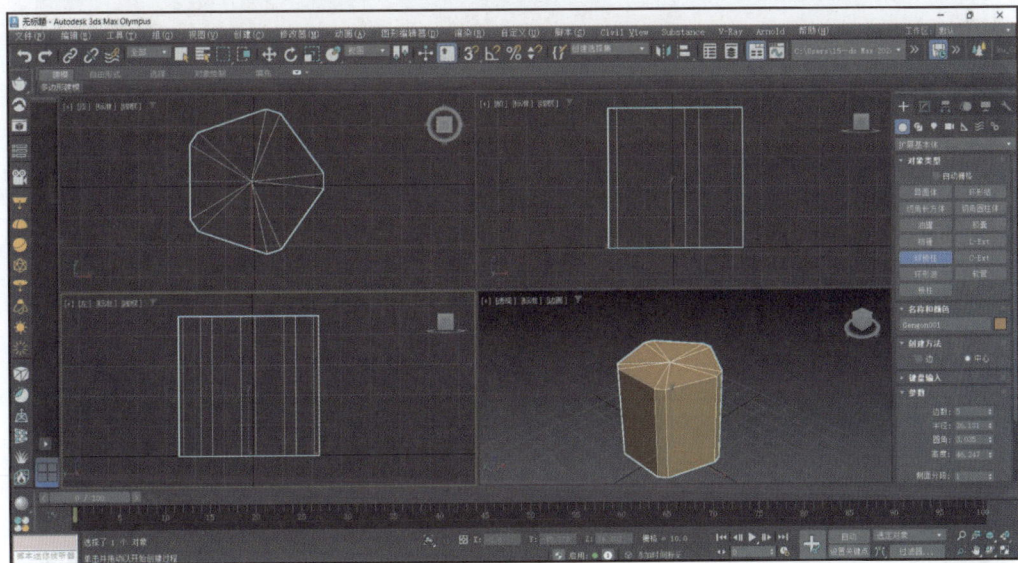

图 3-22 创建球棱柱

在"创建"面板下方出现该球棱柱有关设置的卷展栏。

(1)"参数"卷展栏中"边数"用于确定底面形状的边数,边数值越高,底面就越接近圆形,最小值为3。

(2)"半径"用于确定球棱柱底面的大小。

(3)"圆角"用于设置切角的宽度。当为最小值 0 时,就表示没有切角。圆角值越大,圆角效果越好。

(4)"高度"用于确定球棱柱的高度。

(5)通过设置"侧面分段""高度分段"和"圆角分段"来设置各个方向的分段数。

10．C-Ext

C-Ext 也称为 C 形挤出，单击"创建"面板中的 C-Ext 按钮，激活 C-Ext 命令。在场景中单击并按住左键拖动鼠标，拉出 C 形底面，释放左键并向上或向下拖动鼠标，拉出 C-Ext 的高度后单击，再次拖动鼠标可以确定 C-Ext 的厚度，最后单击完成创建，如图 3-23 所示。

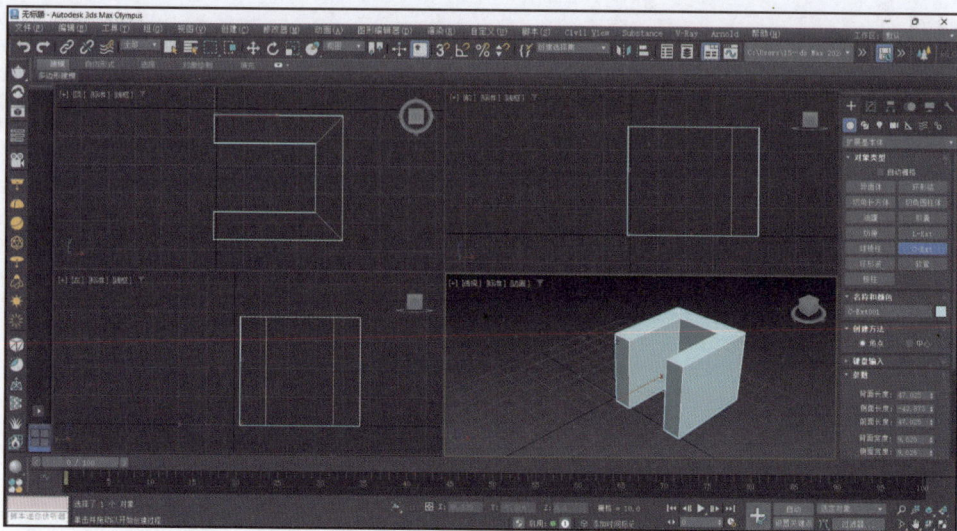

图 3-23　创建 C-Ext

C-Ext 与 L-Ext 类似，非常直观，"参数"卷展栏的详细解释可以参考 L-Ext 的参数。

11．环形波

单击"创建"面板中的"环形波"按钮，激活环形波命令。在场景中单击并按住左键拖动鼠标，确定环形波的半径，释放左键并再次拖动鼠标，确定环形波的宽度，最后单击完成创建，如图 3-24 所示。

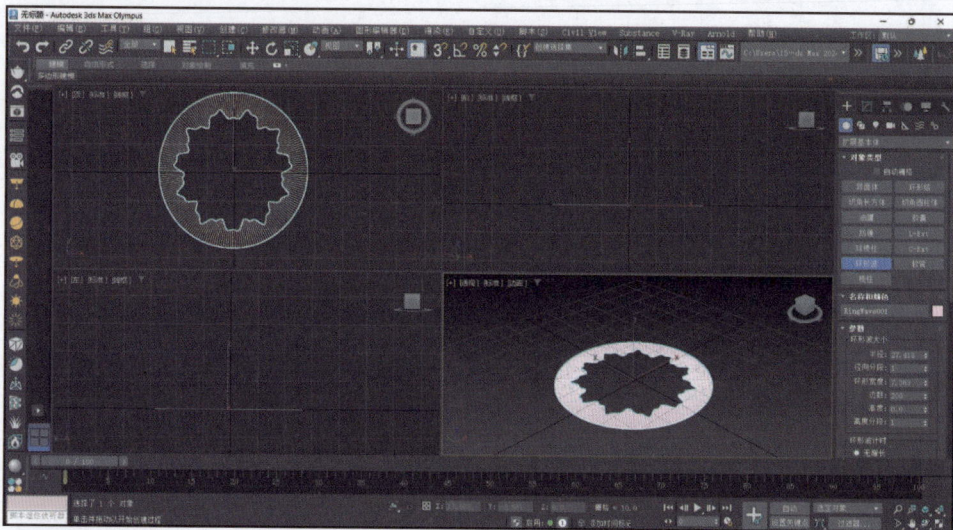

图 3-24　创建环形波

在"创建"面板下方出现该环形波有关设置的卷展栏。

(1)"参数"卷展栏中"环形波大小"组可以控制环形波的大小及分段。

(2)"环形波计时"组中的参数与时间滑块配合使用,可以制作出环形波运动的动画;"开始时间"用于设置环形波从零开始的那一帧;"增长时间"用于设置达到最大时需要的那一帧;"结束时间"用于设置环形波停止的那一帧;"无增长"阻止环形波扩展。

(3)"增长并保持"用于设置环形波从"开始时间"扩展到"增长时间",并保持当前状态到"结束时间"。

(4)"循环增长"用于设置环形波从"开始时间"扩展到"增长时间",再从零开始增长到"增长时间"的大小,直到"结束时间"。一直循环,每次从零进行增长。

(5)启用"外边波折"并设置相应参数会使环形波的外部形状改变,默认取消选中。

(6)启用"内边波折"并设置相应参数会使环形波的内部形状改变,默认选中。

12. 软管

软管是能够连接两个物体的弹性对象,用来反映两个物体的运动,类似于弹簧,但不具备动力学的属性。

单击"创建"面板中的"软管"按钮,激活软管命令。在场景中单击并按住左键拖动鼠标,确定软管的底面,释放左键并再次拖动鼠标,确定软管的高度,最后单击完成创建,如图3-25所示。

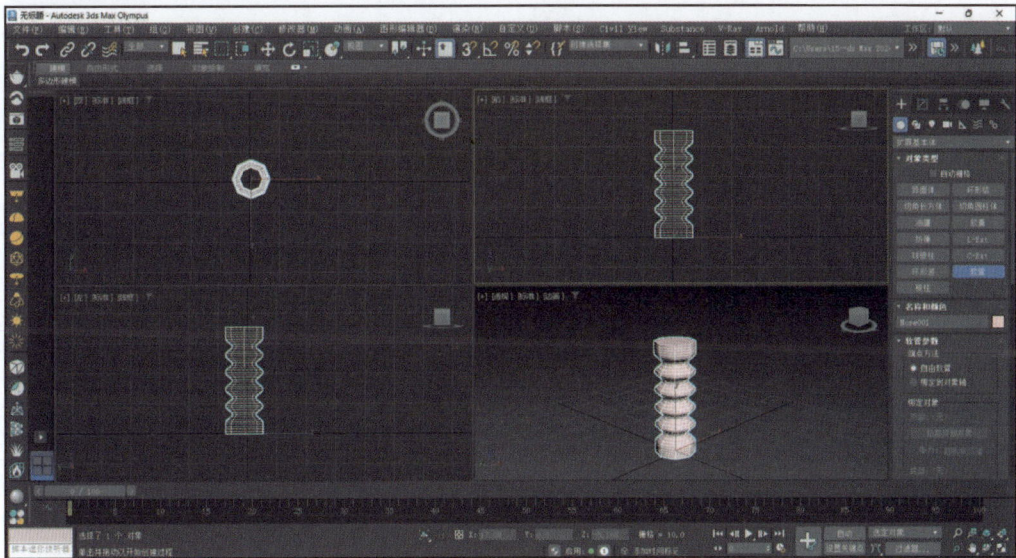

图3-25 创建软管

在"创建"面板下方出现该软管有关设置的卷展栏。

(1)"软管参数"卷展栏中"端点方法"默认采用"自由软管"形式,这种形式只当作一个简单对象,而不绑定对象。"自由软管参数"中的"高度"用来控制自由软管的高度,此参数只有在启用"自由软管"形式时才可以激活。

（2）"软管形状"组可以设置软管的形状并设置相应的参数，有"圆形软管""长方形软管"和"D 截面软管"。

（3）"公用软管参数"中可以设置软管的分段数和平滑程度，软管弯曲的时候要增加软管的分段数以提高弯曲的圆滑度。选中"启用柔体截面"可以设置柔体截面的起始位置以及结束位置、周期数及直径；取消选中"启用柔体截面"，软管将变成一根柱子。

（4）将"端点方法"切换成"绑定到对象轴"，激活"绑定对象"组，单击"拾取顶部对象"，拾取场景中的切角长方体，再单击"拾取底部对象"，拾取场景中的切角圆柱体，这时场景中的软管就将切角长方体和切角圆柱体进行了连接，如图 3-26 所示。

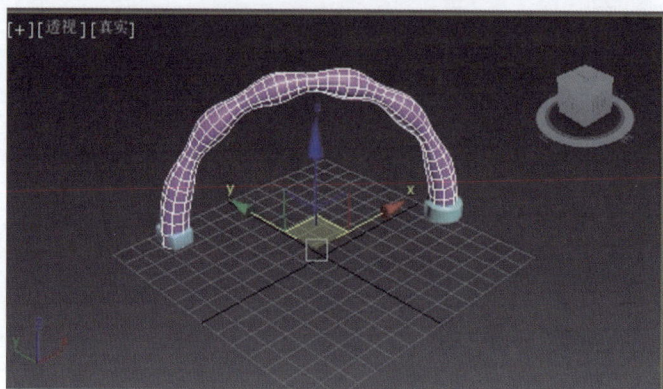

图 3-26　软管连接切角长方体和切角圆柱体

13．棱柱

单击"创建"面板中的"棱柱"按钮，激活棱柱命令。在场景中单击并按住左键拖动鼠标，确定棱柱侧面 1 的长度，释放左键并拖动鼠标，确定棱柱侧面 2 和侧面 3 的长度后单击，再次拖动鼠标可以确定棱柱的高度，最后单击完成创建，如图 3-27 所示。

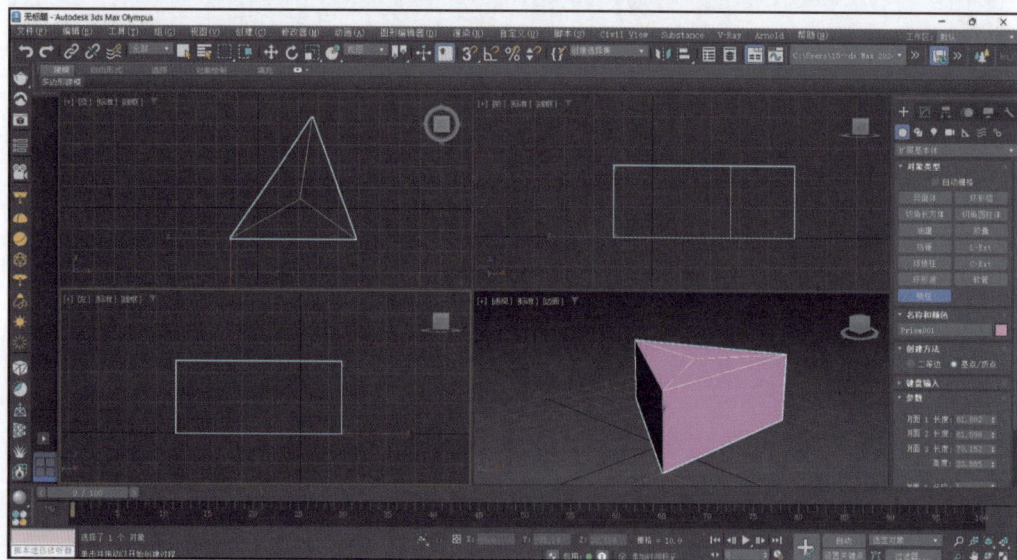

图 3-27　创建棱柱

棱柱"参数"卷展栏中的参数非常直观,可以通过"侧面1长度""侧面2长度""侧面3长度"及相应的分段设置棱柱的大小和分段数。

课堂案例1：汉尼斯茶几制作

宜家的汉尼斯茶几造型简单,采用实心松木制作,坚固耐用,能够随着时间的流逝而保持原有特色不变。利用所学的简单几何体,对汉尼斯茶几进行建模,如图3-28所示。具体尺寸如图3-29所示。

汉尼斯茶几

图3-28　汉尼斯茶几效果图

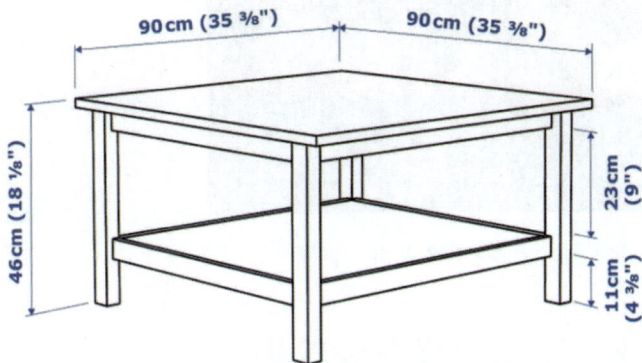

图3-29　汉尼斯茶几尺寸

汉尼斯茶几素材

（1）在顶视图中绘制 900mm×900mm×25mm 的长方体。

（2）在顶视图中绘制一个 50mm×50mm 的矩形作为桌腿绘制的参照物；再绘制 50mm×50mm×435mm 的长方体作为桌腿,与参照物捕捉对齐。用同样的方法实例绘制出4条桌腿,并在前视图中调整桌腿位置。捕捉到位,删除参照的矩形。

（3）在顶视图中,以线框显示,使用捕捉绘制出长方体置物板,厚度为28mm,如图3-30所示。

（4）绘制边缘挡板,厚度为18mm,高度为50mm。切换到前视图,将挡板高度中点与置物板高度中点捕捉对齐,并将挡板与置物板成组,将它们放置到离地面110mm的位置。

（5）再次选中挡板,复制一次,将复制出来的挡板放置到桌面下方以增强稳定度,最终效果图如图3-31所示。

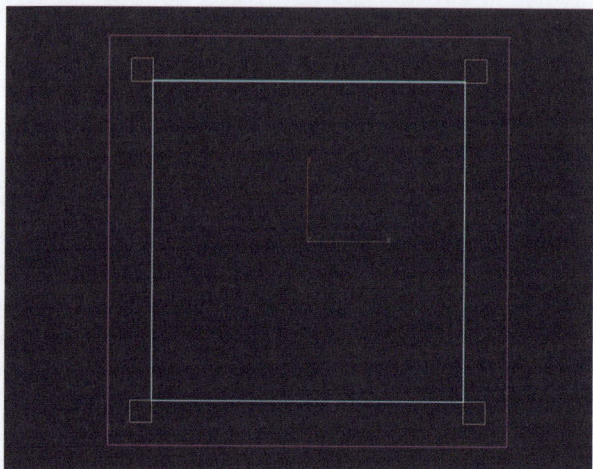

图 3-30 捕捉示意图

图 3-31 茶几最终效果图

任务 3.2 可编辑样条线建模

在 3ds Max 中除了直接从三维几何体开始起形建模外，二维图形在建模中也起着非常重要的作用，它是生成三维模型的基础。

单击 ➕ 面板，单击 按钮，在"样条线"中选择对象类型，如图 3-32 所示。选择完所需的对象类型，就可以在场景中绘制相应的二维图形，一共有 12 种样条曲线。"开始新图形"默认选中，表示每创建一条样条曲线都作为一个新的独立的物体，取消选中该选项，则创建的样条曲线均作为同一个物体。

二维图形的创建并不复杂，这里不再赘述。如果想创建的模型找不到合适的二维图形起形，那就要开动脑筋，对基本二维图形进行个性化编辑修改。这里以"线"为例介绍可编辑样条线的编辑修改。

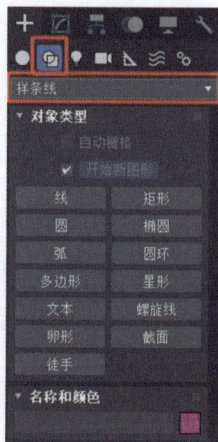

图 3-32 二维图形
"创建"面板

单击"创建"面板中的"线"按钮,激活线命令。要在场景中画线,单击线的起始点,再在第二个点的位置单击,这时候就创建了一条直线。如果要继续画线,则在第三点的位置再单击。如果要结束画线操作,则右击场景中任一位置即可。可以通过单击来画直线。如果想要画曲线,则在第二点的地方单击后保持左键按下状态并拖动鼠标到合适位置再释放左键,同样通过右击来结束画线。线可以是闭合的,也可以是不闭合的,如果第一点与最后一个点重合,则会弹出"样条线"对话框,在对话框中选择是否闭合样条线。

选中创建好的一根样条线,进入"修改"面板 ![icon],可以看到"修改"面板中显示了样条线的类型 Line,下面有"顶点""线段"和"样条线"三个层级结构。如果创建的是一个矩形,在修改面板中则显示类型 Rectangle,下面没有子层级结构,这时需要右击并选择"可编辑样条线",将矩形转换为可编辑的样条线,这样才有子层级可以编辑(注意:这里也可以给样条线直接加"可编辑样条线"的修改器),如图 3-33 所示。

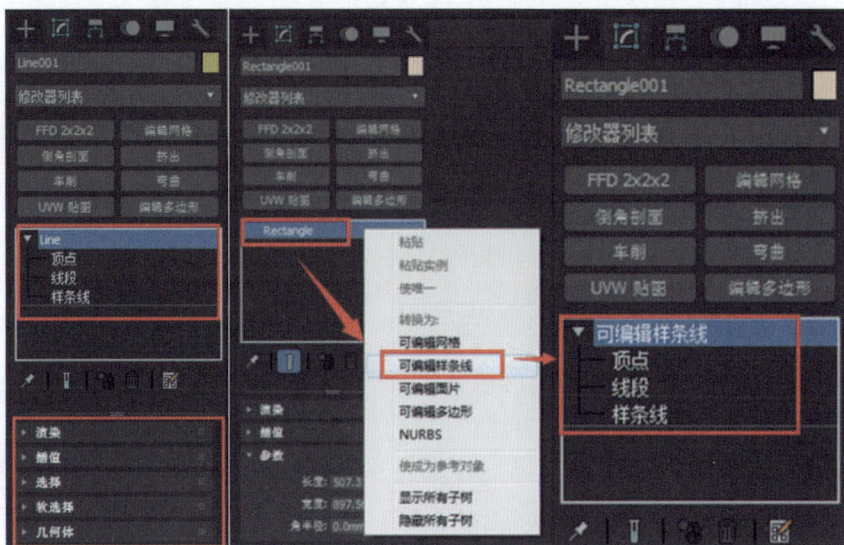

图 3-33　可编辑样条线的三个子层级

可编辑样条线下方还有"渲染""插值""选择""软选择"和"几何体"5 个卷展栏,可以对样条线的"顶点""线段"和"样条线"层级进行编辑。

3.2.1　渲染与插值卷展栏

"渲染"卷展栏是所有图形共有的属性卷展栏,如图 3-34 所示。二维图形默认是不能被渲染可见的,在"渲染"卷展栏中选中"在渲染中启用"和"在视口中启用"就可以在渲染时和在视口中看见效果。二维线可渲染属性可以以两种横截面效果显示,即圆形截面和矩形截面。只需选中"渲染"卷展栏中的"径向"以及设置相应的参数,就会以圆形的截面显示最终二维线的效果。选中"矩形"以及设置相应的参数,就会以矩形的截面显示最终二维线的效果。"生成贴图坐标"选项用来控制贴图的位置。如图 3-35 所示,就是一根线与一个椭圆分别设置的可渲染效果。

图 3-34 "渲染"卷展栏

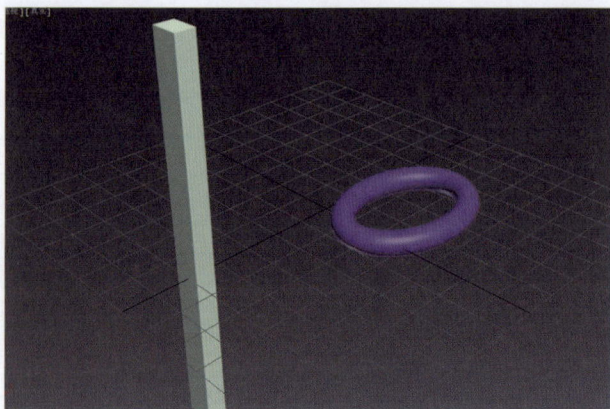

图 3-35 可渲染效果

"插值"卷展栏用于设置图形曲线的精细程度,如图 3-36 所示。在 3ds Max 中,样条线的显示和渲染都使用一系列线段来近似地表现,插值设置决定使用直线的段数。"步数"决定在线段的两个节点之间插入的中间点数,范围为 0 ~ 100,0 表示在线段的两个节点之间没有插入中间点,数值越大,插入的中间点数越多,模型就越精细。选中"优化",3ds Max 将检查样条线的曲线度,并减少比较直的线段上的步数,以达到优化模型的作用,默认选中。选中"自适应"时,3ds Max 会根据曲线弯曲的角度自动设置步数。

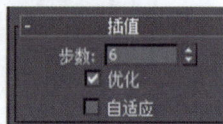

图 3-36 "插值"卷展栏

3.2.2 选择与软选择卷展栏

在"选择"卷展栏中,可以通过单击"顶点""线段""样条线" 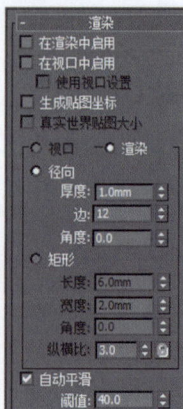 按钮来进行选择。当选中"顶点"层级时,"顶点"按钮被点亮激活,这时就可以选择编辑顶点,如图 3-37 所示。

顶点是组成线段的最基本元素,一条线段至少有两个顶点。在 3ds Max 中有 4 种不同类型的顶点,分别是 Bezier、"Bezier 角点""角点"和"平滑"。可以在顶点层级下选中某个顶点,右击,在弹出的快捷菜单中选择更改顶点的类型,如图 3-38 所示。

（1）Bezier：提供两根调节手柄,两根手柄形成一条直线并与顶点相切,可以通过改变手柄的角度和长度来达到调节曲线的目的,如图 3-39 所示。

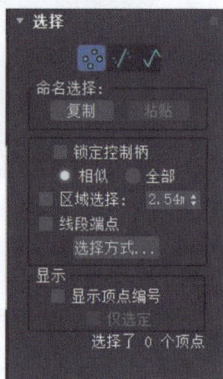

图 3-37 "选择"卷展栏

（2）Bezier 角点：提供两根调节手柄,并且两根手柄不关联调节,各自调节一侧的曲线,比 Bezier 更自由,如图 3-40 所示。

（3）角点：顶点两侧的线段相交,如图 3-41 所示。

（4）平滑：顶点两侧的线段为光滑的曲线,没有调节手柄,但曲线与顶点呈相切状态,如图 3-42 所示。

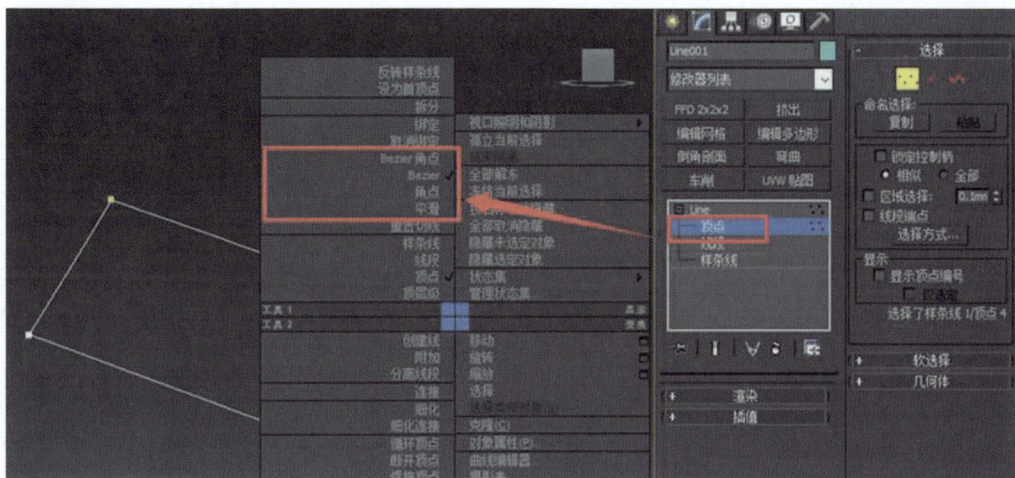

图 3-38　顶点编辑快捷菜单

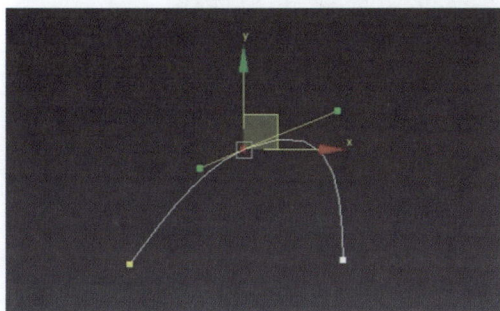

图 3-39　Bezier 效果

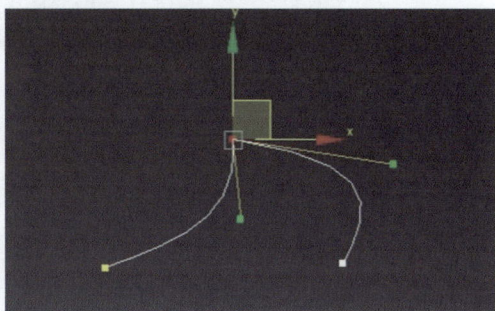

图 3-40　Bezier 角点效果

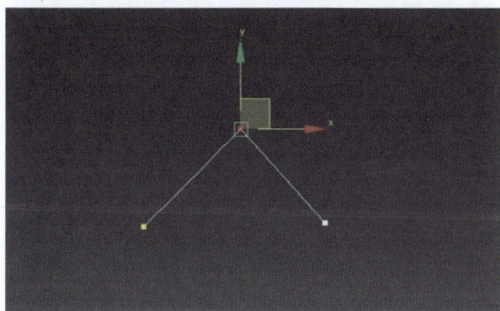

图 3-41　角点效果

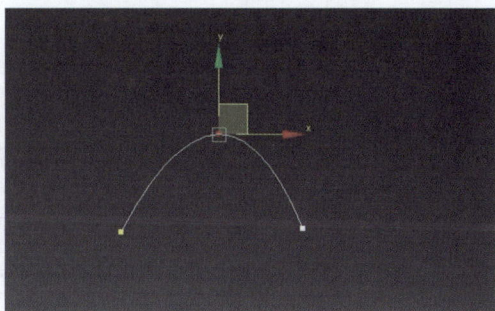

图 3-42　平滑效果

在选择了两个或两个以上的顶点后,如果它们属于 Bezier 或"Bezier 角点",这时就会出现调节手柄。如果此时选中"选择"卷展栏下的"锁定控制柄",再去调节手柄,会调节"相似"或"全部"带手柄的点的曲率,默认是取消选中的。

通过"选择方式 ..."按钮可以将"线段"和"样条线"层级下的选择转换到"点"层级。

在"显示"组中选中"显示顶点编号",则会对场景中的点进行编号。如果选中"仅选定",则只显示选定点的编号,如图 3-43 所示。

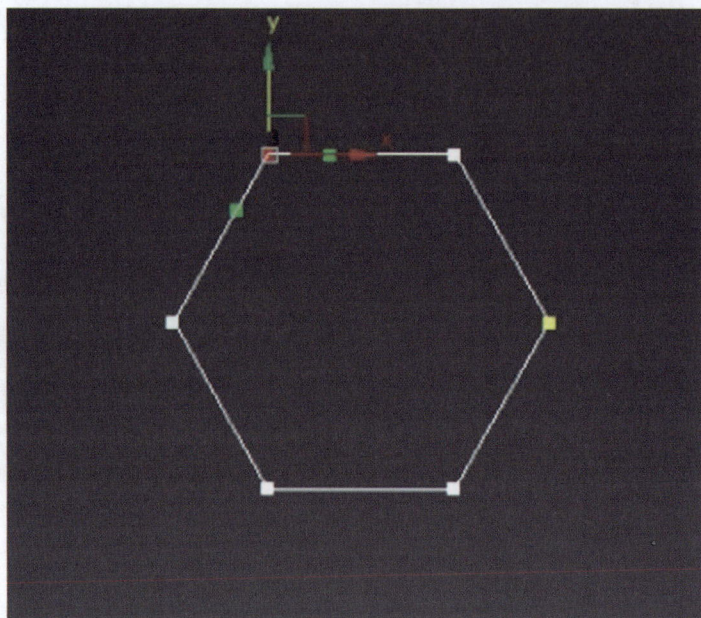

图 3-43　顶点编号

对于"软选择"卷展栏，我们使用一根二维螺旋线进行解释。进入"顶点"层级，选中一个顶点，直接向上拖动，效果如图 3-44 所示。再选中"使用软选择"，设置相应的衰减值，再次拖动该顶点，效果如图 3-45 所示。通过对比可以很清楚地看到：使用软选择后物体产生的造型是针对整个曲面上的颜色分布来调整影响的权重值，形成软选择的顶点效果。"衰减值"控制影响的权重，"收缩"和"膨胀"调整权重的状态。如果选中"边距离"，则进入边距离的软选择状态，使用与选中顶点边的距离来选中影响的顶点，如图 3-46 所示。

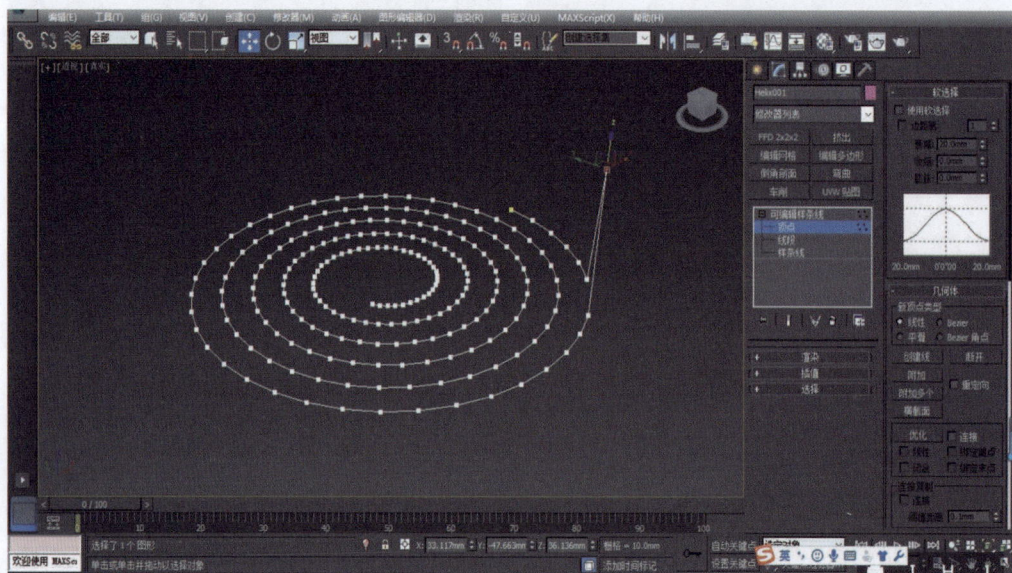

图 3-44　未使用软选择时，选中某个点并向上拖动

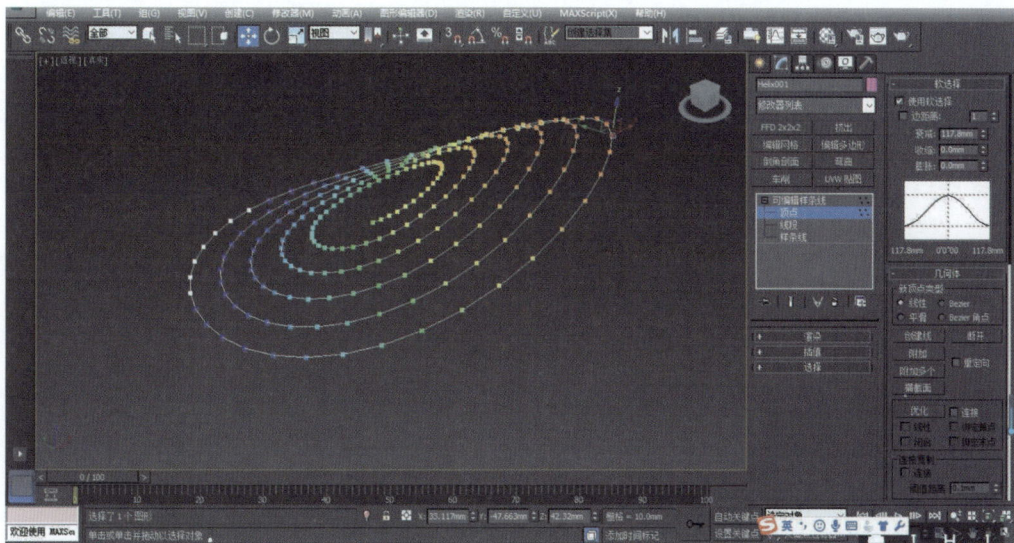

图 3-45　使用软选择时，选中某个点并向上拖动

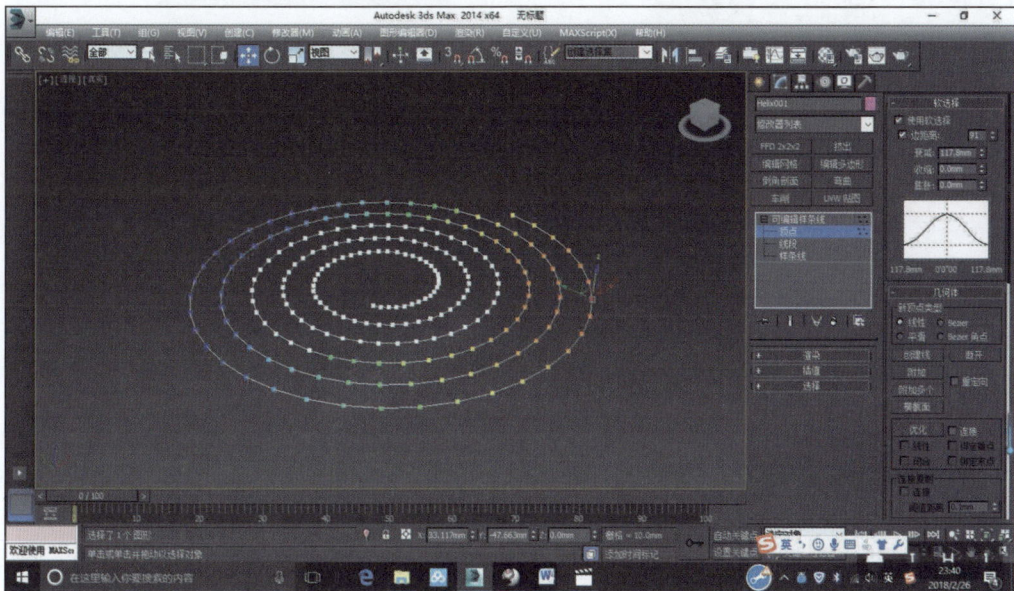

图 3-46　选中"边距离"时的影响范围

3.2.3　几何体卷展栏

"几何体"卷展栏是对二维图形的几何形状进行设置的区域，在"顶点""线段"和"样条线"层级下会分别对应显示各个层级下可用的命令，如图 3-47 所示为"顶点"层级下激活的命令，不可用的命令以黑色显示。

这里介绍几个比较常用的几何体命令。

1. "顶点"层级

（1）圆角：可以将顶点修改为圆角效果，可以直接在圆角命令后面输入数值，也可以在激活圆角命令后,拖动选中的顶点,产生圆角效果,如图 3-48 所示。

（2）切角:可以将顶点修改为切角效果,可以直接在切角命令后面输入数值,也可以在激活切角命令后,拖动选中的顶点,产生切角效果,如图 3-49 所示。

（3）设为首顶点:一个图形中有一个起始点,可以通过"设为首顶点"命令来更改首顶点,首顶点对于如倒角剖面修改器会产生一定的影响。场景中,首顶点显示为黄色,选中要设置首顶点的顶点,选择"设为首顶点"命令即可完成设置。

（4）断开:将一个顶点打断,使线段分开。图 3-50 中的顶点被打断,变成两个点,原本封闭的图形断开了。

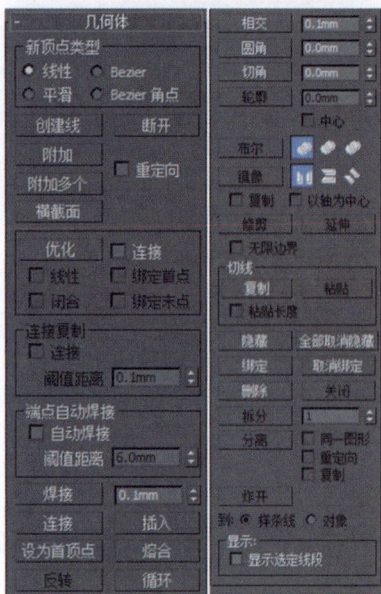

图 3-47　层级命令

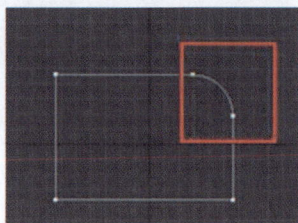

图 3-48　圆角效果

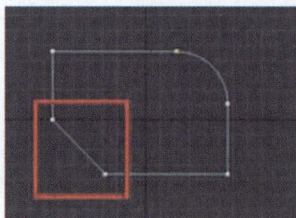

图 3-49　切角效果

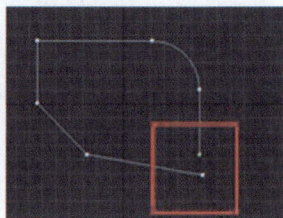

图 3-50　断开效果

（5）焊接:将分开的两个顶点合并为一个顶点。焊接命令后有一个距离值,如果两个点的距离超过这个距离值,即使使用焊接命令也无法焊接选中的两点。因此,在执行焊接命令前,一般先把需要焊接的点尽量放到重叠的位置上,再设置焊接距离,选择"焊接"命令,这样点就焊接在一起,变成了一个点,如图 3-51 所示。

（6）插入:在线段上插入一个顶点。当需要在一条线段上增加一个顶点时,就可以使用"插入"命令。只需要激活"插入"命令,在需要插入点的线段位置上单击,再拖动鼠标到合适位置单击,即可完成一个顶点的插入,右击以结束命令,如图 3-52 所示,就在线段上插入了一个顶点。

2."线段"层级

（1）拆分:把一根线段拆分成几段。选中一根线段,在"拆分"命令后输入要添加的点数,选择"拆分"命令,就可以完成线段的拆分。如图 3-53 所示,在线段上需要添加 5 个点,把线段拆分成 6 段。注意:如果拆分的线段是直线,则平均拆分;如果拆分的线段是曲线,则不然。

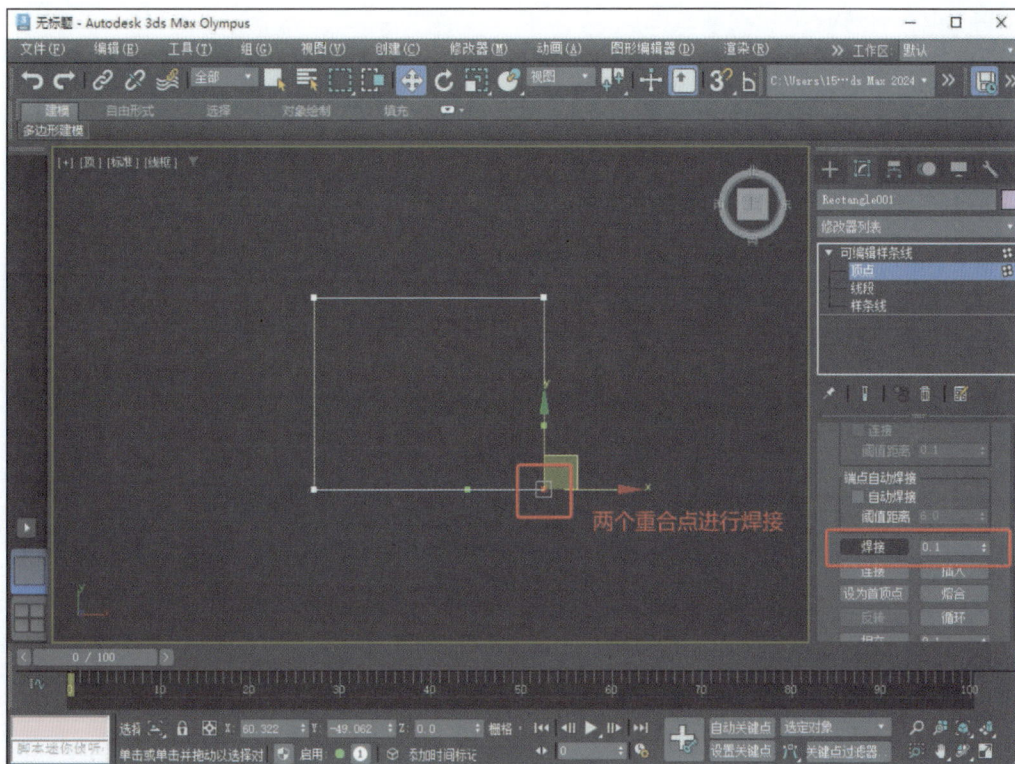

图 3-51　焊接效果

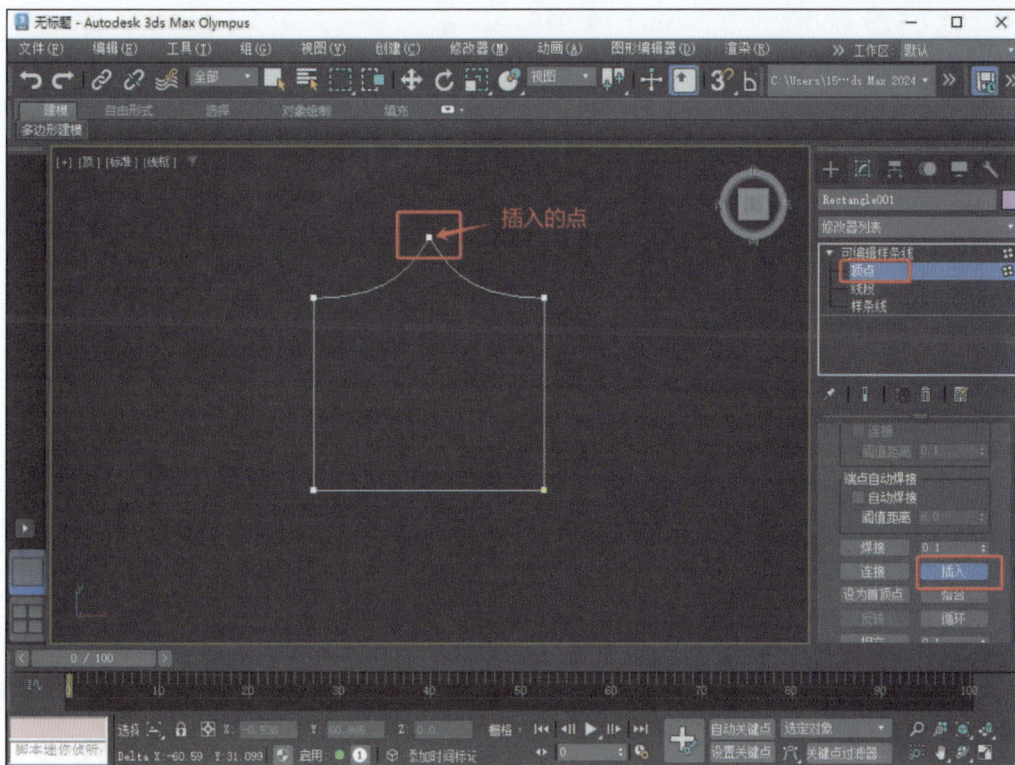

图 3-52　插入效果

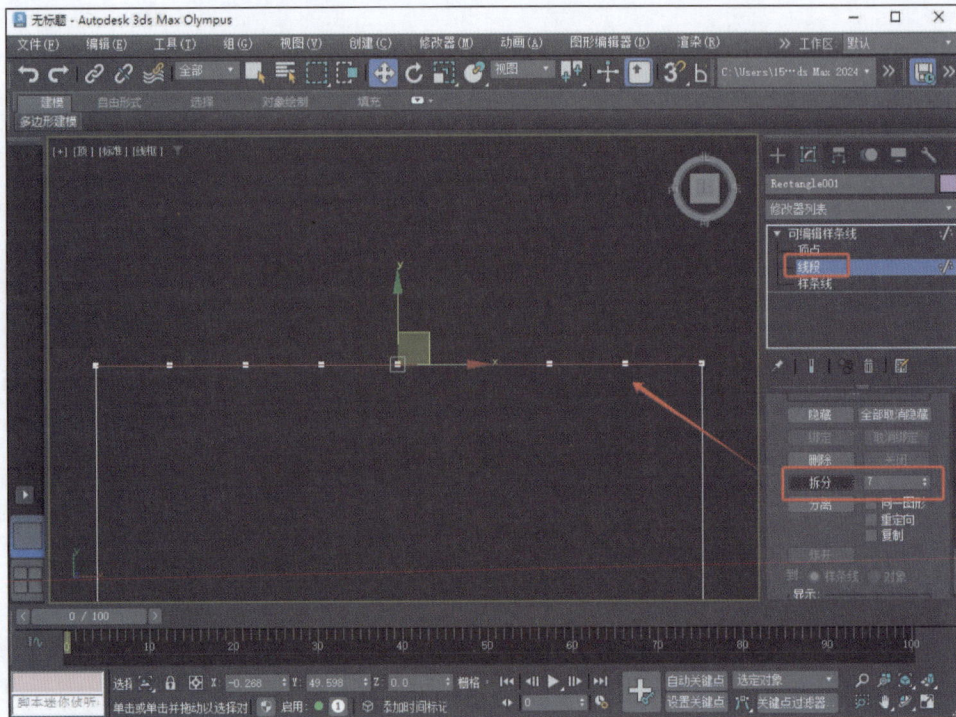

图 3-53 拆分效果

（2）优化：在线段上添加顶点。选中线段，激活"优化"命令，在选中的线段上单击一下则添加一个顶点，如图 3-54 所示。

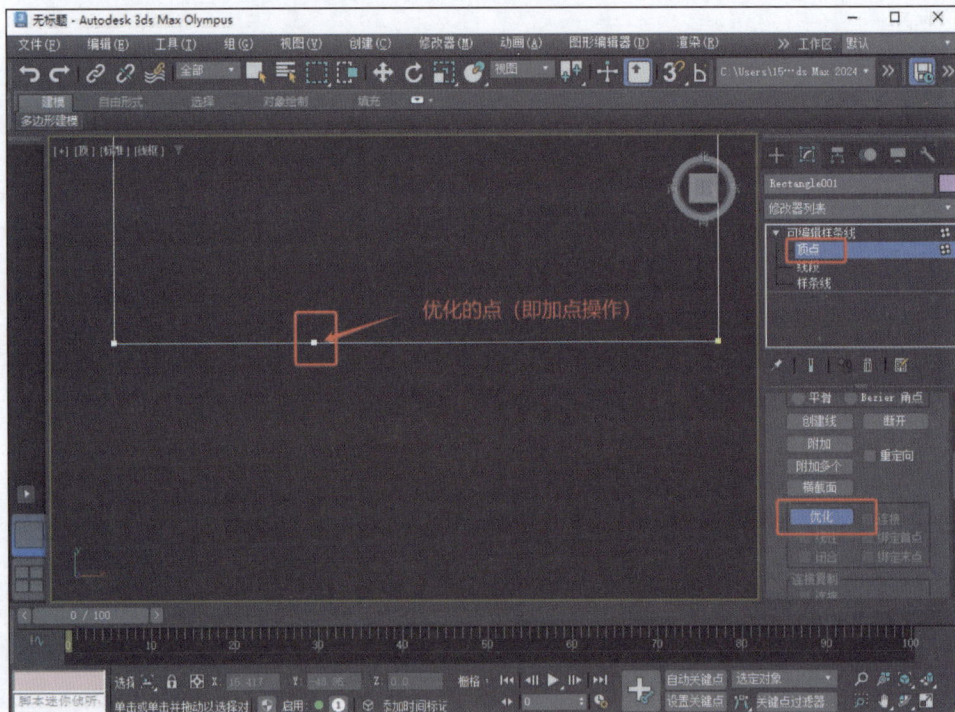

图 3-54 优化效果

3.“样条线”层级

（1）附加：把两个或两个以上的二维图形附加成一个图形。选择一个图形，激活“附加”命令，在需要附加的图形上单击即可完成附加。如图 3-55 所示，两个图形已经附加完成，变为同一个图形。

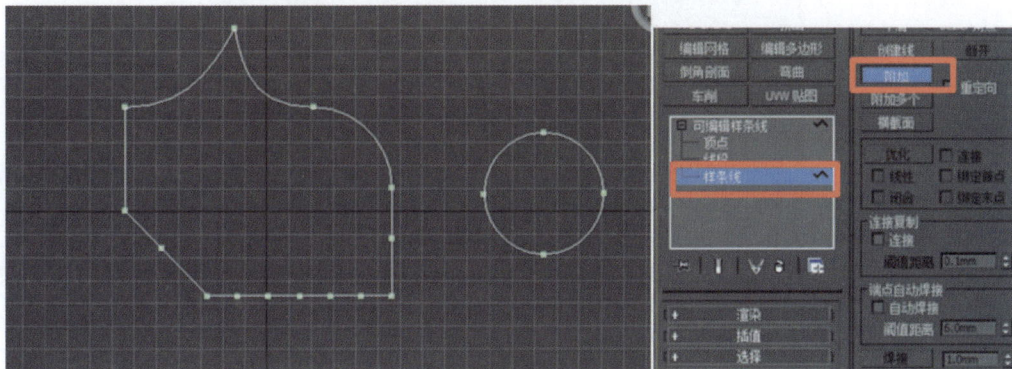

图 3-55　附加效果

（2）轮廓：给样条线加上轮廓，轮廓既可以加在里面也可以加在外面。只需要选中一根样条线，直接在轮廓命令后面输入轮廓值，或者激活“轮廓”命令，在样条线上拖动得到轮廓，如图 3-56 所示。

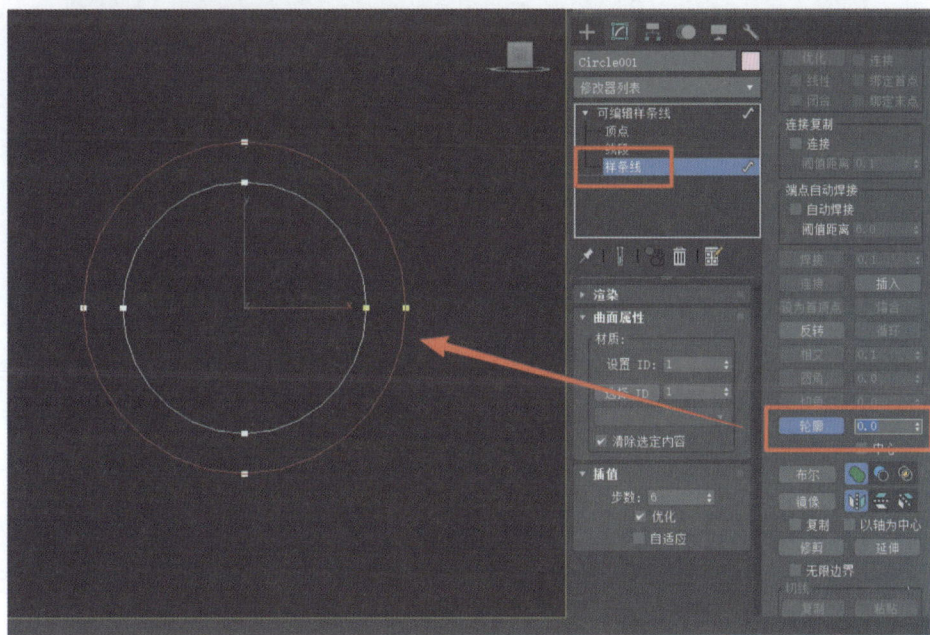

图 3-56　轮廓效果

（3）布尔：将两个二维图形进行布尔运算，可以有并集、差集和交集 布尔。下面以一个矩形和一个圆形为例来解释布尔运算的三种算法，如图 3-57 所示。布尔运算的前提是必须是同一个图形，因此，先对两个图形进行附加，附加为一个图形后再进行布尔运算。选中圆，右击将其转换成“可编辑样条线”，选择“样条线”层级，使用"附加"命令将矩形附加在一起。选中样条线"圆"，激活"布尔"的"交集""并集"和"差集"命令，在矩形上单击，即可完成。并集效果如图3-58所示，差集效果如图3-59所示，交集效果如图3-60所示。

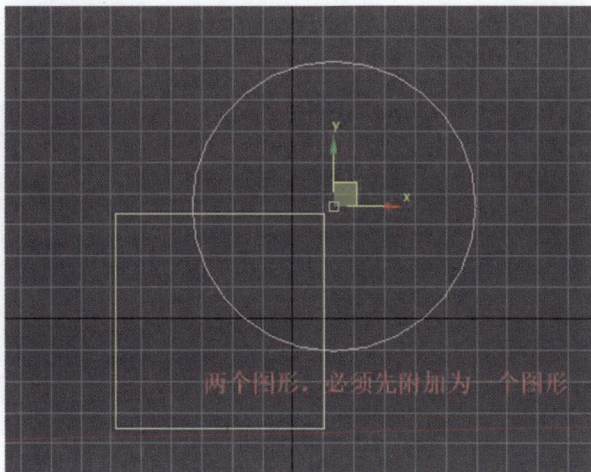

图 3-57　先附加矩形和圆形

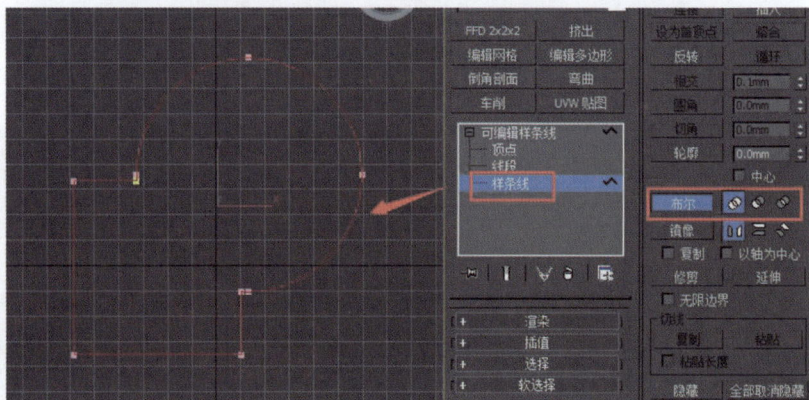

图 3-58　并集效果

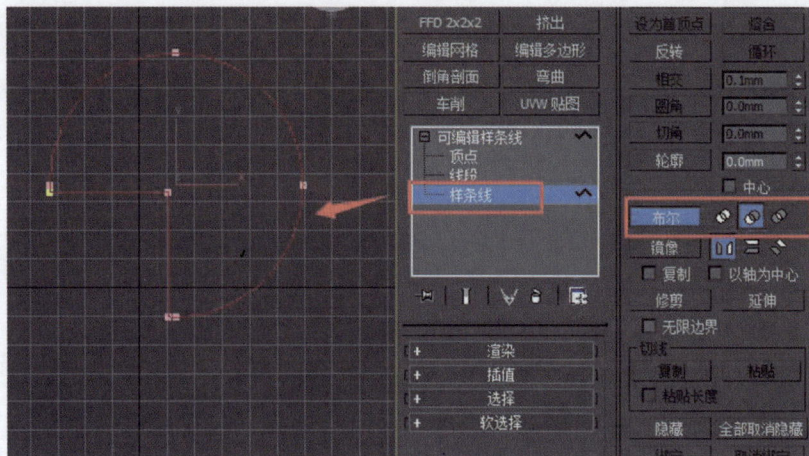

图 3-59　差集效果

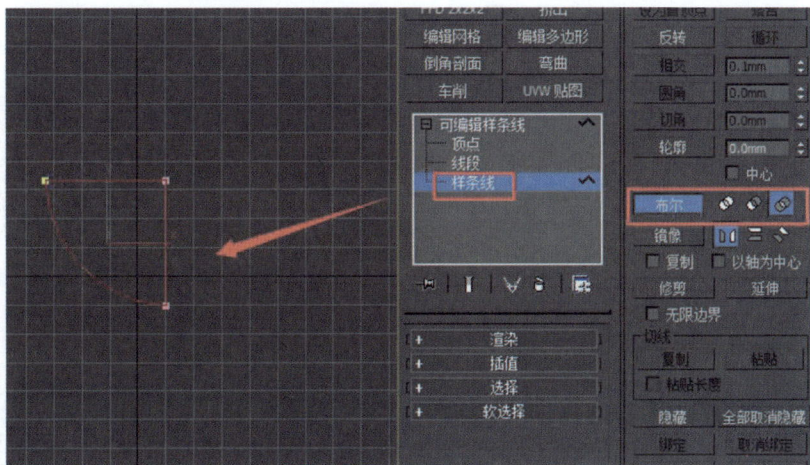

图 3-60　交集效果

任务 3.3　修改器建模

学会了最基本的几何体和样条线建模后,如何对创建的基础模型进行修改呢?我们可以通过添加修改器来实现。修改器在"修改"面板上,如图 3-61 所示。单击"修改器列表"下拉菜单,会显示修改器列表。下拉菜单中的 8 个按钮是常用的修改器,可以通过右击"修改器列表"来配置修改器集。在某个模型中加上修改器,则会显示在修改器堆栈中,下方显示该修改器对应的"参数"卷展栏。

3.3.1　挤出修改器

挤出修改器能够使闭合的二维样条曲线挤出一定数量后变成一个实体,能够使开放的二维样条曲线挤出一定数量后变成一个平面。它非常实用,参数如下。

(1) 数量:挤出一定的高度。

(2) 分段:在挤出高度时给模型加上分段数。

(3) 封口始端和封口末端:用于设置"封口始端"截面和"封口末端"截面是否开合。

(4) 输出:用于设置生成对象以面片、网格或 NURBS 曲面等方式输出。

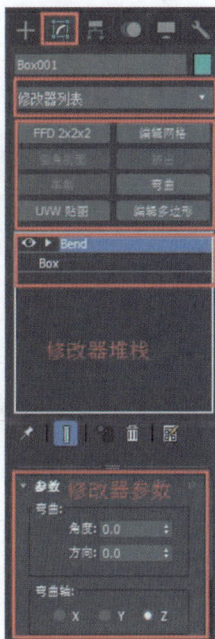

图 3-61　"修改"面板

课堂案例 2:制作简单的房屋框架模型

(1) 启动 3ds Max,选择 3ds Max 图标→"导入"→"导入"命令,打开 CAD 图纸,将 CAD 图纸组合成组,移动到世界原点,再将 CAD 图纸冻结,如图 3-62 所示。

图 3-62　导入 CAD 图纸

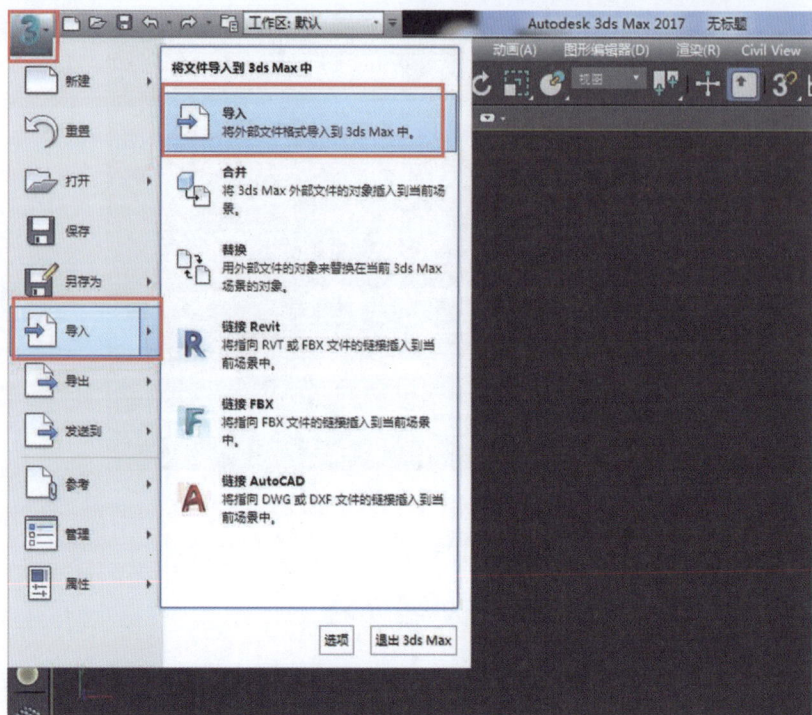

制作简单的房屋框架模型

房屋框架模型CAD 图纸

（2）使用 2.5D 捕捉，使用"线"命令在图纸上画上二维线，如图 3-63 所示。如果有些点位置不对，可以进入"顶点"层级进行修改。

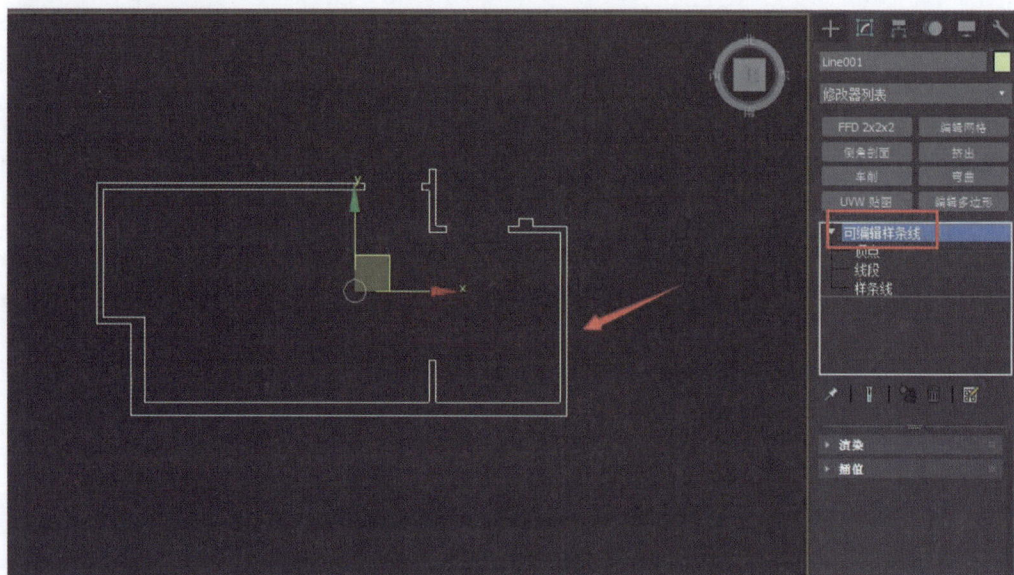

图 3-63　绘制二维线

（3）选中绘制好的样条线，添加"挤出"修改器，挤出数量设置为 2800.0mm，如图 3-64 所示。

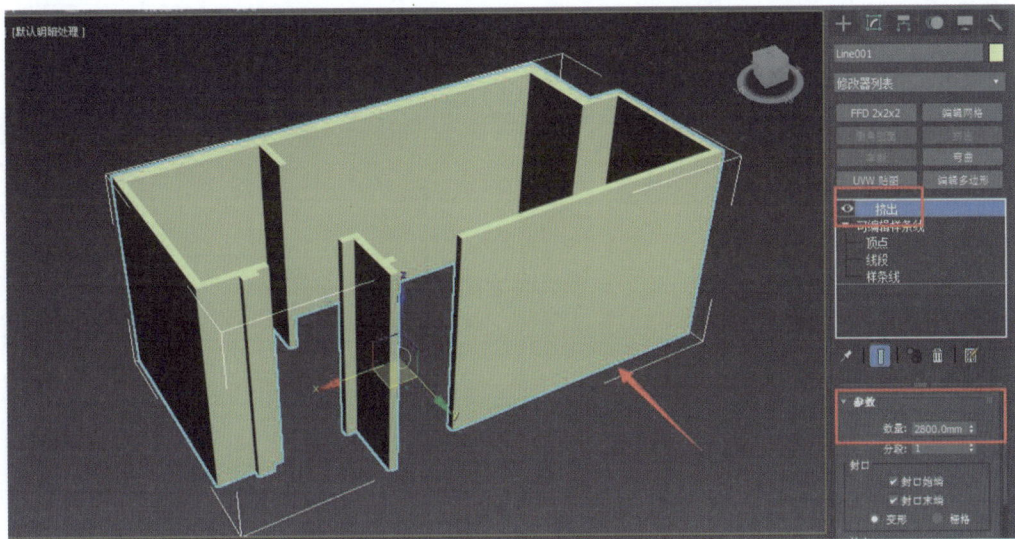

图 3-64   挤出后效果

（4）沿着墙壁外沿绘制一条闭合样条线，添加"挤出"修改器，挤出数量设置为100.0mm，作为天花板。再复制一个作为地面，这样一个简单的房屋框架模型就建好了，如图 3-65 所示。

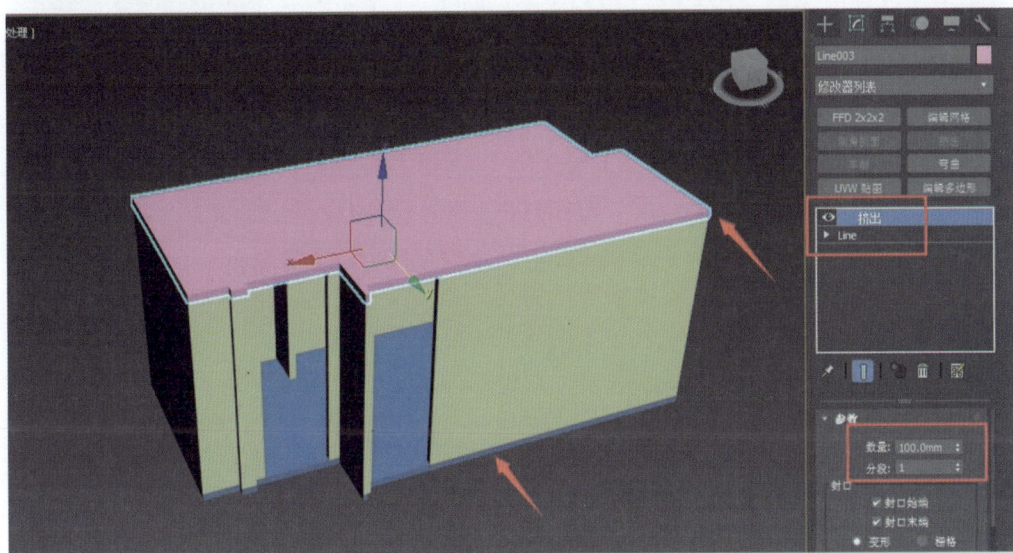

图 3-65   简单房屋框架模型效果图

3.3.2 FFD 修改器

FFD 意为自由形式变形，FFD 修改器根据场景中对象的边界加入一个有控制点的线框，通过调节控制点层级来改变对象的形状。特别值得注意的是，添加 FFD 修改器的对象，一定要注意配合使用分段数，分段数不够的情况下 FFD 的调节会显得粗糙怪异，如图 3-66 所示。

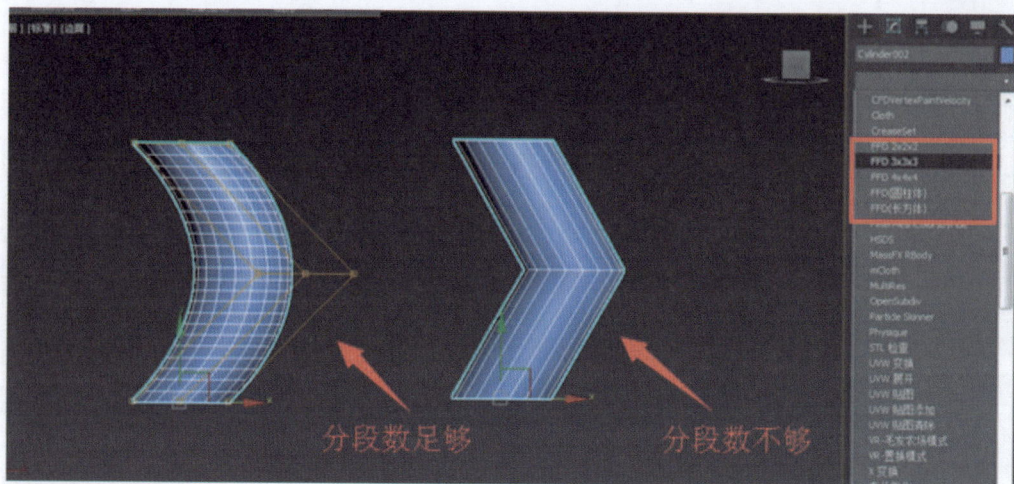

图 3-66　FFD 修改器

FFD 修改器有 FFD 2×2×2、FFD 3×3×3、FFD 4×4×4、FFD（圆柱体）和 FFD（长方体）这 5 种。FFD 2×2×2、FFD 3×3×3、FFD 4×4×4 和 FFD（长方体）的变形柱都是长方体，只是控制点的数量不同；而 FFD（圆柱体）的变形柱是六边形柱，专门用于柱体对象的变形；FFD（长方体）的变形柱的控制点可以自己设置。这里以 FFD（长方体）为例来讲解 FFD 的参数，如图 3-67 所示。

（1）"尺寸"组用来设置控制点数目，这个参数仅在 FFD（长方体）和 FFD（圆柱体）中存在；4×4×4 表示当前控制点数目，单击"设置点数"按钮可以在对话框中设置长、宽、高各个方向的控制点数目。

（2）"显示"组用于设置场景中自由变形线框显示的状态，选中"晶格"，则在场景中会显示变形线框；取消选中将只显示控制点，而不显示线框。选中"源体积"，则在变形过程中不显示变形后的线框形状。

（3）"变形"组中，选中"仅在体内"，只有在线框内部的对象才会受到变形的影响；选中"所有顶点"时，对象的所有顶点均会受到变形的影响。"衰减"值用来指定线框上变形效果衰减到 0 所需的距离。

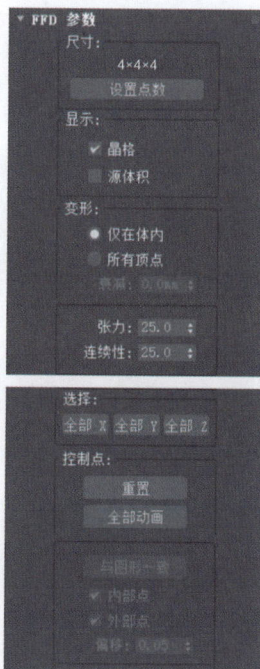

图 3-67　FFD 修改器参数

（4）"张力"和"连续性"用于调整变形曲线的张力和连续性。

（5）"选择"组可以用于设置三个轴向上对于控制点的选择方式。

（6）"控制点"组中"重置"可以复位控制点的初始位置，"全部动画"会给控制点分配点控制器。

（7）"与图形一致"命令可以使控制点在其所在位置与中心点的连线上移动。选中"内部点"，则只有对象内部点将受到图形操作的影响；选中"外部点"，则只有外部点受影响；"偏移"用于设置偏移量。

课堂案例 3：制作造型柱子

使用 FFD 修改器制作一根造型柱子，如图 3-68 所示。

制作造型柱子

制作造型柱子素材

图 3-68　造型柱子效果图

（1）在顶视图中绘制一个"星形"，参数设置如图 3-69 所示。

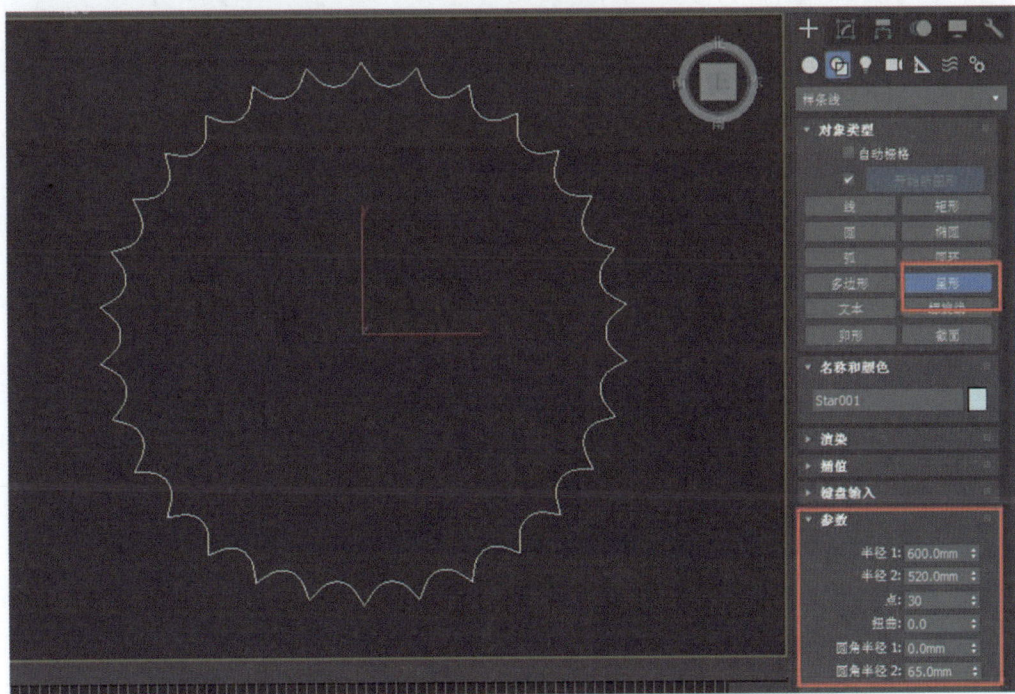

图 3-69　星形参数设置

（2）对星形添加挤出修改器，并调整足够的分段数，参数如图 3-70 所示。

（3）这时柱子的形态已经完成，接着使用 FFD 修改器对柱子进行造型。这里我们添加 FFD 4×4×4 修改器，进入"控制点"层级，对控制点进行缩放操作，如图 3-71 所示。这里需要注意的是，如果挤出的时候没有足够的分段数，效果将完全不一样。

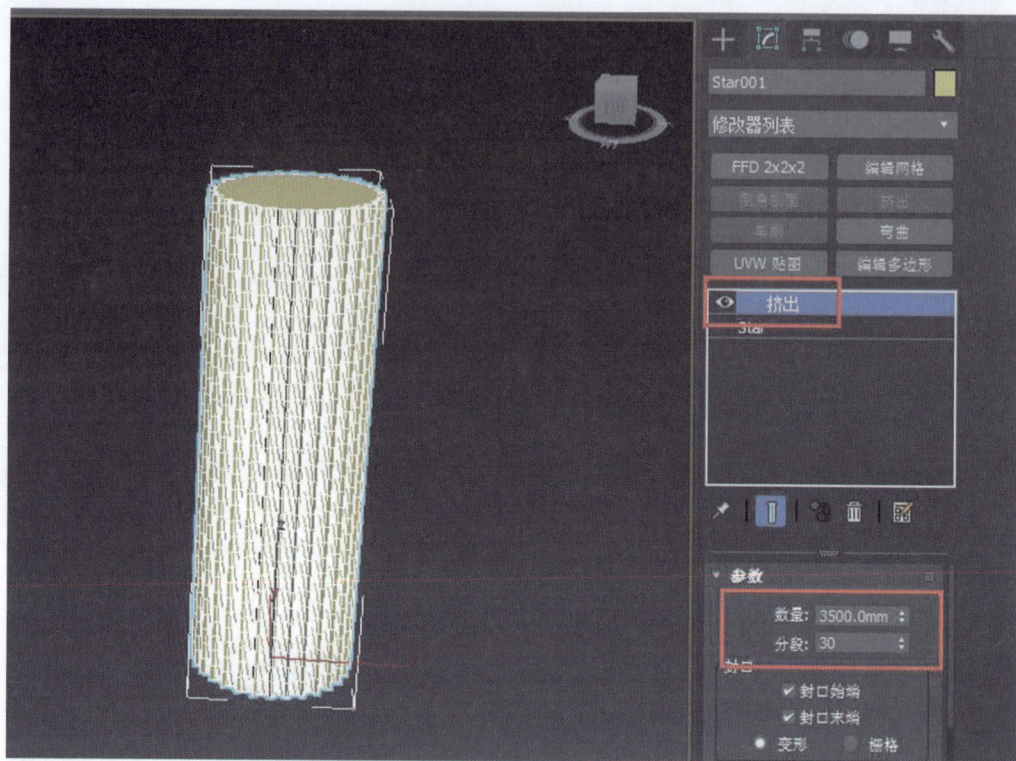

图 3-70　星形挤出

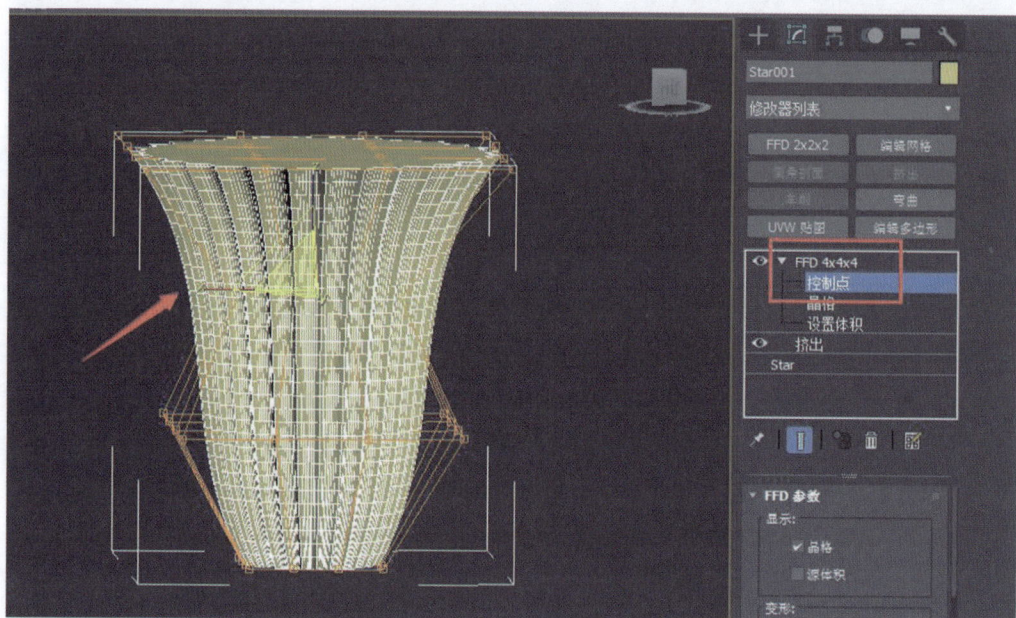

图 3-71　添加 FFD 修改器

（4）再次添加 FFD 修改器，进入"控制点"层级，对控制点进行旋转操作，如图 3-72 所示。这里需要注意的是，可以多次添加 FFD 修改器，对模型进行修改变形，直到得到满意的造型为止。

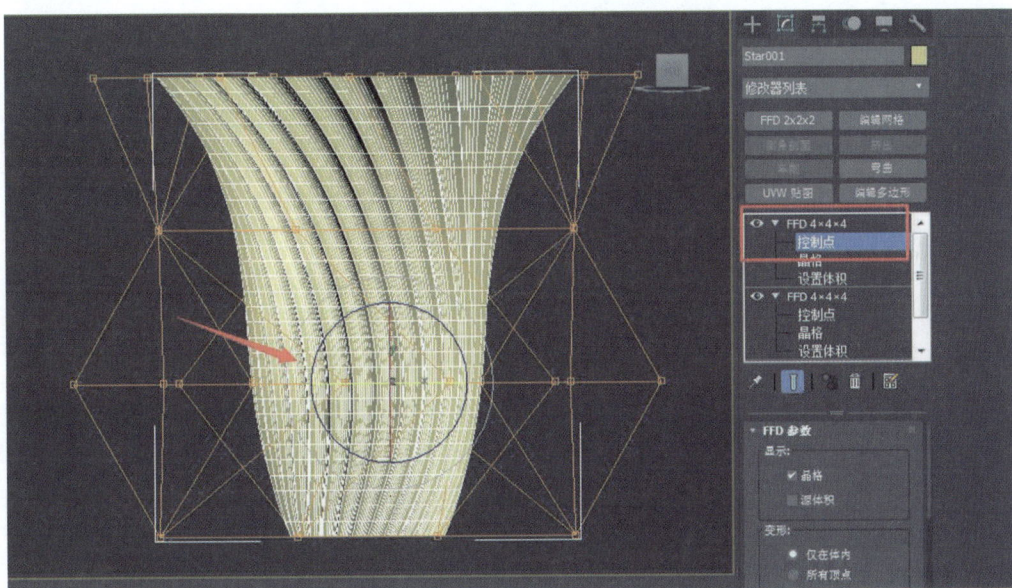

图 3-72 再次添加 FFD 修改器

(5) 多次添加 FFD 修改器,对照效果图对造型柱子进行造型,最后效果图如图 3-73 所示。

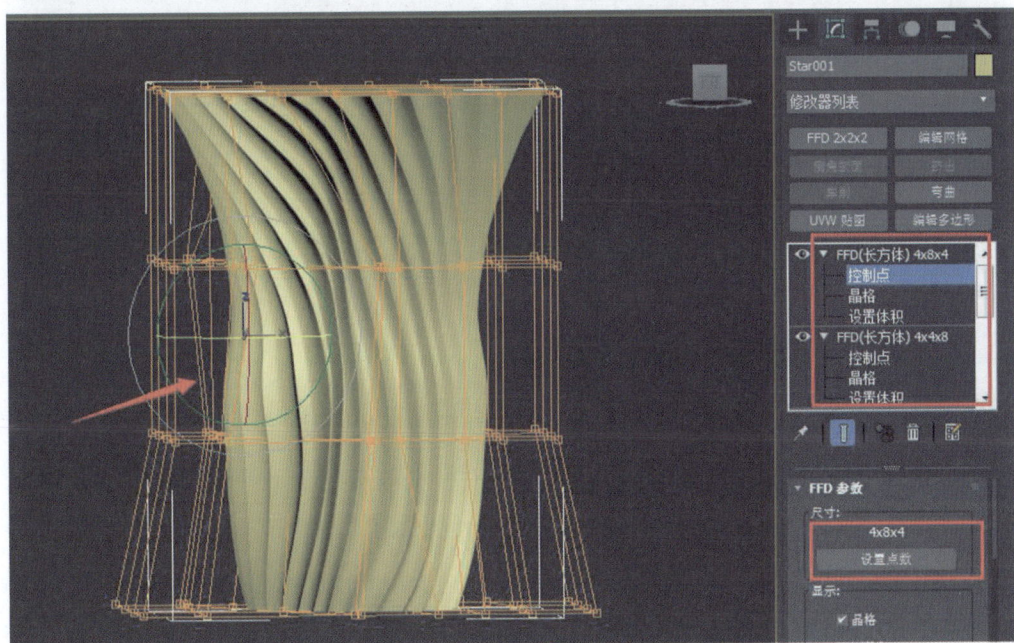

图 3-73 造型柱子最后效果图

3.3.3 车削修改器

车削修改器能够使一条曲线沿一个轴向旋转产生造型,主要参数如下。

(1) 度数:设置图形旋转的度数,范围为 0 ~ 360°,默认为 360°,即旋转一周。

（2）焊接内核：旋转一周后，将重合的点进行焊接，形成一个完整的实体。

（3）翻转法线：若选中，将翻转该实体表面的法线方向。如法线方向不正确，将无法进行渲染。

（4）分段：用于设置旋转圆周上的分段数，默认为 16，值越高则模型越精细。

（5）封口：用于设置"封口始端"截面和"封口末端"截面。

（6）方向：用于设置绕中心轴旋转的方向，单击 X、Y、Z 可以更改旋转轴。

（7）对齐：用于设置旋转对象的对齐轴向，"最小""中心""最大"是旋转轴与图形的最小点、中心点或最大点进行对齐。

（8）输出：用于设置生成旋转对象以面片、网格或 NURBS 曲面等方式输出。

3.3.4　对称修改器

对称修改器主要用于对称模型的建立，与镜像类似，但镜像后模型中间会有接缝，而对称修改器可以完美地镜像并焊接接缝。图 3-74 就是一个圆环添加了对称修改器后的效果。

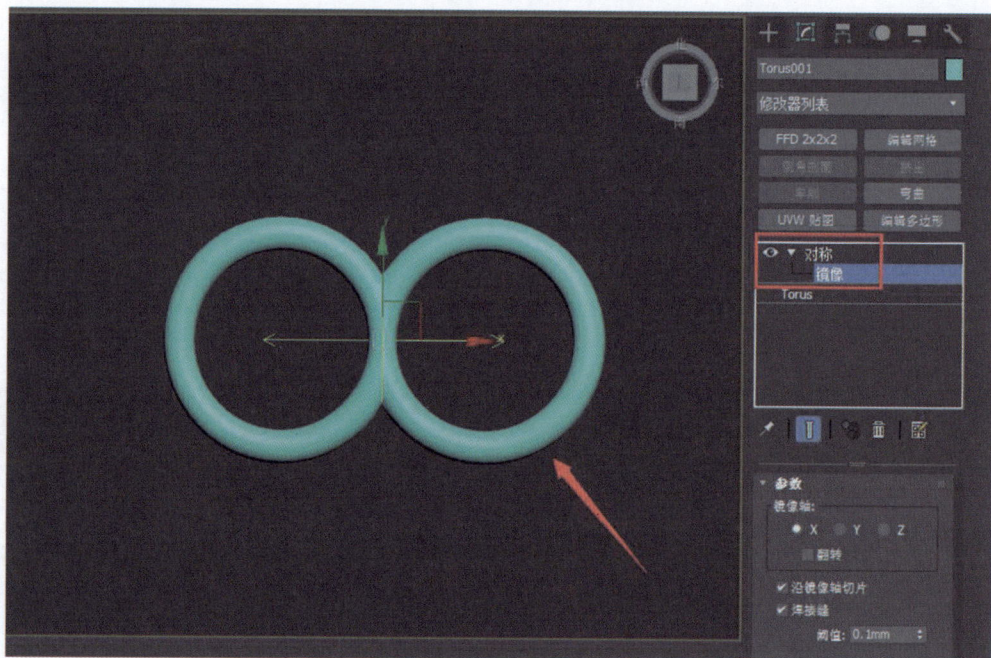

图 3-74　对称修改器效果

（1）镜像轴：可以轴向，还可以选中"翻转"来选择需要呈现的面。

（2）沿镜像轴切片：使镜像后的两个对象完美拼接。如果取消选中，当模型交叉时会有明显痕迹。

（3）焊接缝：使镜像后的两个对象自动焊接，还可以设置焊接阈值。

3.3.5　置换修改器

置换修改器以力场的形式推动和重塑对象的几何外形，可以直接从修改器 Gizmo 应用它的变量力，或者从位图图像应用，如图 3-75 所示。

图 3-75　置换修改器效果

使用置换修改器有两种基本方法。

（1）通过设置"强度"和"衰减"值直接应用置换效果。

（2）应用位图图像的灰度组件生成置换。在二维图像中，较亮的颜色比较暗的颜色更多地向外突出，导致几何体的三维置换。

① 强度：设置贴图对置换物体表面的影响程度，正值则向上凸起，负值则向下凹陷。

② 衰退：设置贴图置换作用范围的衰减。

③ 亮度中心：选中时，可以设置中心亮度值。

④ 位图：单击"无"按钮，选择一张位图作为置换贴图；"移除位图"可以重置位图按钮，即上次位图。

⑤ 贴图：单击"无"按钮，可以在"材质／贴图浏览器"中选择贴图；"移除贴图"可以重置贴图按钮。

⑥ 模糊：可以柔滑置换造型边缘。

⑦ 贴图组中可以选择使用各种贴图坐标，"长度""宽度""高度"可以设置各个方向大小，"U 向平铺""V 向平铺""W 向平铺"设置三个方向上贴图重叠的次数；"翻转"即翻转贴图坐标。

⑧ 通道组中可以为对象选择一个通道，并为贴图指定顶点颜色通道。

⑨ 对齐组用于设置贴图"边界框"对象的尺寸、位置和方向。

3.3.6　锥化修改器

锥化修改器通过缩放几何体的两端产生锥化：一端膨胀，另一端收缩。使用锥化修改器时值得注意的是，添加锥化修改器的几何体必须有足够的分段数，这样才能使锥化过程中过渡平滑，如图 3-76 所示。

（1）数量：设置锥化倾斜的程度。

（2）曲线：设置锥化曲线的曲率。

（3）主轴：设置锥化的轴向。

（4）效果：设置锥化影响的轴向。

（5）对称：若选中，产生相对于主轴对称的锥化效果。

（6）限制效果：配合"上限"和"下限"使用，对锥化效果进行约束。

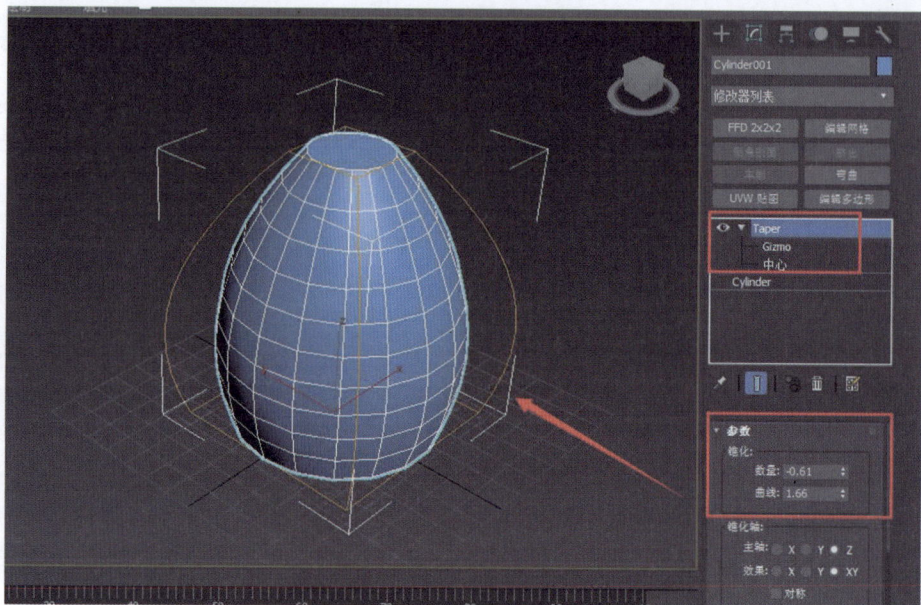

图 3-76　锥化修改器效果

3.3.7　松弛修改器

松弛修改器通过将顶点移近和移远其相邻顶点来更改网络中的外观曲面张力。当顶点朝平均中点移动时，典型的结果是使对象变得更平滑、更小一些。可以在有锐角转角和边的对象上看到最显著的效果。当应用松弛修改器时，每个顶点会向相邻顶点的平均位置移动。值得注意的是，松弛修改器需要模型有一定的分段数，效果才会更加明显，如图 3-77 所示。

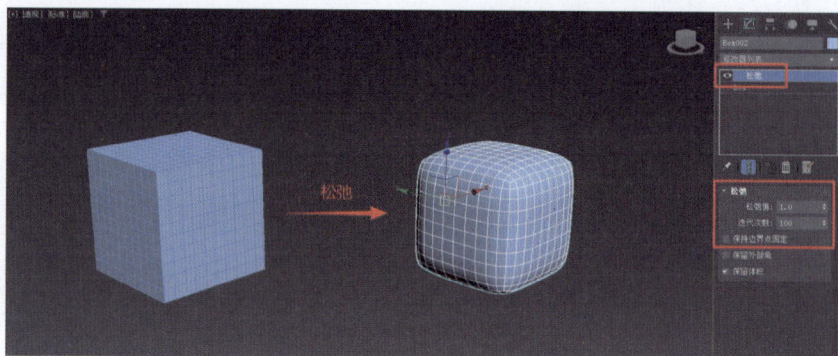

图 3-77　松弛修改器效果

（1）松弛值：用于控制每个迭代次数的顶点程度。该值指定从顶点原始位置到其相邻顶点平均位置的距离的百分比，范围为 0 到 1，默认值为 0.5，松弛值越大，对象变得越小。

（2）迭代次数：用于设置重复此过程的次数，当值为 0 时表示没有应用松弛。

（3）保持边界点固定：用于控制是否移动打开网格边上的顶点，默认为启用。

（4）保留外部角：将顶点的原始位置保持为距离对象中心的最远距离。

3.3.8　弯曲修改器

弯曲修改器允许将当前对象围绕单独轴弯曲360°，在对象几何体中产生均匀弯曲。既可以在任意三个轴上控制弯曲的角度和方向，也可以对几何体的一部分限制弯曲，如图3-78所示。

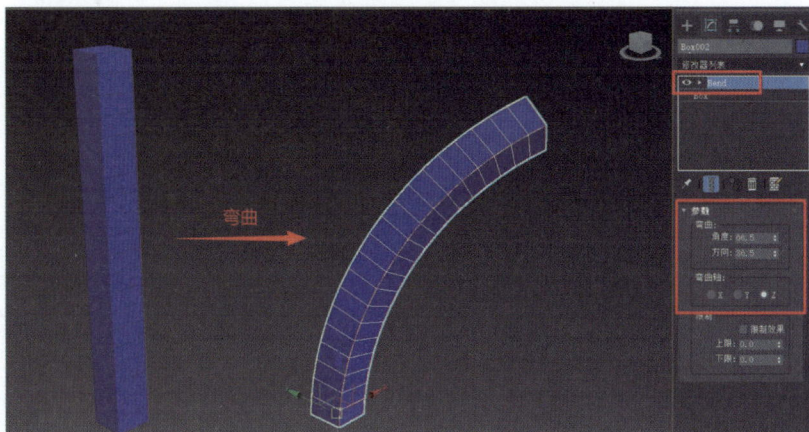

图3-78　弯曲修改器效果

（1）角度：用于设置弯曲的角度。
（2）方向：用于设置弯曲相对于水平面的方向。
（3）弯曲轴：用于指定要弯曲的轴，默认为Z轴。
（4）限制效果：用于将限制约束应用于弯曲效果，默认为禁用状态。
（5）上限和下限：用于设置限制的上下边界。

3.3.9　扭曲修改器

扭曲修改器会在对象几何体中产生一个旋转效果。可以控制任意三个轴上扭曲的角度，并通过设置偏移来压缩扭曲相对于轴点的效果，也可以对几何体的一部分限制扭曲，如图3-79所示。

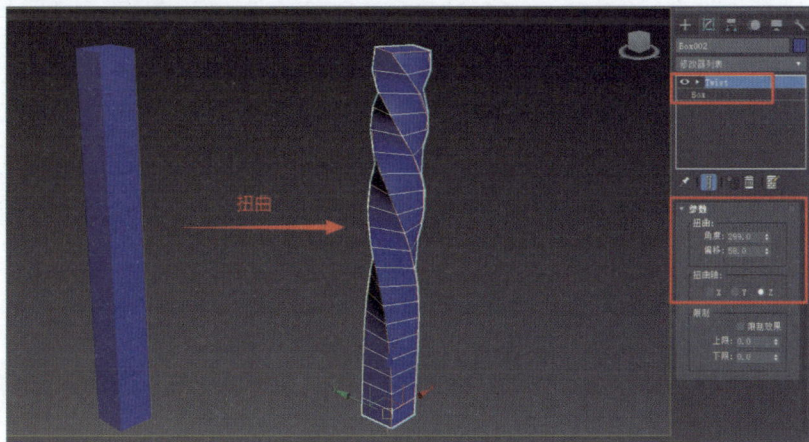

图3-79　扭曲修改器效果

（1）角度：用于设置扭曲的角度。

（2）偏移：用于设置扭曲旋转在对象的任意末端聚团。

（3）弯曲轴：用于指定要扭曲的轴，默认为 Z 轴。

（4）限制效果：用于将限制约束应用于扭曲，默认为禁用状态。

（5）上限和下限：用于设置限制的上下边界。

课堂案例 4：制作"冰激凌"模型

（1）在顶视图中绘制一个星形，参数如图 3-80 所示。

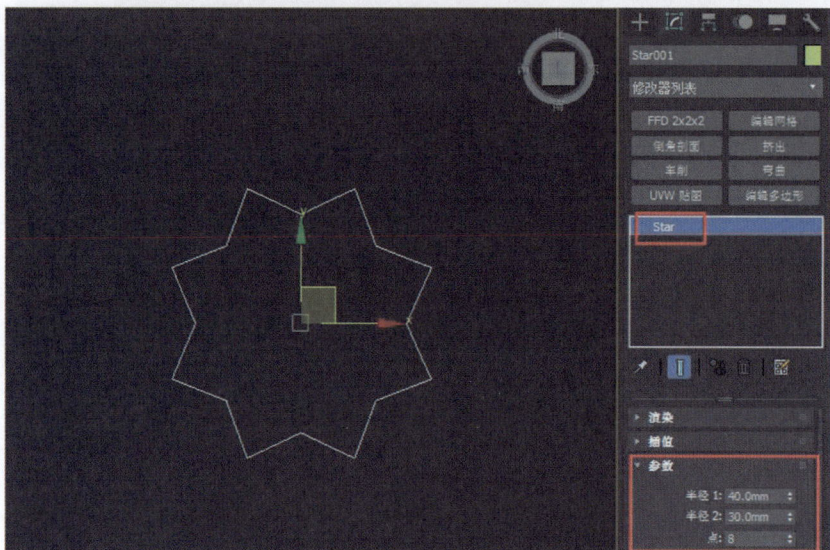

制作"冰激凌"
模型

图 3-80　绘制星形

（2）给星形添加挤出修改器，挤出一定的高度，加上一定的分段数，如图 3-81
所示。

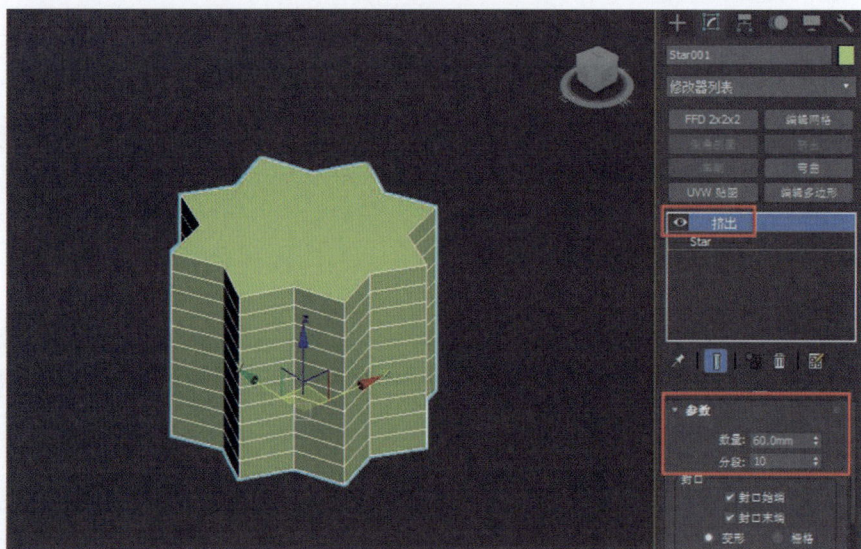

图 3-81　挤出后加上分段数

（3）添加锥化修改器，设置合适的参数，如图 3-82 所示。

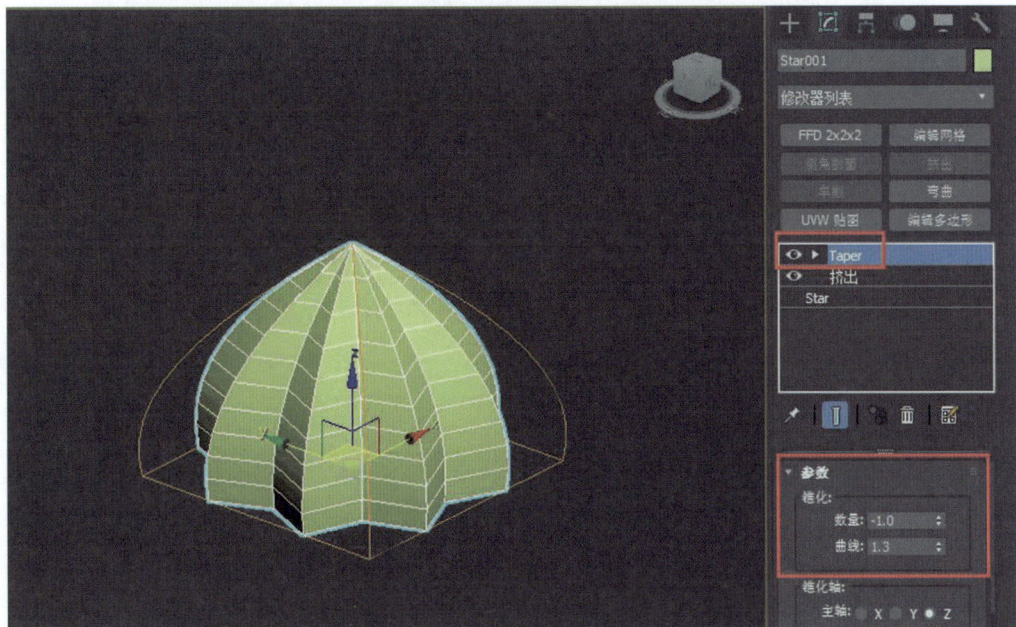

图 3-82　添加锥化修改器

（4）再添加扭曲修改器，设置参数，如图 3-83 所示，冰激凌的大致形状已经呈现出来了。

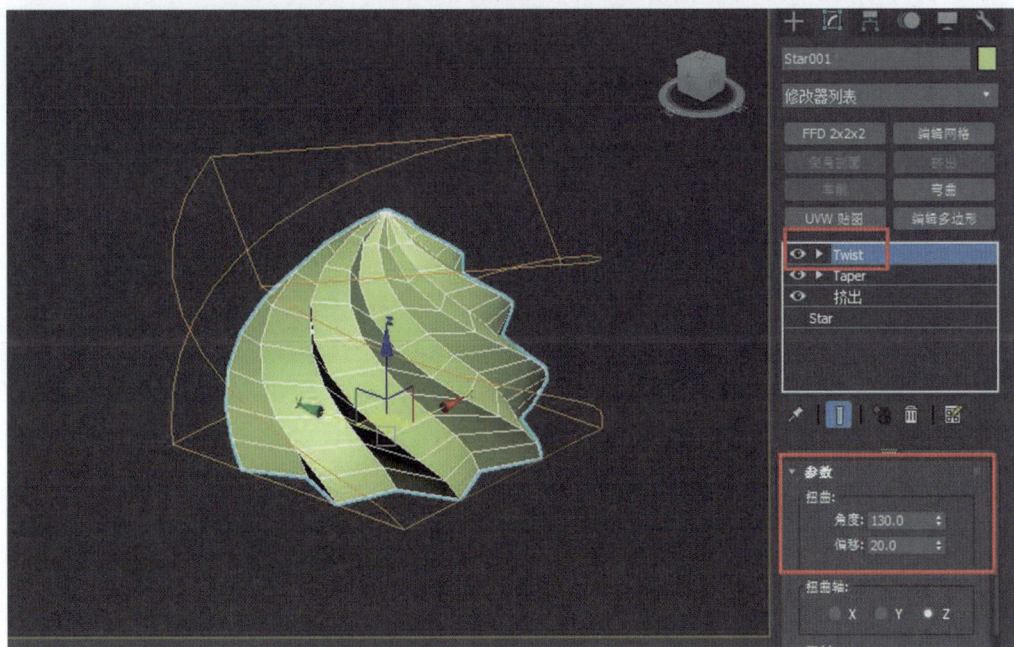

图 3-83　添加扭曲修改器

（5）接下来使用圆锥体命令来绘制冰激凌底座，使用对齐命令让底座和冰激凌对齐，如图 3-84 所示，美味的冰激凌就制作完成了。

图 3-84　冰激凌最终效果图

3.3.10　壳修改器

壳修改器能给对象添加一组朝向与现有面相反方向的额外面，赋予对象厚度，如图 3-85 所示。

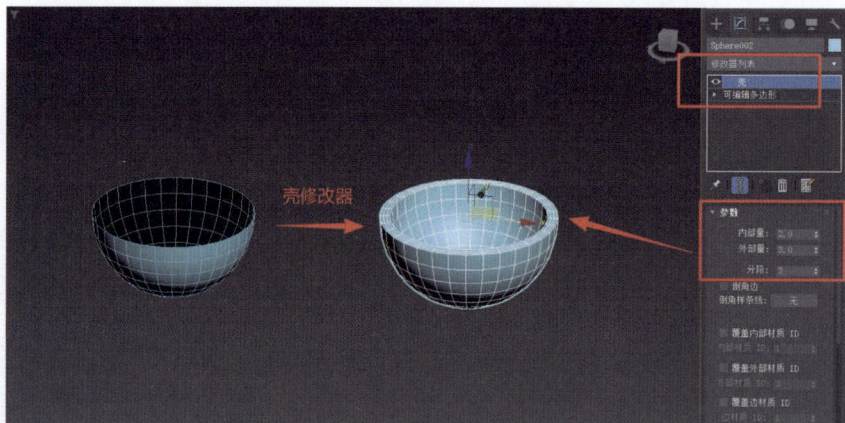

图 3-85　壳修改器效果

（1）内部量 / 外部量：表示距离，按此距离从原始位置将内部曲面向内移动以及将外部曲面向外移动。

（2）分段：每一边的细分值。

（3）倒角边：启用该选项，会使用样条线定义边的剖面和分辨率。

（4）倒角样条线：单击该按钮可以打开样条线定义边的形状和分辨率。

（5）覆盖内部材质 ID：通过调节内部材质 ID 参数，为所有的内部曲面多边形指定材质 ID。

（6）覆盖外部材质 ID：通过调节外部材质 ID 参数，为所有的外部曲面多边形指定材质 ID。

（7）覆盖边材质 ID：通过调节边材质 ID 参数，为所有的新边多边形指定材质 ID。

（8）自动平滑边：通过平滑组来平滑物体的边缘。

（9）角度：在边面之间指定最大角，该边面由"自动平滑边"平滑。

（10）覆盖边平滑组：使用"平滑组"参数设置，用于新边多边形。

（11）边贴图：用于指定新边的纹理贴图类型，有"复制""无""剥离"和"插补"四种。

（12）TV 偏移：确定边的纹理顶点间隔，只有在"剥离"和"插补"类型下可用，增加该值会增加新边多边形的纹理贴图的重复。

（13）选择边：选择边面，从其他修改器的堆栈上传递此选择。

（14）选择内部面：选择内部面，从其他修改器的堆栈上传递此选择。

（15）选择外部面：选择外部面，从其他修改器的堆栈上传递此选择。

（16）将角拉直：调整角顶点以维持直线边。

3.3.11　网格平滑与涡轮平滑

网格平滑与涡轮平滑都是对几何体进行相应的平滑处理，但在细微之处还是有些许区别，如图 3-86 所示。

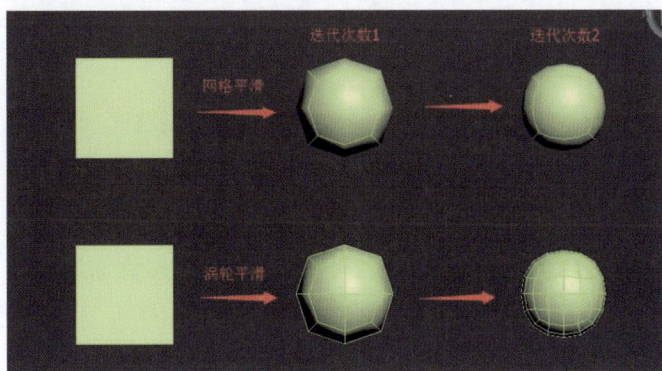

图 3-86　网格平滑与涡轮平滑对比

1．网格平滑

网格平滑通过多种不同方法平滑场景中的几何体，它允许细分，同时在角和边插补新面的角度以及将单个平滑组应用于对象中的所有面。它的效果是使角和边变圆，使用网格平滑参数可以控制新面的数量和大小，以及它们如何影响对象曲面。

（1）细分方法卷展栏包括以下内容。

① 细分方法用于确定网格平滑操作的输出，有 NURMS、"经典"和"四边形输出"三种方式。NURMS 减少非均匀有理数网格平滑对象；"经典"生成三面和四面的多面体；"四边形输出"仅生成四面体。

② 选中"应用于整个网格"则在堆栈中向上传递的所有子对象选择被忽略，且"网格平滑"应用于整个对象。

③ "旧式贴图"会在创建新面和纹理坐标移动时变形基本贴图坐标。

（2）细分量卷展栏包括以下内容。

① 迭代次数：设置网格细分的次数，数值越大，细分次数越多，占内存越大。

② 平滑度：确定对多尖锐的锐角添加面以及平滑它。

③ 渲染值：用于在渲染时对对象应用不同平滑"迭代次数"和不同的"平滑度"值。选中"迭代次数"允许在渲染时选择一个不同数量的平滑迭代次数并应用于对象；选中"平滑度"则可以设置"平滑度"值，以便在渲染时应用于对象。

（3）局部控制卷展栏包括以下内容。

① 子对象层级：可以启用"边"或"顶点"层级，如果两个层级都被禁用，则在"对象"层级工作。

② 忽略背面：启用时，会仅选择在视口中可见的那些子对象。

③ 控制级别：用于在一次或多次迭代后查看控制网格，并在该级别编辑子对象点和边。

④ 折缝：创建不连续曲面，从而获得褶皱或唇状结构等清晰边界。

⑤ 权重：设置选定顶点或边的权重值。

⑥ 等值线显示：启用时，则仅显示等值线。

⑦ 显示框架：在细分之前，切换显示修改对象的两种颜色线框。

（4）软选择卷展栏：同多边形及样条线的软选择，这里不再赘述。

（5）参数卷展栏：只在"网格平滑类型"为"经典"或"四边形输出"时可用。"平滑参数"可以设置平滑强度，应用松弛效果；"投影到限定曲面"只在"经典"类型下可用，用于将所有点放置到"网格平滑"结果的"限定曲面"上；"曲面参数"用于限制"网格平滑"的效果，选中"平滑结果"用于对所有曲面应用相同的平滑组，可以使用"材质"和"平滑组"两种分隔方式。

（6）设置卷展栏："输入转换"可以操作于"面"和"多边形"。"保持凸面"仅在多边形模式下可用，选中该选项，会对非凸面多边形为最低数量的单独面进行处理。"更新选项"用于设置手动或渲染时更新选项，有"始终""渲染时"和"手动"三种更新方式。

（7）重置卷展栏：用于将所做的任何更改恢复为默认或初始设置。可以重置所有控制级别的更改或重置为当前控制级别。

2．涡轮平滑

涡轮平滑允许新曲面角在边角交错时将几何体细分，并对对象的所有曲面应用一个单独的平滑组。它的效果是围绕边角的平滑化，使用涡轮平滑参数可以控制新曲面的数量和大小，以及它们如何影响对象曲面。

（1）迭代次数：用于设置网格细分的次数。

（2）渲染迭代次数：用于在渲染时选择一个不同数量的平滑迭代次数并应用于对象。

（3）等值线显示：启用时，只显示等值线。

（4）明确的法线：允许涡轮平滑修改器为输出计算法线，这个比网格平滑中用于计算法线的标准方法迅速。如果涡轮平滑结果直接用于显示或渲染，启用该选项可以明显加快速度。

（5）曲面参数：用于限制"网格平滑"的效果，选中"平滑结果"用于对所有曲面应用相同的平滑组，可以使用"材质"和"平滑组"两种分隔方式。

（6）更新选项：用于设置手动或渲染时更新选项，有"始终""渲染时"和"手动"三种更新方式。

3．网格平滑与涡轮平滑的区别

网格平滑与涡轮平滑都是平滑场景中的几何体，两者的区别如下。

（1）涡轮平滑被认为比网格平滑更快并更有效率地利用内存，涡轮平滑同时包含一个"明确的法线"选项，它在网格平滑中不可用。

（2）涡轮平滑提供网格平滑功能的限制子集，涡轮平滑使用单独平滑方法NURBS，它可以仅应用于整个对象，不包含子对象层级并输出三角网格对象。

任务 3.4　品牌图标的制作

品牌图标可以承载品牌的对外第一印象的展示任务，同时能够高度概括该品牌的形象特征或文化内涵，通过其形象及色彩而引发大众的联想。今天我们要来做一个国产运动品牌图标——安踏，如图 3-87 所示。

（1）在前视图中画一个平面，根据原图标大小比例确定大小，本案例中为 480×640。

（2）将原图标利用贴图方式贴在平面上，如图 3-88 所示。

图 3-87　图标

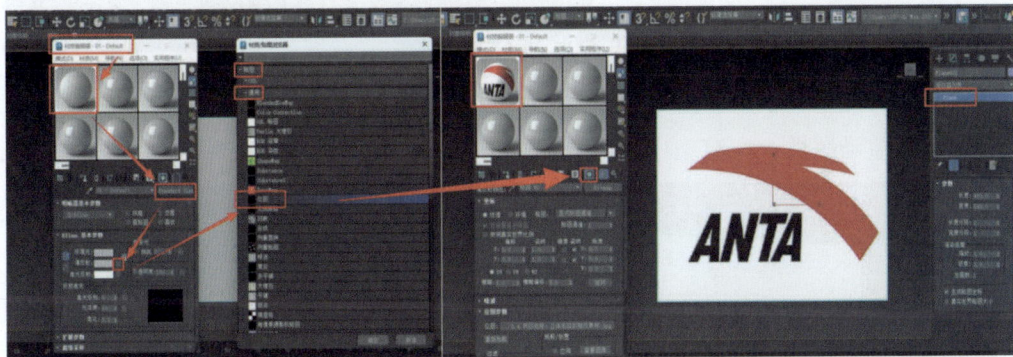

图 3-88　贴图

（3）为了在绘制过程中不移动平面，可以把平面冻结。选中平面，右击，在快捷菜单中选择"对象属性"，取消选中"以灰色显示冻结对象"，单击"确定"按钮，如图 3-89 所示。最后右击平面，选择"冻结当前选择"，接下来就可以开始绘制了。

（4）利用"线"命令沿着图标边缘绘制，绘制的时候可以先确定点所在的位置，最后一定要闭合。再将所有绘制的点变成"Bezier角点"，调整到相应的位置，并将插值设置成合适的值，让曲线平滑，如图 3-90 所示。

品牌图标的制作

品牌图标的制作素材

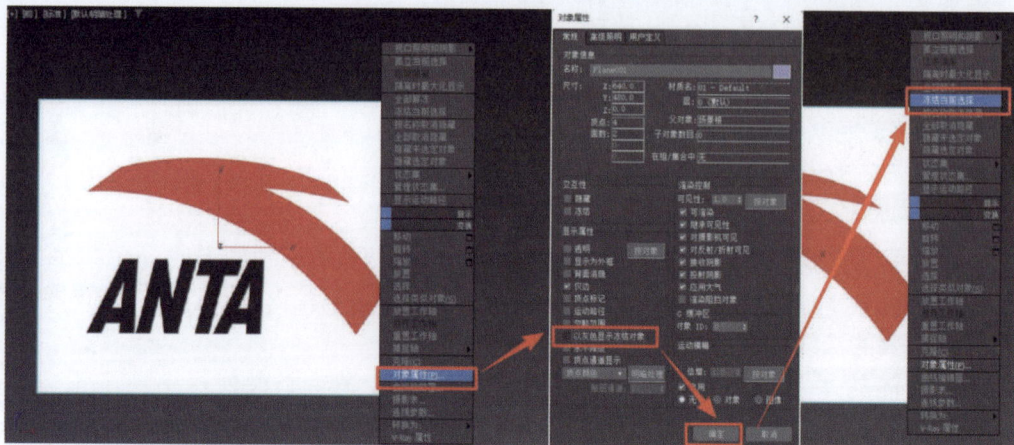

图 3-89　冻结

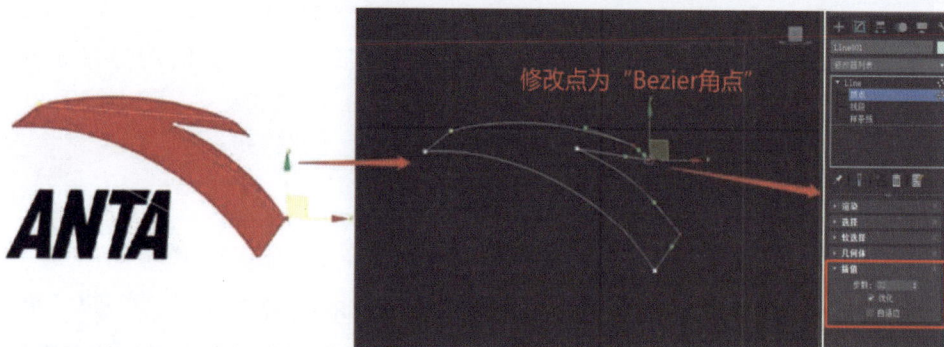

图 3-90　修改点的类型

（5）要使二维样条线变成三维图形，需要掌握使样条线可渲染的方法。

① 可渲染属性：在渲染中启用，在视口中启用，如图 3-91 所示。

图 3-91　可渲染属性

② 挤出修改器效果如图 3-92 所示。

③ 更改属性：转换成"可编辑多边形"或其他，如图 3-93 所示。

图 3-92　挤出修改器效果

图 3-93　转换成"可编辑多边形"效果图

（6）选择"挤出"方式，加上文字 ANTA，最终效果图如图 3-94 所示。

图 3-94　最终效果图

任务 3.5　高脚杯模型的制作

（1）在前视图中使用"线"绘制高脚杯的曲线。

（2）进入修改面板，在样条线层级使用轮廓命令制作出厚度，如图 3-95 所示。

（3）进入顶点层级，使用圆角命令适当调节杯子的侧面轮廓。进入线段层级，删除不需要的内侧线段，如图3-96所示。

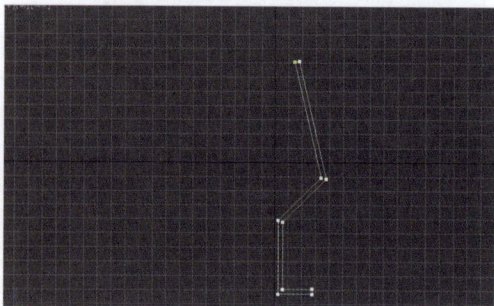

图 3-95　用"轮廓"命令制作出厚度

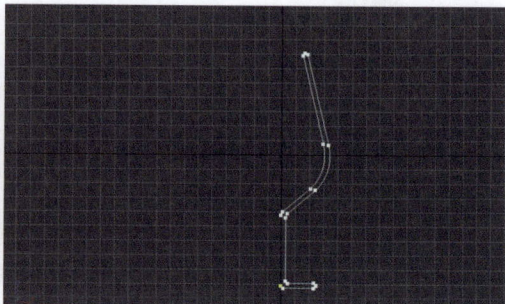

图 3-96　调整二维线

（4）选择 Line 层级，添加"车削"修改器，此时得到的造型不正确，如图 3-97 所示。

（5）在车削参数卷展栏中修改"对齐"为"最小"，此时得到一个正确的高脚杯造型，如图 3-98 所示。

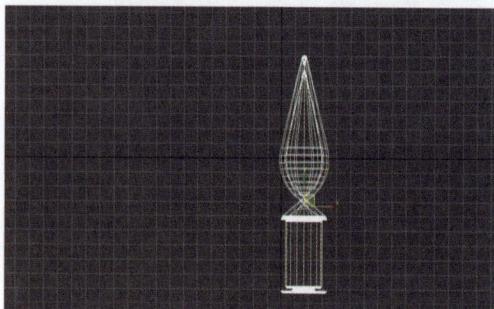

图 3-97　添加车削修改器

图 3-98　修改车削参数，得到高脚杯

（6）这时的高脚杯杯底和杯脚底部一圈顶点通过旋转产生重合，但都各自独立，因此，这还不是一个闭合面，需要在车削参数卷展栏中选中"焊接内核"。高脚杯建好以后，还可以返回顶点层级，微调顶点，对高脚杯进行整形，直到满意为止，如图3-99所示。

图 3-99　高脚杯最终效果

高脚杯模型的制作素材

高脚杯模型的制作

任务 3.6 "雨伞"模型的制作

雨伞一般由伞布、伞骨和伞柄三个部分组成,用我们所学的知识完成雨伞的建模,效果如图 3-100 所示。

图 3-100 雨伞效果图

"雨伞"模型的制作

1. 伞布的建模

(1) 在顶视图中绘制星形,半径 1 设置为 100,半径 2 设置为 85,点数设置为 8,圆角半径 1 为 0,圆角半径 2 为 10。

(2) 使用"挤出"修改器挤出一定的高度,并给出相应的分段数,这里我们给出了 5,如图 3-101 所示。

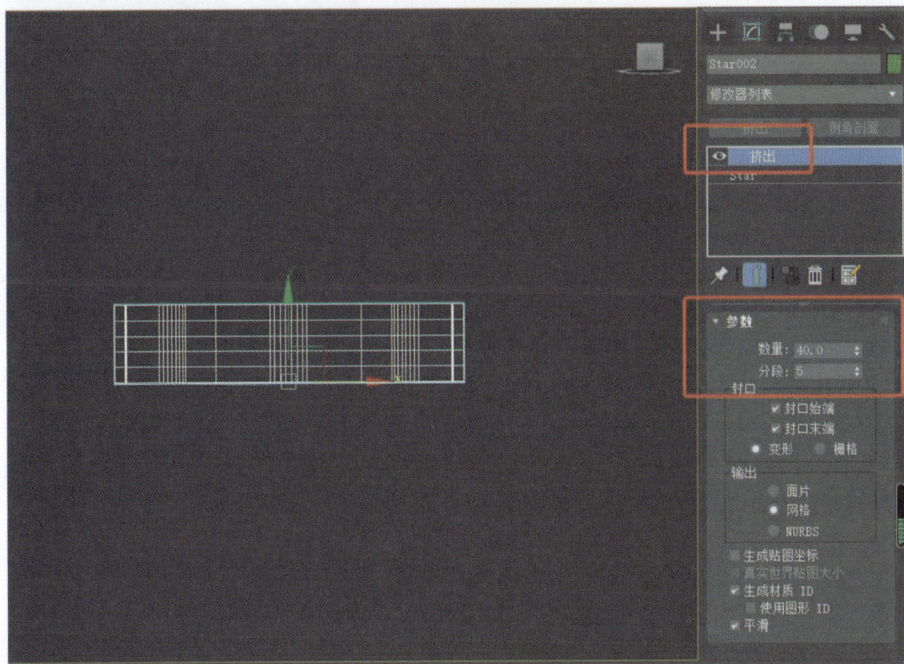

图 3-101 挤出后给出分段数

(3) 添加"锥化"修改器,参数如图 3-102 所示。

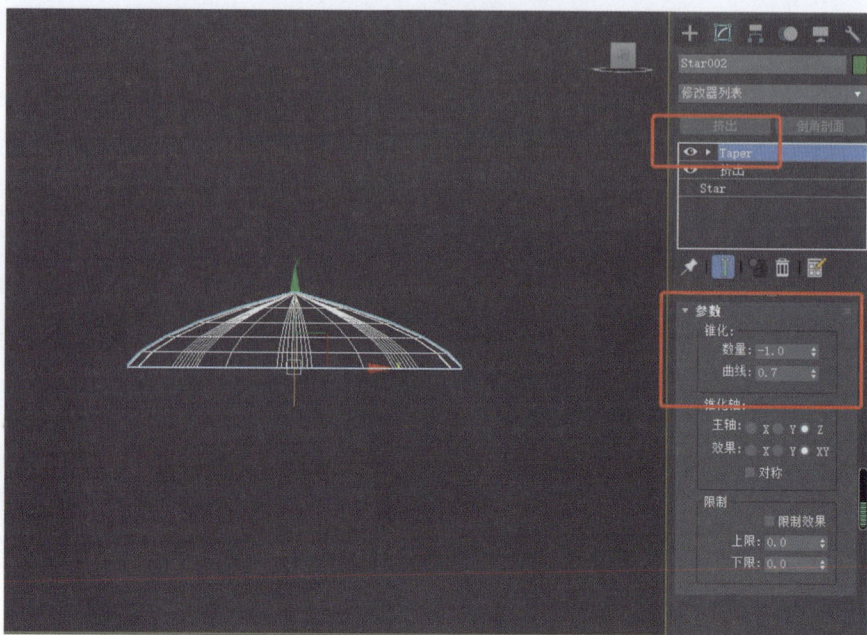

图 3-102　锥化修改器

（4）最后给伞布附上双面材质即可。

2．伞骨的建模

（1）将伞布模型转为"可编辑多边形"，进入边层级，利用边的循环，选择相应的边，单击"利用所选内容创建图形"，选择"平滑"选项，生成新的图形，如图 3-103 所示。将新生成的图形的可渲染属性（在渲染中启用，在视口中启用）打开，设置径向厚度为 1。

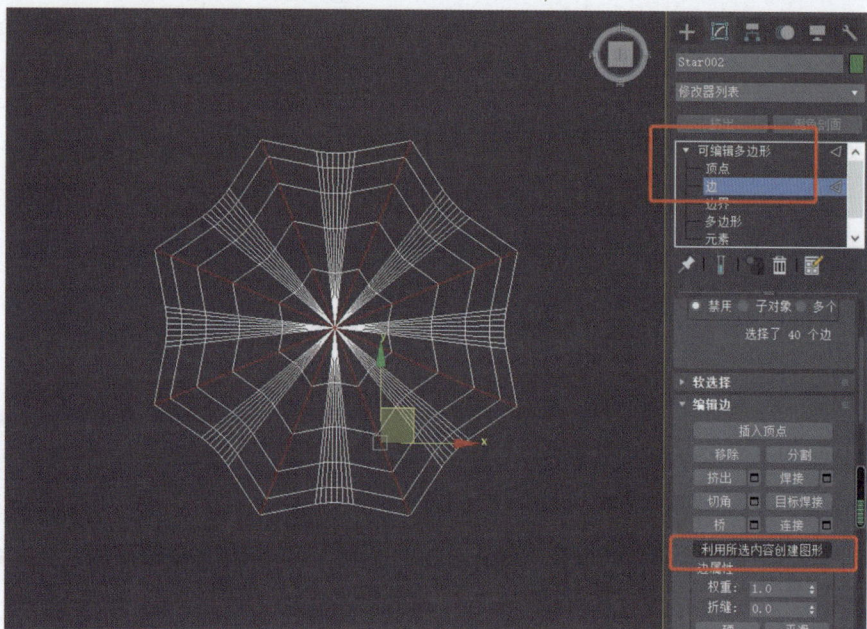

图 3-103　生成新图形

（2）将伞骨进行镜像、缩放，并调整到合适位置，即可完成伞骨的建模，如图3-104所示。

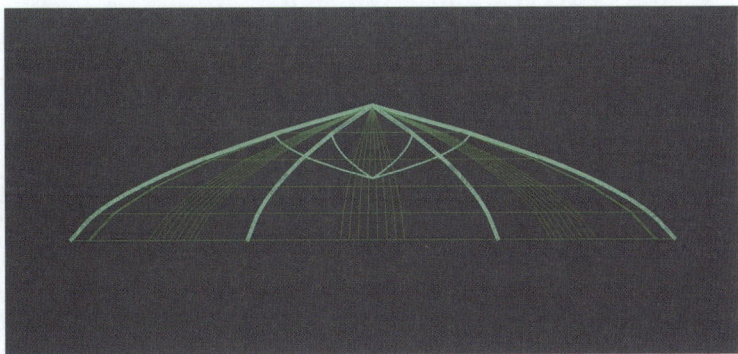

图3-104　伞骨

3．伞柄的建模

对于伞柄的建模，我们使用多边形建模一体成型，先从手柄部分开始。

（1）绘制矩形，转成"可编辑样条线"，将下面两个顶点进行"圆角"处理，如图3-105所示，并删除多余的线段。

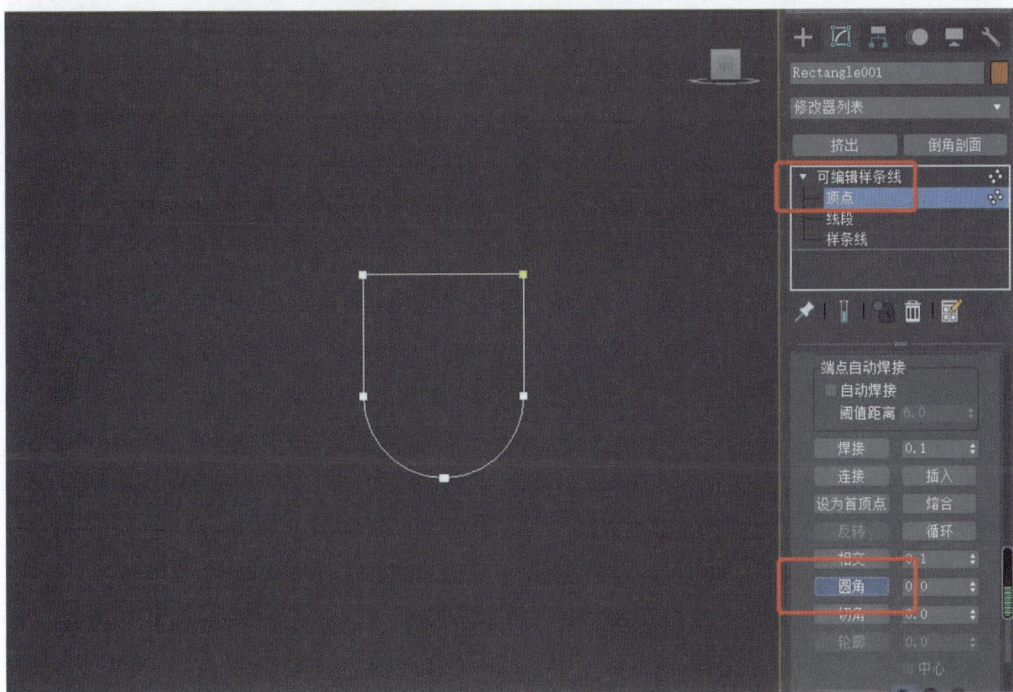

图3-105　绘制基本形

（2）对样条线设置可渲染属性（在渲染中启用，在视口中启用），参数设置如图3-106所示。

（3）将样条线转为可编辑多边形，进入"多边形"层级，对其进行多次倒角操作后得到如图3-107所示的伞柄。

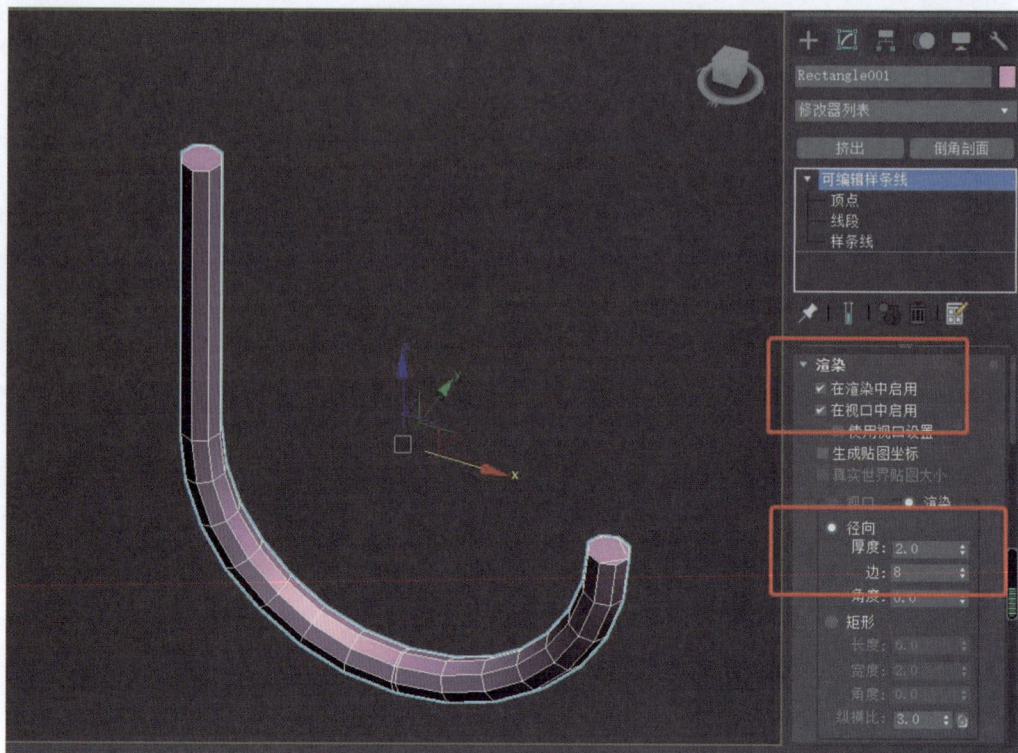

图 3-106　样条线可渲染属性

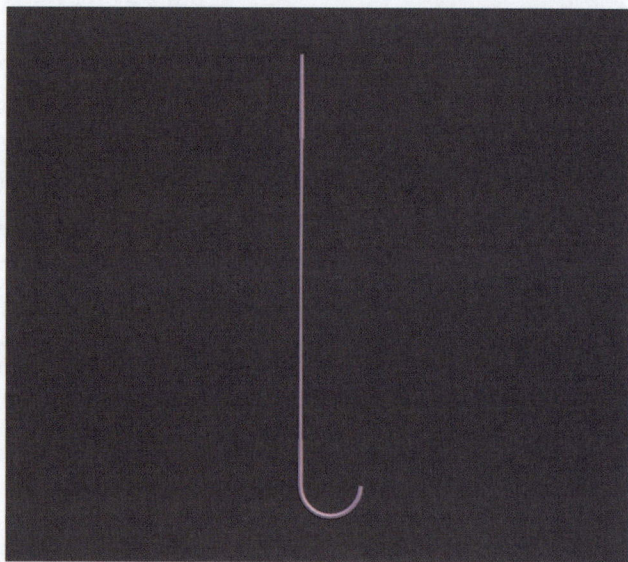

图 3-107　伞柄

（4）对相应的边进行切角操作，如图 3-108 所示。

（5）最后对伞柄添加"涡轮平滑"修改器，即可完成伞柄的建模。

雨伞的建模已全部完成。

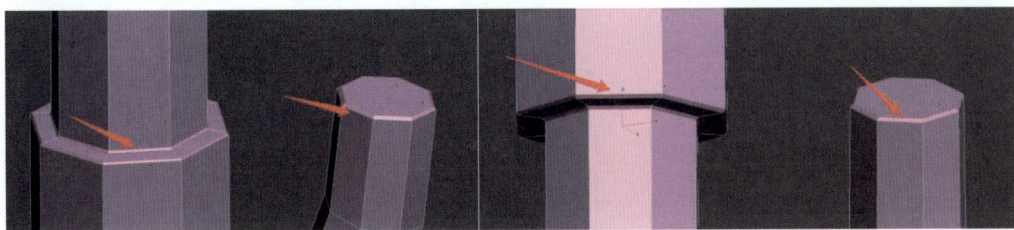

图 3-108 伞柄切角

项目重难点总结

在此项目中,首先介绍了简单几何体建模、可编辑样条线建模和修改器建模等内容,为雨伞模型制作打下基础,此为本项目的重点。熟练灵活使用多种建模方式,才能提高建模能力。如何根据实际情况选用建模方法是本项目的难点。如何根据模型的特点选择合适的建模方法,如何能够举一反三,合理应用所学知识,是我们要继续研究的课题。

项目4　鱼群造型装饰建模

【素质目标】

1. 培养艺术审美与创新意识：通过鱼群造型、鱼骨吊灯等案例设计，提升对自然形态与人工造型的美学感知，激发创意表达。

2. 强化工匠精神与细节追求：在模型制作中注重精度（如鱼群粒子分布、吊灯快照建模的对称性），体现对细节的严谨把控。

3. 培养自主探究与问题解决能力：在特殊建模方法（如服装生成器、粒子系统）中，鼓励独立调试参数，解决技术难点。

鱼群造型装饰建模

【知识目标】

1. 掌握复合对象建模核心工具：理解布尔运算、放样、散布、图形合并的原理与操作流程。熟悉水滴网格的参数设置及与粒子系统的结合应用。

2. 精通多边形建模技术：掌握顶点、边、面层级的编辑方法（如挤出、切角、桥接）及软选择的应用场景。

3. 掌握特殊建模方法：学会快照建模的动画路径绑定与参数设置，理解服装生成器的随机网格生成逻辑。

4. 理解粒子系统与网格化的关联：掌握粒子云的实例几何体设置及网格化工具的高效转换流程。

【能力目标】

1. 灵活运用复合建模工具：能通过布尔运算制作复杂镂空结构（如中国象棋），利用放样技术生成渐变形态（如饮料瓶）。

2. 高效编辑多边形模型：能通过顶点调整、边循环选择、面挤出等操作，完成有机形体（如碗、鱼群）的精细化塑形。

3. 创新应用特殊建模方法：能结合快照与路径约束制作动态阵列模型（如鱼骨吊灯），利用粒子系统批量生成随机分布对象（如沙滩石头堆）。

4. 综合调试与优化能力：能通过涡轮平滑、壳修改器等工具优化模型表面细节，解决粒子系统转换中的变形问题。

【本项目要点提示】

- 复合建模；
- 多边形建模；
- 特殊建模方法。

任务 4.1　复合对象建模

复合对象建模是 3ds Max 的一种高级建模方式，是将两个或两个以上的图形通过复合对象类型，如变形、散布、放样、布尔等方式形成新的三维模型。

单击 + 面板，单击 ○ 按钮，在"复合对象"中选择对象类型，如图 4-1 所示。

4.1.1　变形

变形主要应用于变形动画的制作，它是通过对多个对象的顶点位置进行自动适配，将当前对象变形为目标对象，如图 4-2 所示。

变形前的原始对象称为种子或基础对象，变形后的对象称为目标对象。创建变形的种子和目标对象必须满足以下两个条件。

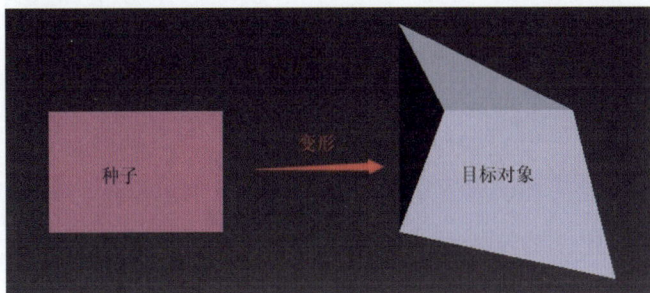

图 4-1　复合对象的"创建"面板

图 4-2　变形

（1）种子和目标对象必须是网格、面片或多边形对象。

（2）种子和目标对象必须包含相同的顶点数。

创建变形时，首先选中种子，激活"变形"命令，在"拾取目标"卷展栏中单击"拾取目标"按钮，拾取目标对象，即完成种子到目标对象的变形。如果要看到整个变形的过程，可以在拾取目标对象前，在时间轴上插入自动关键点。

在"拾取目标"卷展栏中单击"拾取目标"按钮，可在场景中拾取变形的目标对象，在这个卷展栏下有"参考""复制""移动"和"实例"四个选项，表示种子以怎样的形式进行变形并合成为目标对象。

"当前对象"卷展栏中"变形目标"列表框中显示用于变形合成的种子和目标对象。单击"创建变形关键点"按钮，可为选定的变形对象创建关键点。单击"删除变形目标"按钮可以删除当前所选择的目标对象，连同所有的变形关键点也一起删除。

4.1.2　散布

散布就是把源对象散布到目标对象表面，源对象可以根据指定的数量和分布方式覆盖到目标对象表面，如图 4-3 所示。

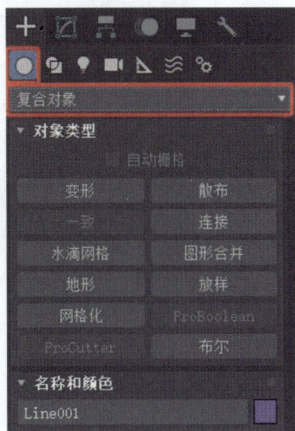

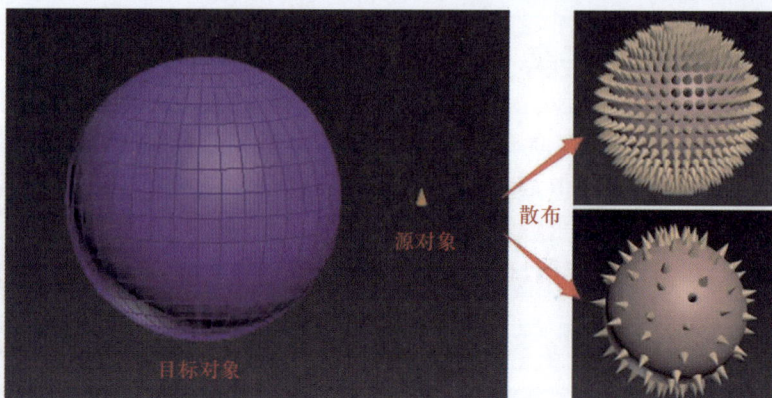

图 4-3　散布

创建散布时，首先选中源对象，激活"散布"命令，在"拾取分布对象"卷展栏中单击"拾取分布对象"按钮，拾取目标对象，即完成源对象在目标对象上的散布。如果要更改散布数量和分布方式，需要在散布参数卷展栏中进行具体的设置。

（1）在"拾取分布对象"卷展栏中单击"拾取分布对象"按钮，可在场景中拾取散布的目标对象，在这个卷展栏下有"参考""复制""移动"和"实例"四个选项，用于指定分布对象转换为散布的方式。

（2）"散布对象"卷展栏用于指定源对象如何进行散布。

① "分布"组用于选择分布方式："使用分布对象"是将源对象散布到目标对象表面，"仅使用变换"将不使用目标对象。通过"变换"卷展栏中的设置来影响源对象的分布。

② "对象"组用于显示参与散布命令的源对象和目标对象的名称，并可对其进行编辑。

③ "源对象参数"组用于设置源对象的属性。

④ "分布对象参数"组用于设置源对象在目标对象表面不同的分布方式，只有使用了目标对象，该组才被激活。值得注意的是，当选择"所有顶点""所有边的中点""所有面的中心"这几项时，"源对象参数"组中的"重复数"将不起作用。

（3）"变换"卷展栏用于设置源对象分布在目标对象表面后的变换偏移量，可以有"偏移""局部平移""在面上平移"和"比例"四种变换方式。

（4）"显示"卷展栏用于控制散布对象的显示情况。"代理"选项以方块代替源对象，加快处理速度，常用于源对象比较复杂的情况；"网格"选项以源对象初始形态显示；"显示"用于设置所有源对象在视图中的显示比例，但不影响渲染效果；选中"隐藏分布对象"将会隐藏目标对象，仅显示源对象；"新建"用于生成新的种子；"种子"用于设置当前散布的种子数。

（5）"加载/保存预设"卷展栏用于对当前的散布效果进行加载、保存和删除操作。

4.1.3　水滴网格

水滴网格用于创建液态物质或者泡沫的效果，一般与粒子系统搭配使用，如图 4-4 所示。

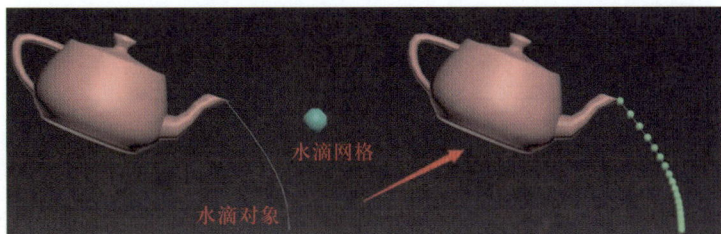

图 4-4　水滴网格

创建水滴网格时,只需要激活"水滴网格"命令,在场景中单击就可以产生水滴网格。在修改面板的"参数"卷展栏的水滴对象组中单击"拾取"按钮,拾取水滴对象即可完成。

(1)"参数"卷展栏中"大小"用于设置每个水滴的大小。

(2)"张力"用于控制网格表面的松紧程度,值越小,网格越大。

(3)"计算粗糙度"用于设置水滴的粗糙度和密度。选中"相对粗糙度"则应用粗糙效果;选中"软选择"则可控制场景中已经有软选择效果的水滴对象的大小,配合"最小大小"使用。

(4)"大型数据优化"是当水滴数量比较多时,选中该选项,可以更加高效地显示水滴;选中"在视口内关闭"时,在视口中不显示水滴网格,但不影响渲染结果。单击"拾取"按钮,可以在场景中拾取要加入水滴网格的对象或粒子系统;单击"添加"按钮,可以在弹出的对话框中选择要加入水滴网格的对象或粒子系统;单击"移除"按钮,则可以删除。

如果已经向水滴网格中添加粒子流系统,且只需在发生特定事件时生成水滴网格,可以使用"粒子流参数"卷展栏。

4.1.4　图形合并

图形合并能将一个网格对象、多个几何体图形进行合并,产生合并或者切割的效果,如图 4-5 所示。

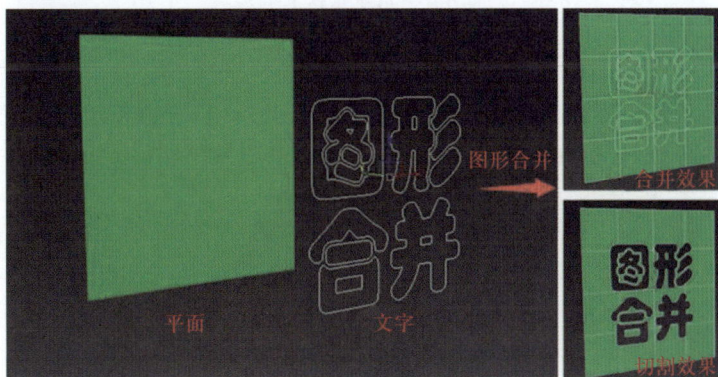

图 4-5　图形合并

创建"图形合并"时,首先选中对象,激活"图形合并"命令,在"拾取操作对象"卷展栏中单击"拾取图形"按钮,拾取图形对象,即完成图形合并。合并后的效果可以在卷展栏中进行具体设置。

（1）"拾取操作对象"卷展栏用于拾取操作对象，详细操作方法参考散布命令。

（2）"参数"卷展栏可以对操作对象的参数进行设置。"操作对象"组用于显示图形合并中所有操作对象的名称；"操作"组用于决定图形如何合并到对象上，有"饼切"和"合并"两种，"饼切"除了合并外还有切割效果，选中"反转"则对"饼切"与"合并"中去留的面进行反转；"输出自网格选择"组用于决定以哪种层级的形式输出，"无"表示输出整个物体，"边""面"和"顶点"表示分别以对应的层级输出。

（3）"显示/更新"卷展栏用于控制是否在视图中显示运算结果以及每次修改后以哪种形式进行更新。

4.1.5　布尔

布尔运算能对两个或两个以上的物体进行并集、差集和交集的运算，从而得到新的物体形态。如在建模时碰到一些复杂异面造型的三维切割情况，就可以使用布尔命令，如图 4-6 所示。这里所讲的复合对象的布尔命令，要与前面二维图形的布尔运算进行区分。

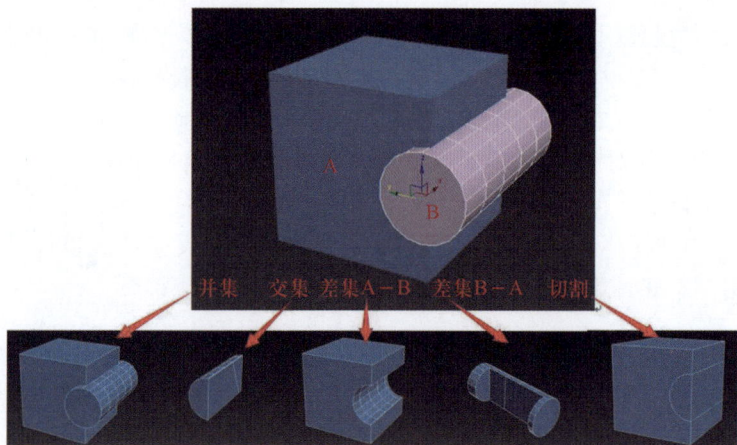

图 4-6　使用布尔运算的效果

在布尔运算中，参与运算的有 A 对象和 B 对象，创建"布尔"时，首先选中 A 对象，激活"布尔"命令，在"拾取布尔"卷展栏中单击"拾取操作对象 B"按钮，拾取 B 对象，即可完成布尔运算。在"参数"卷展栏的"操作"组中可以通过选择"并集""交集""差集 A－B""差集 B－A""切割"来指定运算方式。

（1）"拾取布尔"卷展栏用来拾取布尔运算的对象 B，单击"拾取操作对象 B"按钮，可以在场景中拾取对象 B。

（2）"参数"卷展栏用于设置布尔运算的方式。"操作对象"组用于显示所有参与布尔运算的对象名称；"操作"组用于指定运算方式，有"并集""交集""差集 A－B""差集 B－A"和"切割"。"切割"下方还有"优化""分割""移除内部"和"移除外部"四种切割方式。

（3）"显示/更新"卷展栏类似与图形合并中的此命令，详细解释参考"图形合并"中的"显示/更新"卷展栏。

课堂案例 1：制作"中国象棋"模型

（1）在顶视图中画一个切角圆柱体作为对象 A，设置好参数，使边缘圆滑，如图 4-7 所示。

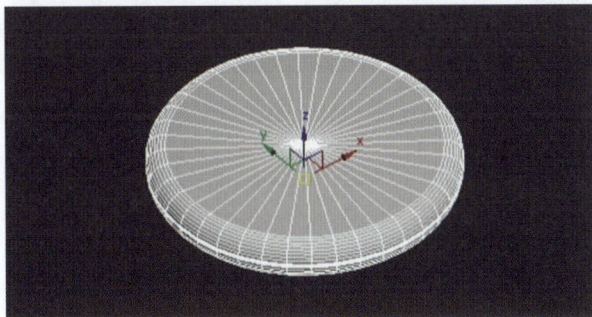

制作"中国象棋" 模型

图 4-7 切角圆柱体

（2）在顶视图中画一个圆环，再创建一个文字"士"，将两个二维图形进行附加，然后挤出一定的厚度作为对象 B，如图 4-8 所示。

（3）将两个模型使用对齐工具中心对齐，调整到合适的位置，如图 4-9 所示。

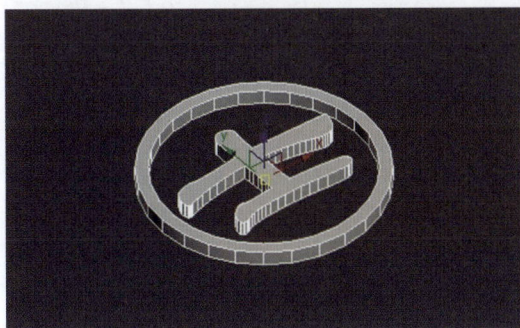

图 4-8 圆环与文字附加后挤出

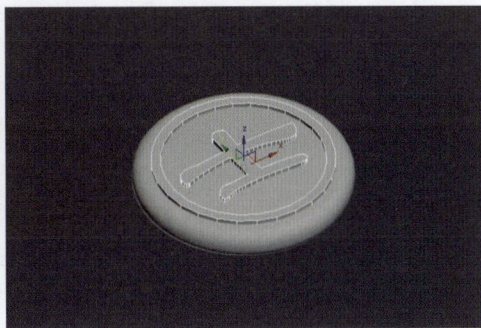

图 4-9 对齐

（4）使用复合对象"布尔"对两个模型进行运算，使用"并集"和"差集 A－B"可以得到两种类型的象棋棋子，如图 4-10 所示。

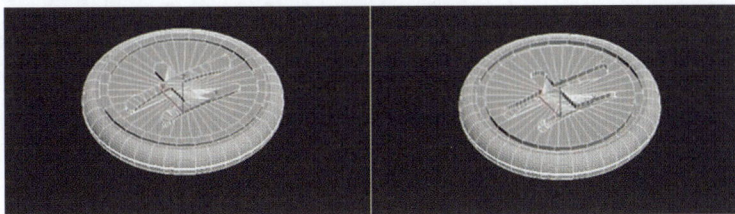

图 4-10 最终效果图

4.1.6 放样

放样是将图形作为截面，沿着一条路径延伸，从而形成新的三维模型，如图 4-11 所示。

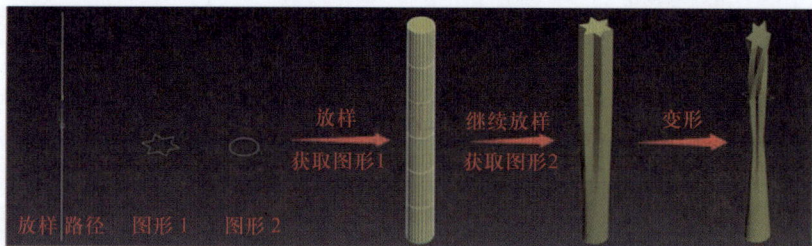

图 4-11　放样 1

创建放样必须具备两个条件。

（1）放样路径：一个放样物体有且只有一条放样路径，路径可以是直线，也可以是曲线，可以是开放的，也可以是封闭或者交错的。

（2）图形：可以是一个或多个图形，图形可以是开放的，也可以是封闭的。

创建放样时，可以先选路径，激活"放样"命令。在"创建方法"卷展栏中单击"获取图形"按钮，在场景中选择图形，即可完成放样。如果有多个图形需要放样，则在"路径参数"中输入相应的参数，可以是百分比，再选择第二个图形，会继续沿路径放样。在创建放样的时候，也可以先选择图形，再去获取放样路径，得到的模型是一致的，只是模型的位置会有所不同。

（1）"创建方法"卷展栏用于选择放样的方式，有"获取路径"和"获取图形"两种方式。

（2）"曲面参数"卷展栏用于对放样后的模型进行光滑处理，还可以在此卷展栏中设置材质贴图和输出处理。

（3）"路径参数"卷展栏用于设置沿放样物体路径上各个图形的间隔位置。"路径"后面可以输入图形插入点的位置，可以用"百分比""距离"和"路径步数"三种方式来测量；"捕捉"用于设置捕捉路径上界面图形的增量值，可以选中"启用"来激活。

（4）"蒙皮参数"卷展栏用于控制放样后的对象表面的各种特征。"封口"组用来控制放样模型两端是否"封闭"，可以通过选中"封口始端"和"封口末端"来实现。选择"变形"时建立变形模型二而保持端面的点、面数不变；选择"栅格"会根据端面顶点创建网格面，渲染效果好于变形。"选项"组中可以设置"图形步数"和"路径步数"，值越大，模型越精细。

（5）"变形"卷展栏用于对放样模型进行变形，有"缩放""扭曲""倾斜""倒角"和"拟合"几种方式。

制作"饮料瓶"模型

课堂案例 2：制作"饮料瓶"模型

（1）在顶视图中绘制一个圆形和一个星形，在前视图中绘制一条直线，调整到合适的大小，如图 4-12 所示。

（2）选中直线，激活"放样"命令，在"创建方法"卷展栏中单击"获取图形"按钮，获取圆形；在"路径参数"卷展栏"路径"中输入6，使用"百分比"，即在直线 6% 的地方，单击"获取图形"按钮，获取圆形；再在 12% 的位置获取星形，如图 4-13 所示。

制作"饮料瓶"模型素材

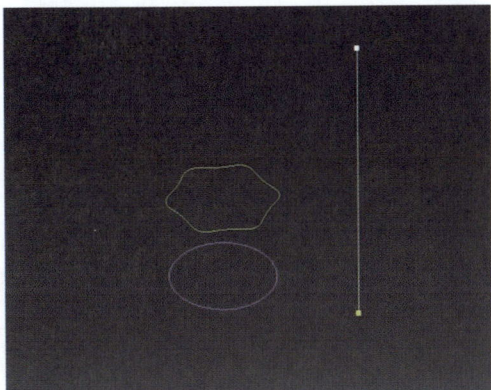

图 4-12　绘制二维图形

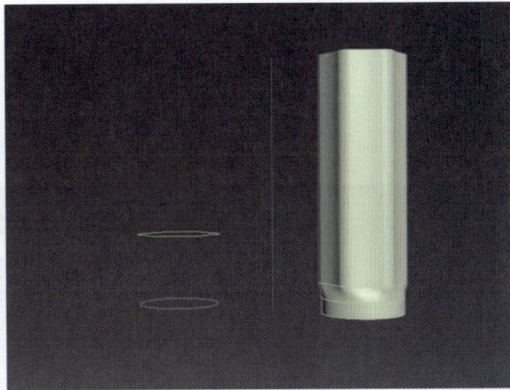

图 4-13　放样 2

（3）此时发现放样模型有点变形，我们可以通过比较图形来调整。单击修改面板下 Loft 的"图形"层级，在"图形命令"卷展栏中单击"比较"按钮，弹出"比较"对话框，使用"拾取图形"工具拾取放样模型中的星形和圆形，使用"旋转"工具在放样模型中调整图形到合适的位置，如图 4-14 所示。

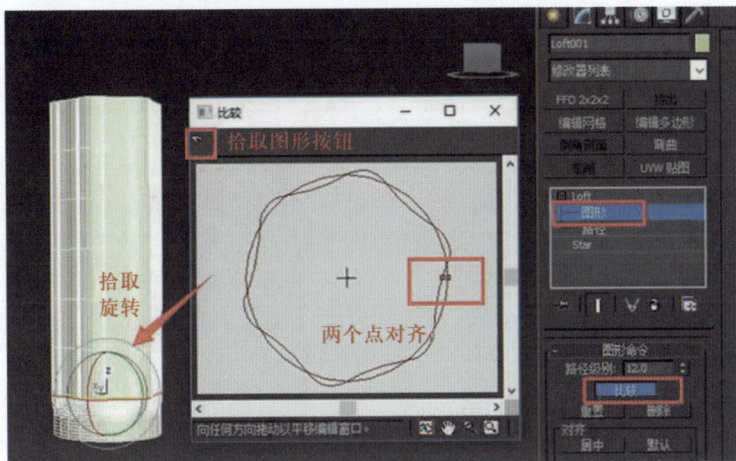

图 4-14　比较调整

（4）回到 Loft 层级，在 60% 的位置获取星形，使用比较、旋转进行修正。再在 66% 的位置获取圆形，至此放样模型基本形已经完成，如图 4-15 所示。

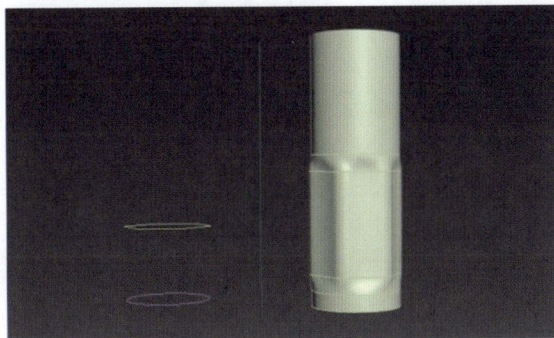

图 4-15　继续放样，比较调整

（5）接着使用"变形"卷展栏对放样模型进行整形，单击"缩放"按钮，弹出"缩放"对话框，使用"插入角点"和"移动控制点"调整曲线，效果如图 4-16 所示。注意插入的点是角点，可以选中相应的点，右击修改点的类型，有"角点""Bezier 平滑"和"Bezier 角点"可供选择，饮料瓶最终效果如图 4-17 所示。

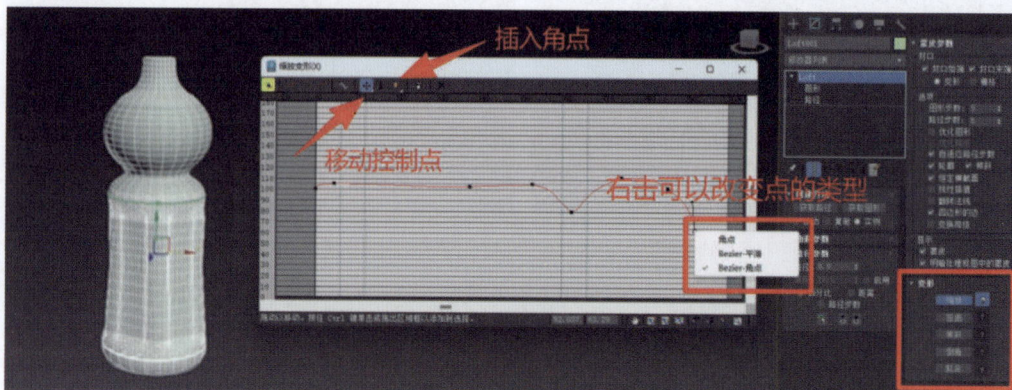

图 4-16　缩放整形

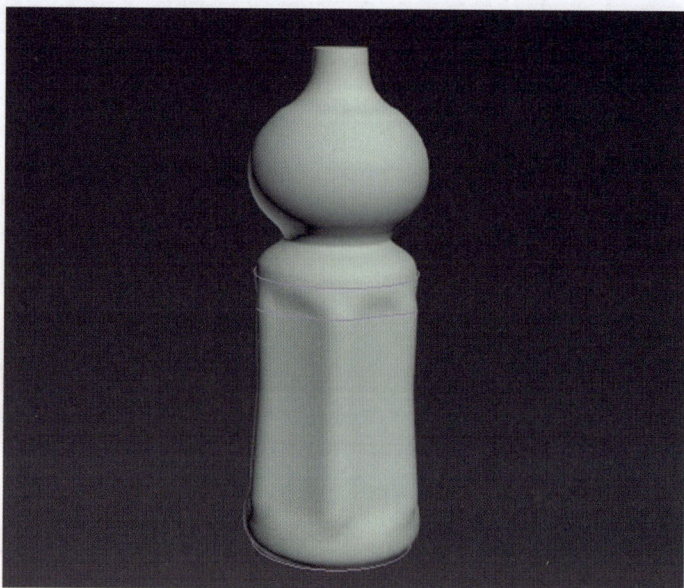

图 4-17　饮料瓶最终效果图

任务 4.2　多边形建模

在 3ds Max 中进行建模时，多边形建模是最为传统和经典的一种建模方式，广泛应用于游戏角色、影视、工业造型和室内外等模型制作领域。多边形建模高效且易上手，可以通过将基本模型转换成可编辑多边形或者追加"编辑多边形"修改器进行编辑，创建出千变万化的造型。不管是转换成可编辑多边形还是追加"编辑多边形"修改器，都提供 5 个层级的编辑，分别是"顶点""边""边界""多边形"和"元素"，如

图 4-18 所示。在"可编辑多边形"修改命令下有 6 个卷展栏,选中不同层级时编辑卷展栏也会发生变化,接下来详细介绍各个卷展栏的功能。

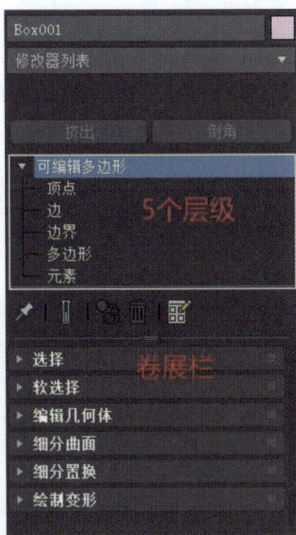

图 4-18　"可编辑多边形"面板

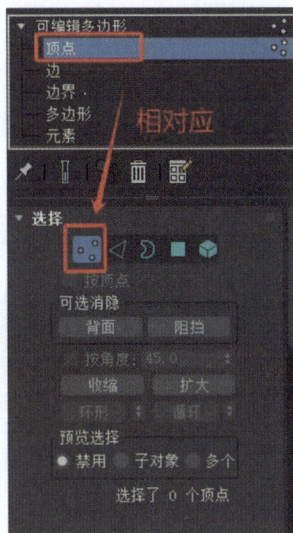

图 4-19　"可编辑多边形"的子层级

4.2.1　选择与软选择卷展栏

(1)"选择"卷展栏用于设置各个层级编辑状态下对象的选择方式,如图 4-19 所示。

在"可编辑多边形"下选择某个层级,就会点亮"选择"卷展栏下的对应层级按钮,也可以直接单击"选择"卷展栏下的层级按钮,还可以直接使用快捷键 1、2、3、4、5 来选择层级,这时候就可以对该层级进行编辑。

①"按顶点":选中该选项,可以通过选择对象表面顶点来选择与这个顶点相邻的指定层级对象。比如,在面层级下,可以通过选择一个顶点来选择与这个顶点相连的所有面,但在"点层级"下该选项失效。

②"背面":选中该选项,则只对当前显示的这面进行选择,而背面会被忽略,不被选择。

③"按角度":该选项只在"多边形"层级下可用,选中该选项,输入数值,用于指定选择角度的参数。

④"收缩"和"扩大":单击按钮,会收缩或扩大选择范围,每个层级都可以使用。

⑤"环形"(快捷键为 Alt+R)和"循环"(快捷键为 Alt+L):这两个按钮只在"边"和"边界"层级下才能被激活。当选择一条边或一个边界,单击"环形"或"循环"按钮则以环形或循环的方式选择与当前边或边界边同一方向上的所有边,也可以单击"环形"和"循环"按钮后面的箭头,依次选中边,可以结合 Ctrl 键一起使用。

(2)"软选择"卷展栏可以在编辑多边形时,使各个层级选择时有一个衰减和过渡。我们以编辑球体的一个点为例子来解释软选择的使用。进入球体的"顶点"层级,选中一个顶点,直接向上拖动,效果如图 4-20 所示。再选中"使用软选择",设置相应的衰减值，同样拖动该顶点，效果如图 4-21 所示。通过对比可以很清楚地看到，使用软选择后模型产生的造型有一个明显的衰减和过渡，通过模型上的颜色分布来调整影响的权重值，离选择点越近，则影响越大；越远则影响越小或不影响，这个和二维样条线中的软选择功能一致。

① "衰减值"控制影响的权重。"收缩"和"膨胀"调整权重的状态。在各个层级下都可以使用软选择。如果选中"边距离"可以设置软选择影响范围。

② 单击"明暗处理面切换"按钮可以使用颜色的明暗对衰减程度进行显示，一般配合"绘制软选择"一起使用，可以按自己的需求来绘制影响区域，绘制的笔刷大小、强度都可以进行调节，如图 4-22 所示。

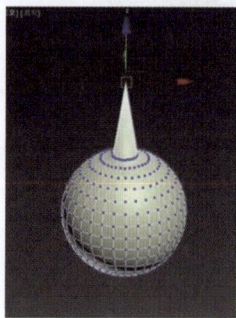

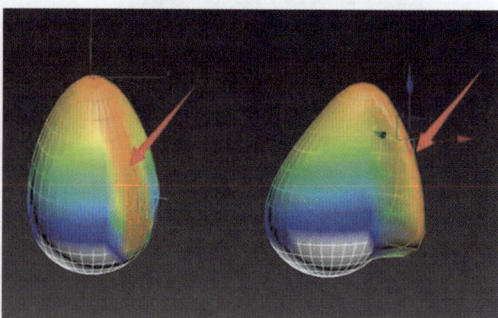

图 4-20　没有使用软选择　图 4-21　使用软选择　　图 4-22　绘制软选择

4.2.2　编辑顶点卷展栏

前面介绍的"选择"和"软选择"卷展栏属于公共卷展栏，在任何层级下都会出现，"编辑顶点"卷展栏只有在选中顶点层级时才会出现，如图 4-23 所示。

（1）"移除"按钮可以将选中的顶点删除，但不删除顶点所关联的边和面，快捷键为 Backspace。

（2）"断开"按钮可以将选中的顶点进行断开，而不再是一个点。

（3）"挤出"按钮可以将选中的点按照拖动鼠标的方向进行挤出，也可以单击挤出后面的方块，输入具体挤出高度和宽度的数值来进行挤出操作。

（4）"焊接"按钮可以将断开的点进行焊接，输入合适的焊接阈值，保证几个点可以焊接成一个点。

（5）"切角"按钮可以将选中的点进行切角处理，也可以单击切角后面的方块，输入具体的切角量来进行切角操作，也可以选中"打开"，使切角面打开。

（6）"目标焊接"按钮激活后，可以对点进行拖动，有目标地进行焊接处理。

（7）"连接"按钮可以将两个不跨线的点进行连接处理。

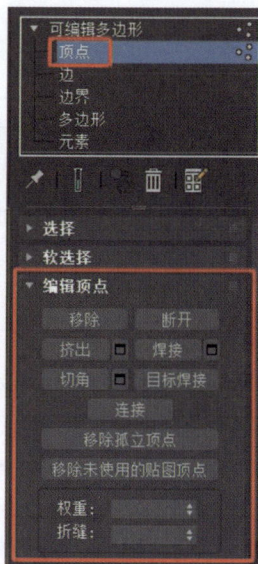

图 4-23　"编辑顶点"
卷展栏

（8）"移除孤立顶点"和"移除未使用的贴图顶点"可以对相应的点进行移除处理。

（9）"权重"可以配合修改器使用，设置点的权重值。

4.2.3　编辑边卷展栏

"编辑边"卷展栏只有在选中边层级时才会出现，如图4-24所示。

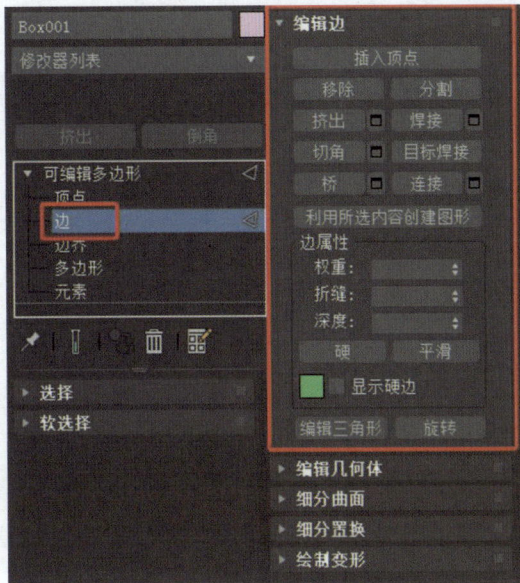

图4-24　"编辑边"卷展栏

（1）"插入顶点"按钮可以在选中的边上插入新的顶点。

（2）"移除"按钮可以将选中的边删除，但不删除边所关联的顶点和面，快捷键为Backspace；如果在移除边的同时想移除顶点，使用快捷键Ctrl+Backspace。

（3）"分割"按钮可以用选中的边来分割模型，模型会被分割成不同的元素。

（4）"挤出"按钮可以将选中的边按照鼠标拖动的方向进行挤出，也可以单击挤出后面的方块，输入具体挤出高度和宽度的数值来进行挤出操作。

（5）"焊接"按钮可以将断开的边焊接起来，输入合适的焊接阈值，保证几条边可以焊接成一条边。

（6）"切角"按钮可以对选中的边进行切角处理，也可以单击切角后面的方块，输入具体的切角量来进行切角操作。可以增加分段数来提高模型切角的平滑度，也可以选中"打开"，使切角面打开。

（7）"目标焊接"按钮激活后，可以对边进行拖动，有目标地进行焊接处理。

（8）"桥"按钮可以在两条边之间搭建一个新的面，也可以单击桥后的方块，输入具体的数值进行更加详细的设置。

（9）"连接"按钮可以将两条或者两条以上的边进行连接处理，也可以单击连接后的方块，输入具体的数值进行更加详细的设置。

（10）"利用所选内容创建图形"按钮可以将选中的边创建二维样条曲线，可以输入新建样条线的名称，可以是平滑的，也可以是线性的。

4.2.4　编辑边界卷展栏

一个完整的球体被认为是没有边界的，只有在球面上删掉一些面才出现边界。"编辑边界"卷展栏只有在选中边界层级时才会出现，如图 4-25 所示。

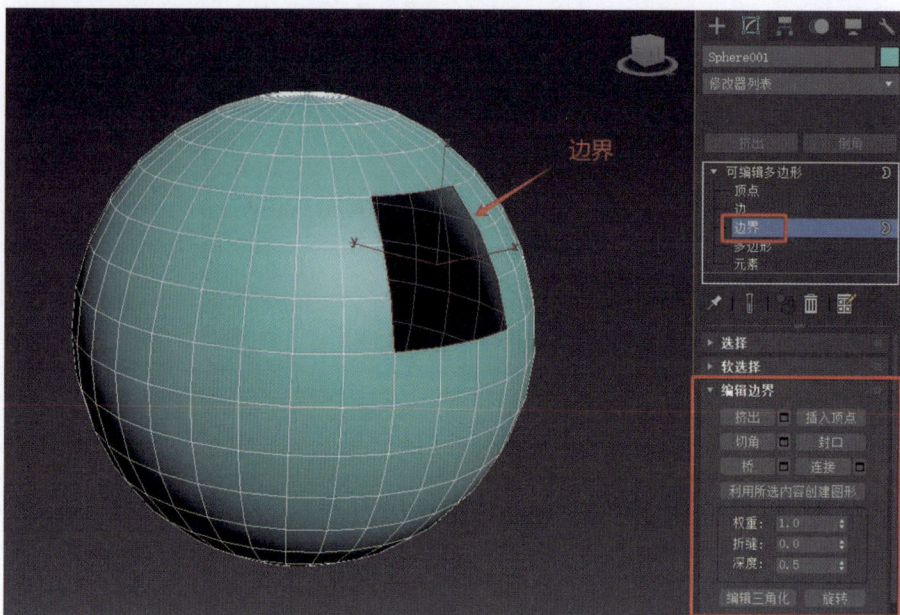

图 4-25　"编辑边界"卷展栏

（1）"挤出"按钮可以将选中的边界按照拖动鼠标的方向进行挤出，也可以单击挤出后面的方块，输入具体挤出高度和宽度的数值来进行挤出操作。

（2）"插入顶点"按钮可以在选中的边界上插入新的顶点。

（3）"切角"按钮可以对选中的边界进行切角处理，也可以单击切角后面的方块，输入具体的切角量来进行切角操作。可以增加分段数来提高模型切角的平滑度，也可以选中"打开"，使切角面打开，从而使边界变大。

（4）"封口"按钮可以对边界进行封口。封口只是简单对边界进行补面，如果对封口效果不满意，可以通过对边的连接来达到对面的重新布线，加上指定平滑组来修复模型，达到想要的效果。

（5）"桥"按钮可以在两个边界之间搭建新的面，也可以单击桥后的方块，输入具体的数值进行更加详细的设置。

（6）"连接"按钮可以对边界的边进行连线处理，也可以单击连接后的方块，输入具体的数值进行更加详细的设置。

（7）"利用所选内容创建图形"按钮可以将选中的边界创建二维样条曲线，可以输入新建样条线的名称，可以是平滑的，也可以是线性的。

4.2.5　编辑多边形卷展栏

"编辑多边形"卷展栏只有在选中多边形层级时才会出现，如图 4-26 所示。多边形层级直白的表达就是"面"的层级。

（1）"插入顶点"按钮可以在选中的面上插入新的顶点，新插入的点自动和面上原有的点进行连线。

（2）"挤出"按钮可以将选中的面按照拖动鼠标的方向进行挤出，也可以单击挤出后面的方块，选择按照"组""局部法线"或"按多边形"方式挤出，如图4-27所示。

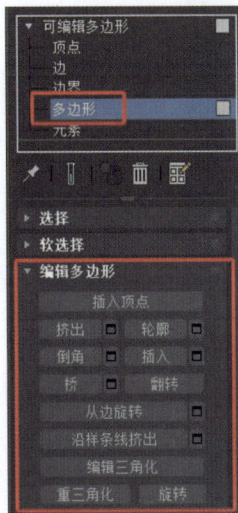

图4-26　"编辑多边形"卷展栏

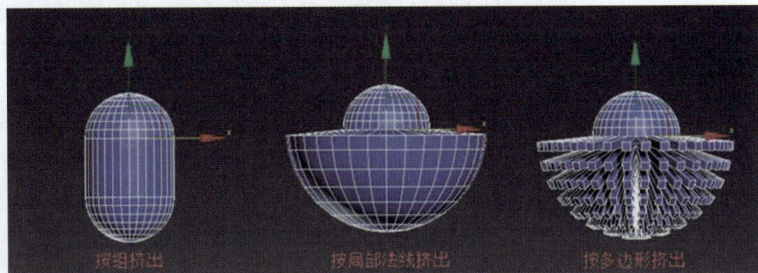

图4-27　三种挤出方式

（3）"轮廓"按钮可以对选中的面进行放大或缩小处理。

（4）"倒角"命令跟"挤出"命令有些类似，它可以完成挤出操作，还可以对挤出的面进行倒角操作（即面变大或变小），它也有"组""局部法线"和"按多边形"三种方式。

（5）"插入"按钮可以在选中的面中插入形状相同而大小不同的面，可以按照"组"或"多边形"的方式进行。

（6）"桥"按钮可在两个选中的面之间搭建新的面，效果同边界中的桥。

（7）"翻转"按钮可以对面的法线面进行翻转，使渲染可见。

（8）"从边旋转"按钮可以使选中的面围绕着选中的转枢轴进行挤出，单击按钮后面的方块可以设置从边旋转的角度、分段数和拾取转枢轴。

（9）"沿样条线挤出"按钮可以对选中的面沿着一根样条线做挤出操作，单击按钮后的方块可以拾取样条线以及更加详细的设置。

课堂案例3：制作"碗"模型

（1）在顶视图中创建一个球体，调整到合适的大小和分段数（注意一定要有足够的分段数，否则碗将不圆），右击球体将其转换成可编辑多边形，如图4-28所示。

（2）进入"多边形"层级，选中相应的面进行删除，使"碗"模型成型，如图4-29所示。

制作"碗"模型

（3）进入"边界"层级，选中碗底的边界，进行"封口"操作，如图4-30所示。

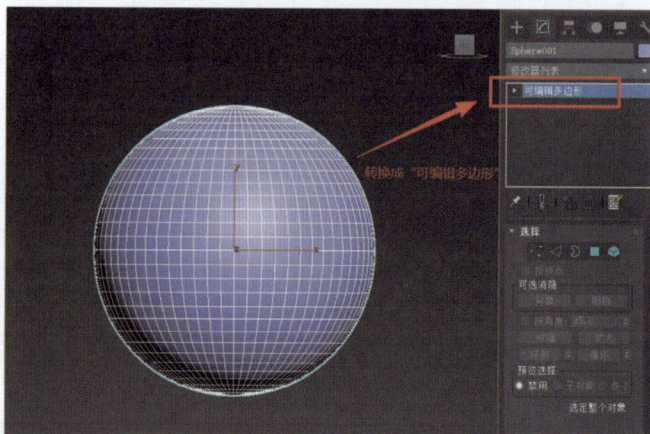

图4-28　绘制球体

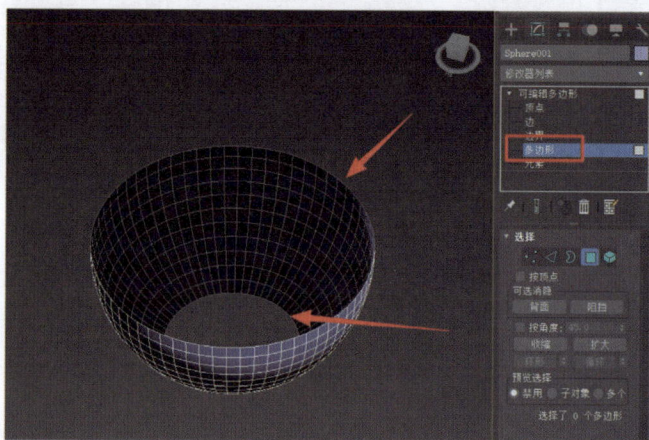

图4-29　删除不需要的面

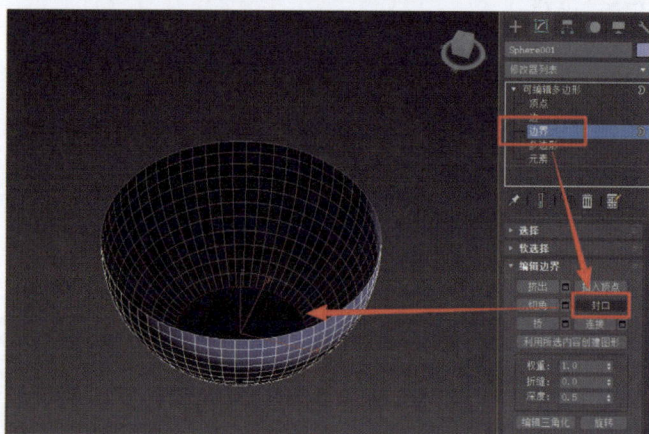

图4-30　边界封口

（4）碗需要有一定的厚度，因此退出"边界"层级，给模型加上"壳"修改器，调节内部量或外部量参数，设置合适的厚度，如图4-31所示。

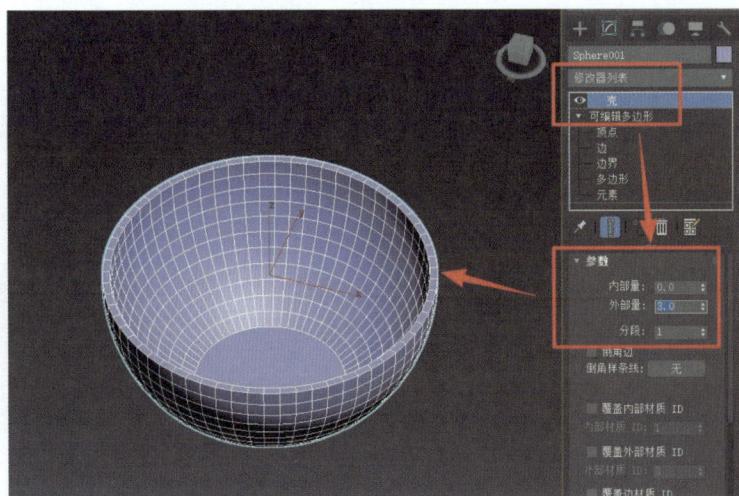

图 4-31 添加"壳"修改器

（5）加了壳修改器后,再次将模型转换成可编辑多边形进行进一步的编辑。碗口应该是平滑的,进入"边"层级,选中内碗口和外碗口的两条边,使用"循环"命令选中整个碗口的边;使用"切角"命令调整合适的切角量和分段数,使碗口平滑,如图 4-32 所示。至此碗的模型就完成了,如图 4-33 所示。

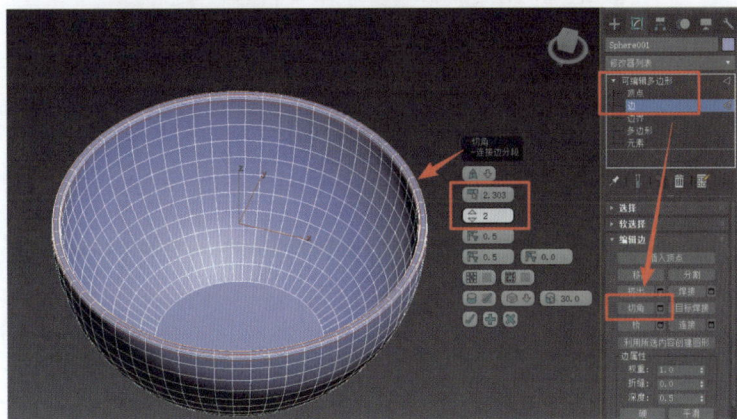

图 4-32 碗边切角

图 4-33 碗最终效果图

4.2.6　编辑元素卷展栏

"编辑元素"卷展栏只有在选中元素层级时才会出现，如图 4-34 所示。

（1）"插入顶点"按钮可以在选中的元素的面上插入新的顶点，新插入的点自动和面上原有的点进行连线，编辑多边形中的插入顶点命令。

（2）"翻转"按钮可以将选中的元素的法线面进行翻转，使渲染可见。

4.2.7　编辑几何体卷展栏

"编辑几何体"卷展栏是一个公共卷展栏，如图 4-35 所示。

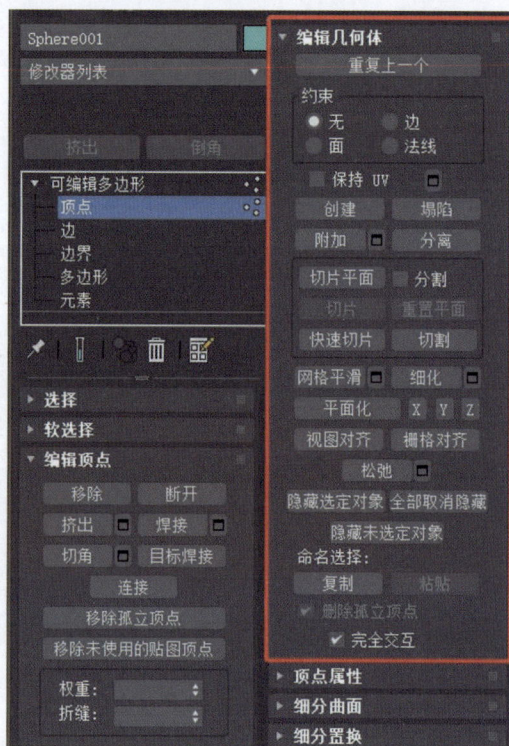

图 4-34　"编辑元素"卷展栏

图 4-35　"编辑几何体"卷展栏

（1）"重复上一个"按钮用于重复执行最近的命令，快捷键是"；"。

（2）"约束"组用于约束当前选中的层级对象在移动或变形时的边界范围，"无"表示没有约束。

（3）"创建"按钮会根据当前激活的层级确定将创建哪个层级的对象。

（4）"塌陷"按钮能把选中的顶点、边或面或修改器合并为一个，在建模中经常使用。

（5）"附加"按钮可以将几个独立的模型附加为一个模型。

（6）"分离"是"附加"的反命令，可以将当前选中层级的对象分离出去，可以分离为另一个对象,也可以分离为另一个元素。

(7)"切片平面"命令可以选中需要切片的面,"切片平面"按钮激活时,会在场景中间放置一个剪切平面,平面可以进行移动、缩放和旋转操作。配合"切片"按钮,可以将场景模型中选中的面沿切片平面切出一条线,相当于在面上绘制了一条线,没有把面切开;如果选中"切割",则会真正把面切开。当想让切片平面放置在最初的位置上时,可以单击"重置平面"按钮进行复位。

(8)"快速切片"命令激活后,可以在场景中画两个点以确定一条线,对模型或模型的某些面进行切片处理,可以结合捕捉命令一起使用。

(9)"切割"命令可以在点、边和面上进行切割处理,在点、边和面上切割时要注意鼠标状态,以确定切割的是哪个对象。

(10)"网格平滑"用于平滑模型或子层级对象。

(11)"细化"用于指定细化程度,细化有"边"和"面"两种方法,可以单击"细化"按钮后面的方块进行设置。

(12)"平面化"用于将当前选中的层级对象沿其选择集的 X、Y、Z 轴对齐。

(13)"视图对齐"用于将当前选中的层级对象与视图坐标的平面对齐。

(14)"栅格对齐"用于将当前选中的层级对象与主栅格的平面对齐。

(15)"松弛"用于微调当前选中的层级对象位置,使其表面产生塌陷效果。

(16)"隐藏选定对象""全部取消隐藏"和"隐藏未选定对象"用来隐藏或取消隐藏选定或未选定的次物体层级对象。这三个按钮只有在"顶点""多边形"和"元素"层级下才被激活。

(17)"复制"用于复制当前选中的层级对象中已选择的集合到剪贴板中。

4.2.8　绘制变形卷展栏

"绘制变形"卷展栏用于对模型进行细微调整,通过"推/拉""松弛"和"复原"三种操作模式,但每次只能激活一种模式,如图4-36所示。默认情况下,变形发生在原始法线方向,可以使用更改的法线方向,也可以沿着指定轴进行变形。推拉值、笔刷大小和笔刷强度都可以进行详细设置。

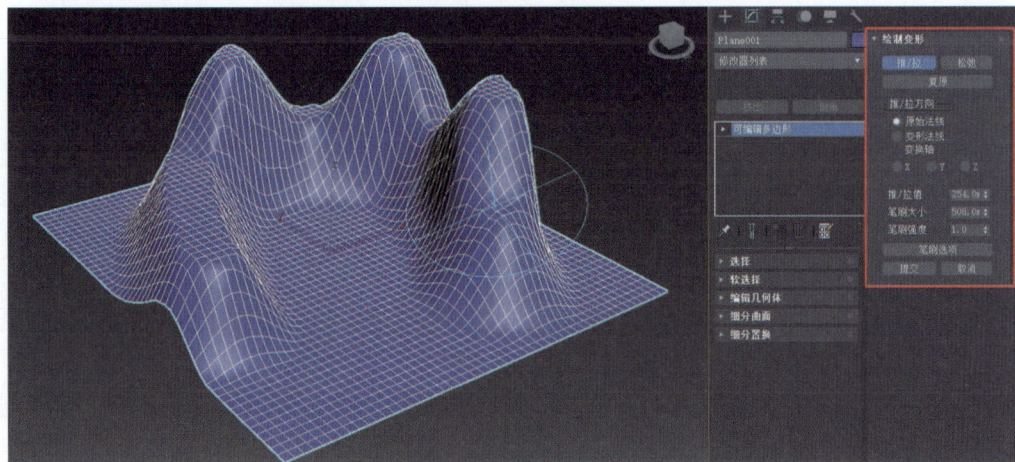

图4-36　"绘制变形"卷展栏

任务4.3　特殊建模方法

4.3.1　快照建模

快照建模的原理是将模型的动画进行预演，通过对动画过程中某些帧进行快照定格的方式进行建模，一般用于大批量重复模型的建模。

课堂案例4：制作"鱼骨吊灯"模型

制作一个尺寸为470mm×1900mm，40头的鱼骨吊灯，如图4-37所示。观察到它的造型是有运动规律的，我们可以使用快照建模的方法来创建。

制作"鱼骨吊灯"
模型

图4-37　鱼骨吊灯

在顶视图中绘制一个470mm×20mm×30mm的长方体。使用"旋转"工具使长方体沿 x 轴旋转−20°。在动画控制区，单击"自动"按钮，切换为自动关键点模式，拖动时间滑块到10帧，使长方体沿 x 轴旋转40°，如图4-38所示。

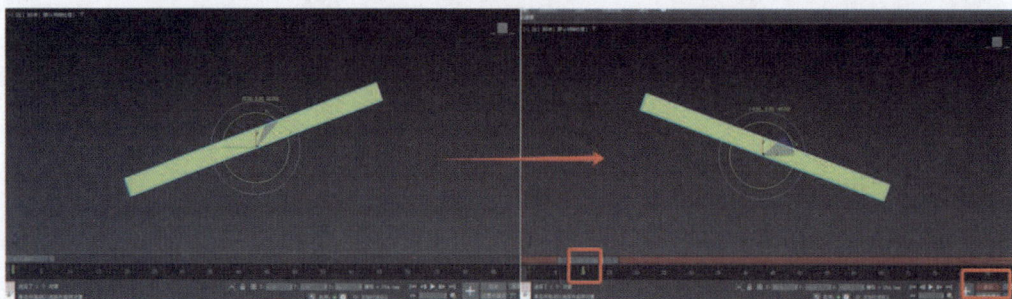

图4-38　长方体旋转

这时候从0帧到10帧已经有了长方体往复的动画，但只有一次动作，我们希望重复这个动作。因此，选中长方体，右击，打开"轨迹视图−曲线编辑器"，选择"编辑"→"控制器"→"超出范围类型"命令,在打开的"参数曲线超出范围类型"对话框中选择"往复",即达到我们预期的目的,如图4-39所示。

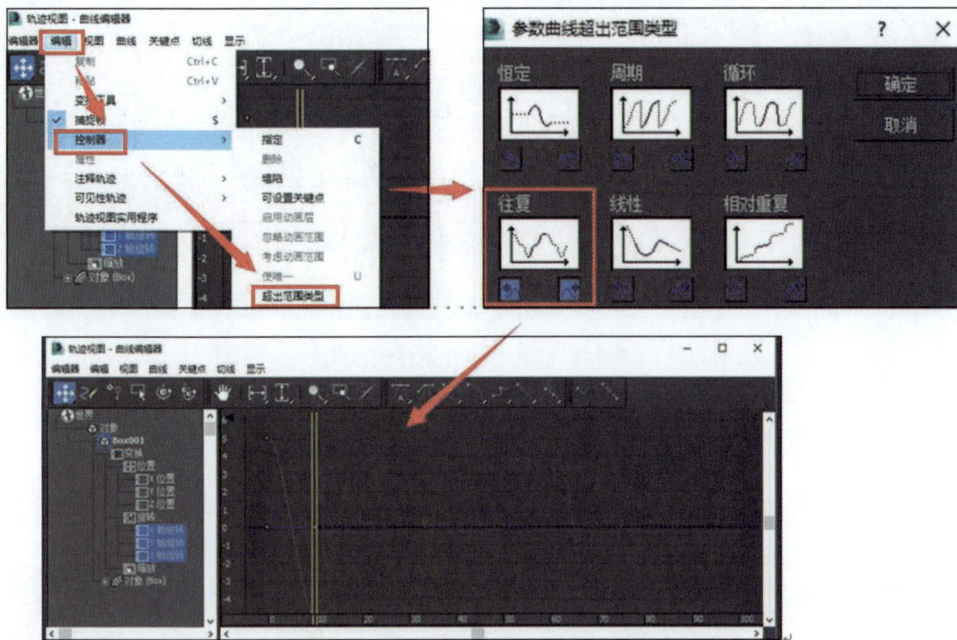

图4-39　设置往复运动

在顶视图中绘制一条长度为1900mm的直线(可以使用参照物来绘制),选择长方体,选择"动画"→"约束"→"路径约束"命令,选择直线路径,这时候长方体已经在圆弧路径上就位了,拖动时间轴,可以看到木板沿着直线路径运动。

选中长方体,选择"工具"→"快照"命令,打开"快照"对话框,设置副本数为40,如图4-40所示,这时就完成了鱼骨吊灯的形态设置。最后为直线设置可渲染属性,调整相关参数,最终效果图如图4-41所示。

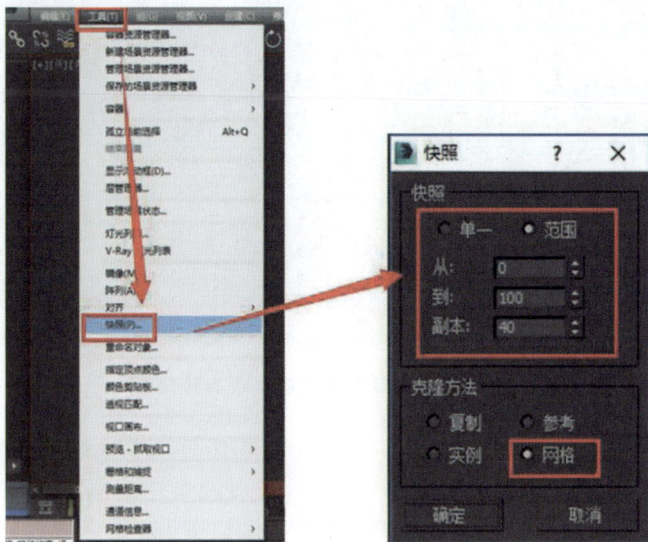

图4-40　"快照"命令及"快照"对话框

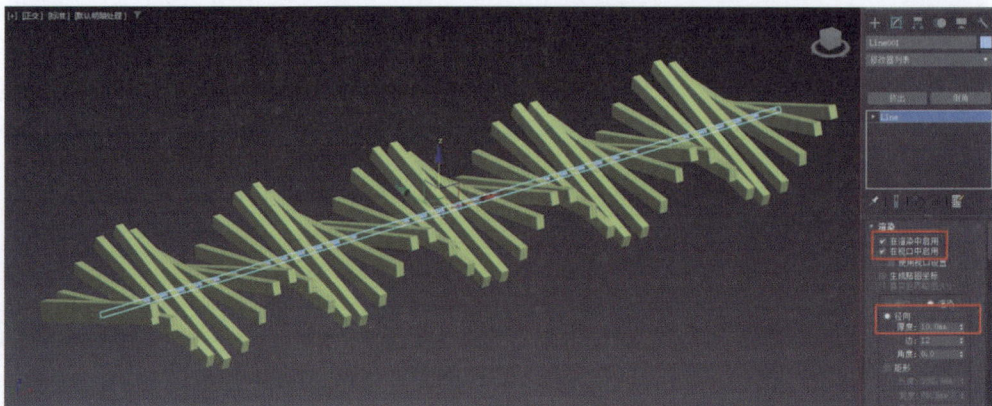

图 4-41 鱼骨吊灯最终效果图

4.3.2 服装生成器建模

服装生成器也称 Garment Maker，可以配合 Cloth，模拟布料的效果，我们可以利用该修改器产生的随机三角面制作一些无序的模型。服装生成器只对二维样条线进行添加。

课堂案例 5：制作"沙滩石头堆"模型

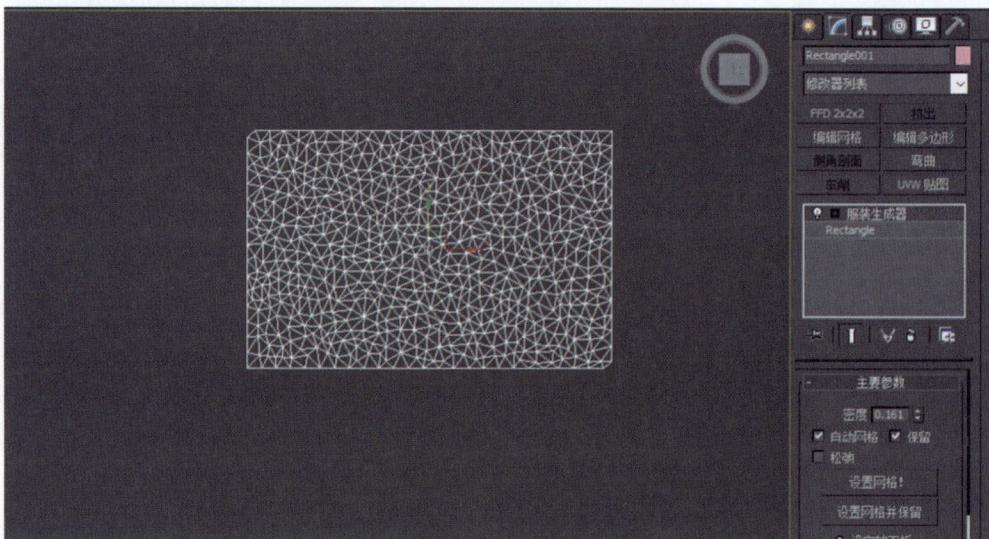

在顶视图中绘制一个矩形，添加"服装生成器"修改器，如图 4-42 所示。

制作"沙滩石头堆"模型

图 4-42 矩形添加服装生成器修改器

这时会发现矩形的两个角不是那么完整，因此在对矩形进行"服装生成器"修改器添加的时候先将矩形转换成可编辑样条线，再对四个角的点进行"断开"处理，然后添加"服装生成器"修改器，在"主要参数"卷展栏中调节"密度"，如图 4-43 所示。密度值非常敏感，调节的时候要特别注意，否则容易造成内存溢出。

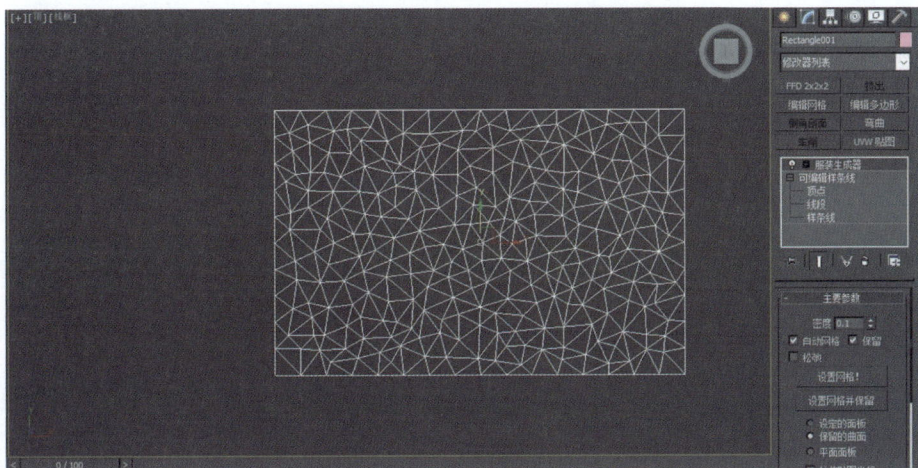

图 4-43　设置参数

将该模型转换成可编辑多边形，进入"边"层级，全选所有边，进行"分割"；再进入"面"层级，全选所有面，进行"挤出"；进入"边界"级别，全选所有边界，进行"封口"，效果如图 4-44 所示。

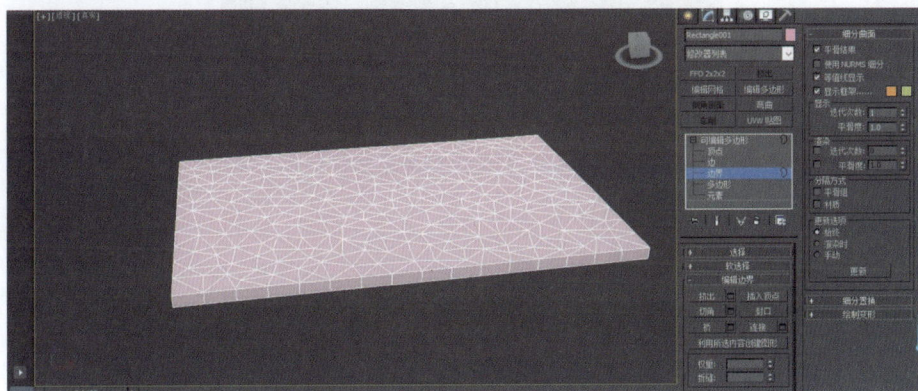

图 4-44　分割边，挤出面并封口

对这个模型添加"涡轮平滑"修改器，设置"迭代次数"为 2，这时就得到了沙滩石头堆的模型效果，如图 4-45 所示。

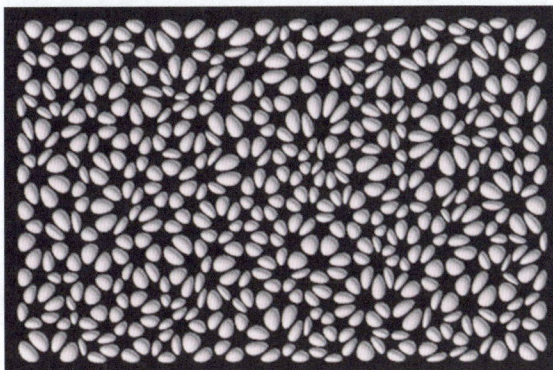

图 4-45　沙滩石头堆最终效果图

任务 4.4　特殊鱼群造型装饰

制作特殊鱼群造型装饰，如图 4-46 所示。

图 4-46　特殊鱼群造型装饰

（1）在前视图中绘制平面，长度分段为 2，宽度分段为 4，再把平面转换成可编辑多边形，使用缩放工具对点进行调整，得到鱼的大致形态，如图 4-47 所示。

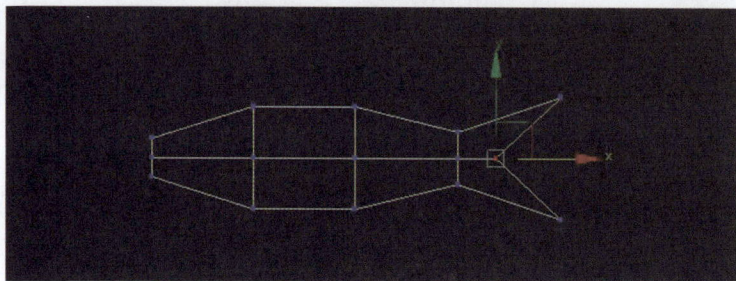

图 4-47　绘制鱼

（2）通过调整中间的点使鱼立体化，如图 4-48 所示。

（3）通过对多边形边界的挤出，再使用对称修改器，得到鱼的模型，如图 4-49 所示。

（4）如果想要更加平滑的效果，可以对鱼添加涡轮平滑修改器，如图 4-50 所示，完成以后将鱼转换成可编辑多边形备用。

（5）在创建面板的下拉菜单中选择"例子系统"中的"粒子云"，创建一个粒子云，使用"长方体发射器"，根据实际需求设置长、宽、高，视口显示为"网格"，如图 4-51 所示。

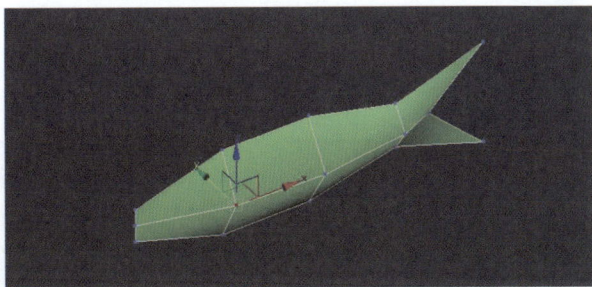

图 4-48 调整点

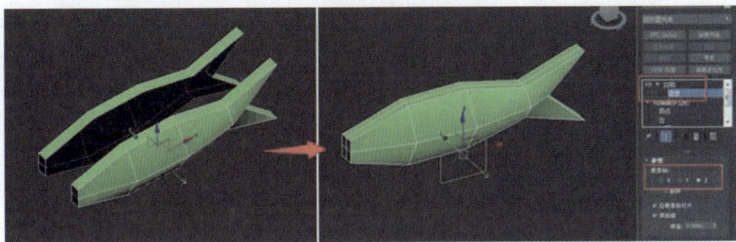

图 4-49 边界挤出并添加对称修改器

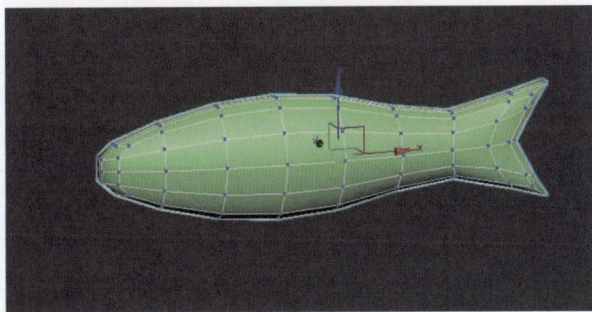

图 4-50 添加涡轮平滑修改器

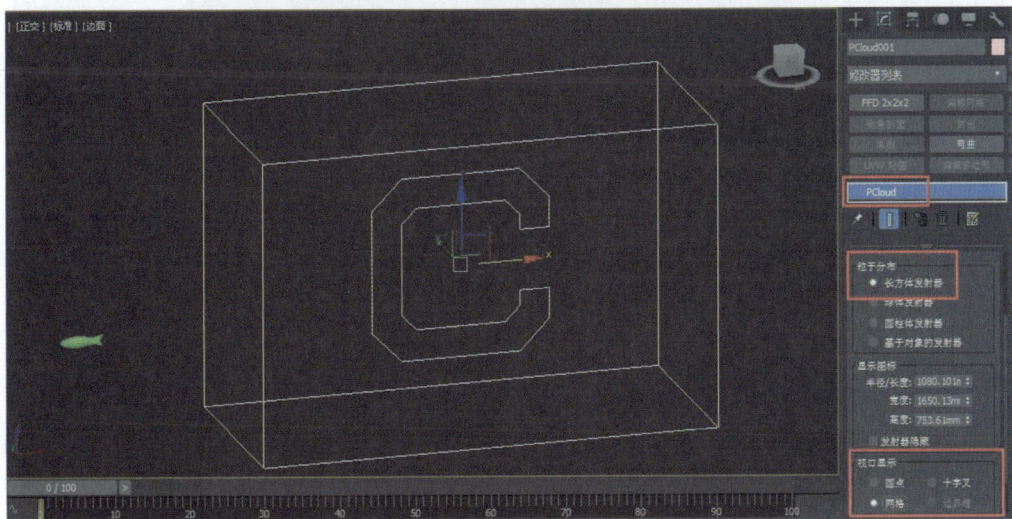

图 4-51 创建粒子云

（6）在"粒子类型"卷展栏中选择粒子类型为"实例几何体"，也就是前面建的鱼，在"实例参数"中拾取对象——鱼，这时发现场景中有零星的鱼，如图 4-52 所示。

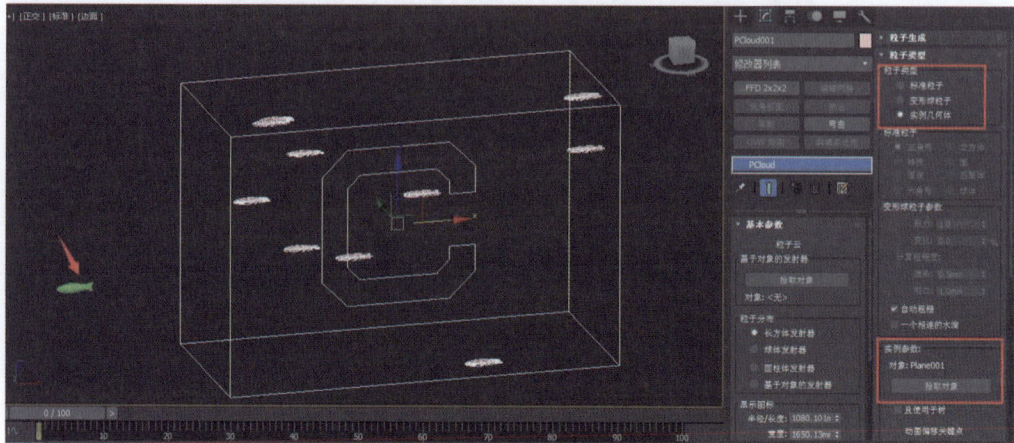

图 4-52　拾取对象——鱼

（7）但这时候发现鱼的方向不对，我们必须对鱼的原始模型进行相应的调整。进入鱼模型的元素级别，对其进行旋转，如图 4-53 所示。

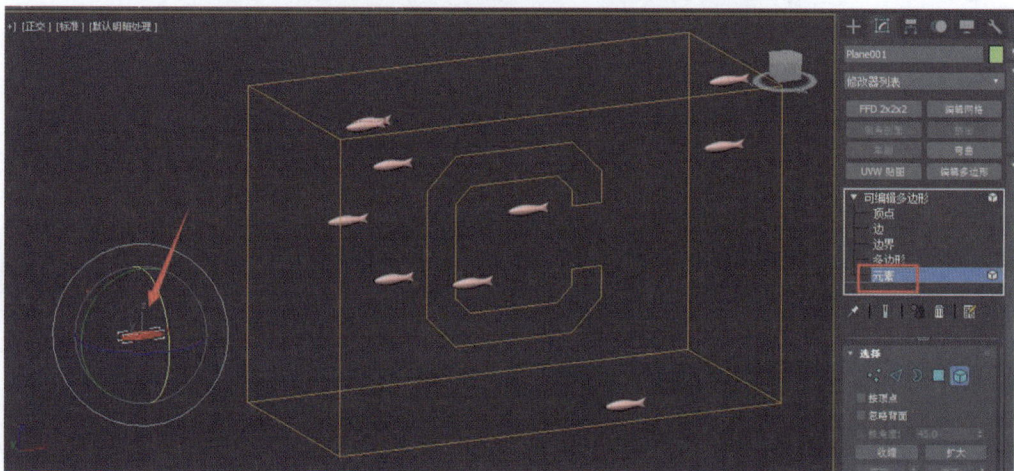

图 4-53　调整鱼的方向

（8）在"粒子生成"卷展栏中设置"粒子数量"为 100，"粒子大小"可以控制鱼的大小，"变化"可以控制鱼大小的偏差，设置参数如图 4-54 所示，这样就得到了大小不一的鱼群。

（9）由于粒子是不能进行编辑的，因此不能使用弯曲修改器达到效果图中呈现的效果，我们需要先将模型转换为可编辑多边形，再进行编辑。使用"复合对象"中的"网格化"，在视图中创建一个网格化的物体，如图 4-55 所示。

（10）在网格化的修改面板中"拾取对象"中拾取粒子模型，就得到了一个一模一样的鱼群模型，如图 4-56 所示。

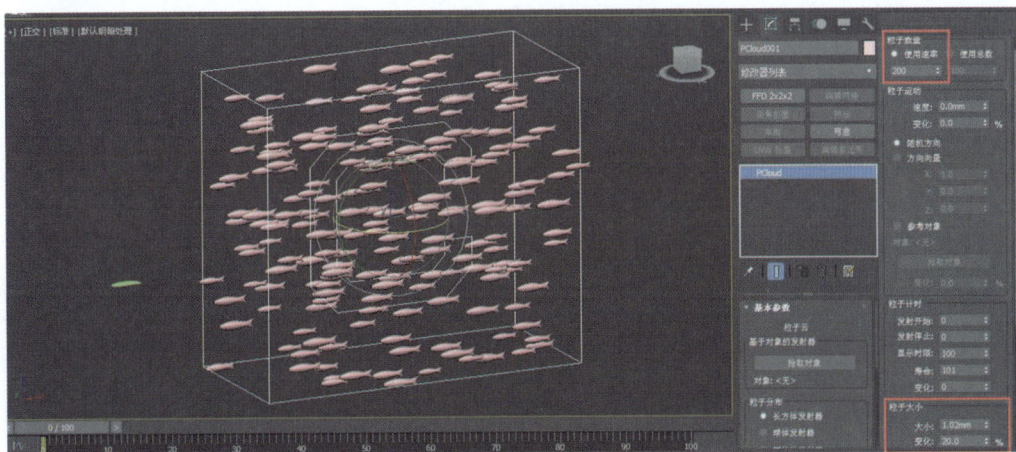

图 4-54　生成鱼群

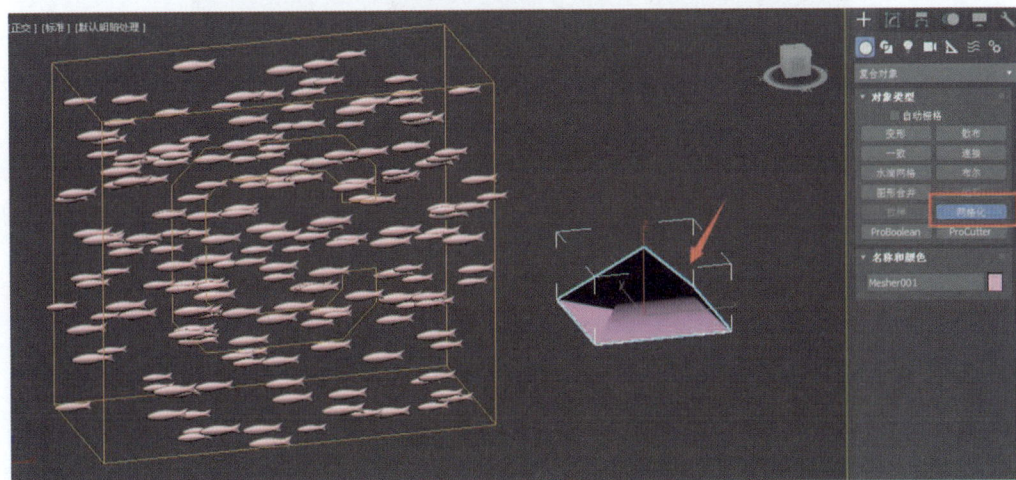

图 4-55　创建网格化

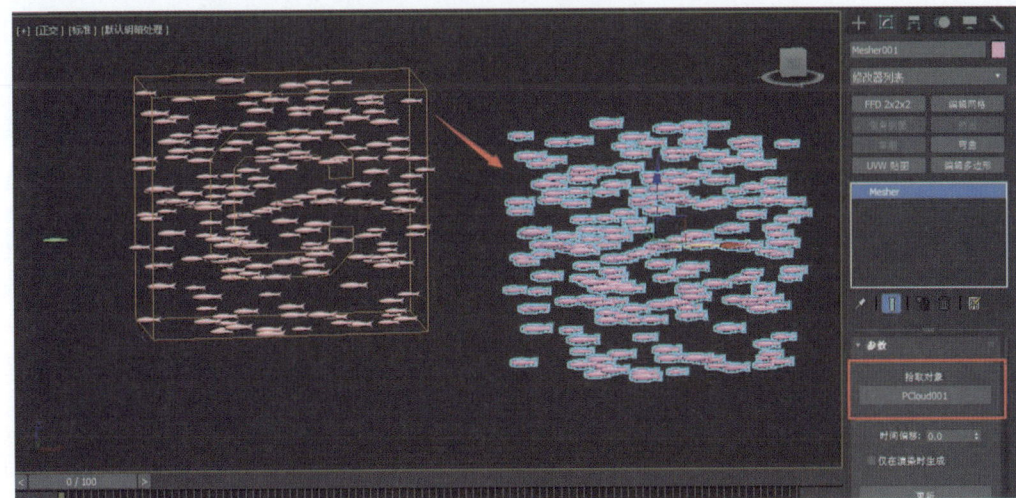

图 4-56　拾取粒子模型

（11）将得到的新鱼群转换成可编辑多边形，再添加弯曲修改器，如图 4-57 所示。应特别注意的是，如果弯曲时发现鱼被拉长，则可以复制鱼群后再进行附加，然后进行弯曲操作。

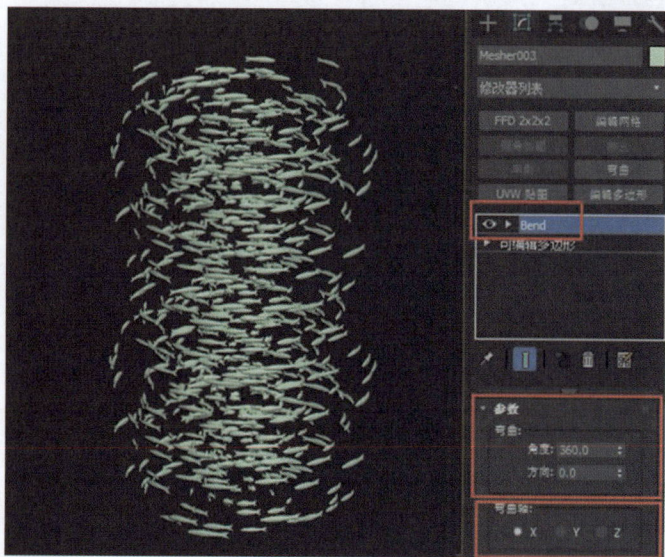

图 4-57　特殊鱼群最终效果图

项目重难点总结

本项目介绍了复合对象建模和多边形建模，详细介绍了多边形建模中各个层级的卷展栏以及一些特殊的建模方法。模型的制作是室内设计的基础，好的模型会为整个场景加分。通过复合与多边形建模的交叉应用，可掌握从简单几何体到复杂装饰造型的全流程设计逻辑，为后续场景搭建奠定技术基础。

项目5　渲染器概述

【素质目标】

在本项目的渲染器学习中,我们特别注重培养学生的耐心与细节把控能力。学生需要耐心钻研,深入探索渲染器的复杂功能,不断尝试与调整,以达到最佳渲染效果。这一过程不仅锻炼了学生的耐心,更使他们学会了如何细致入微地把控作品的每一个细节,从而提升作品的整体质量。这样的素养培养,有助于学生在未来无论从事何种工作,都能以严谨的态度和精湛的技艺脱颖而出。

渲染器概述

1.具备深入钻研与耐心解决问题的能力。

2.具备精准把控细节的能力。

3.具备优化作品的能力。

4.具备审美鉴赏能力。

5.具备高度责任心与良好职业道德。

【知识目标】

1.认识 V-Ray 渲染器。

2.掌握 V-Ray 渲染器的参数设置。

【能力目标】

1.理解 V-Ray 渲染器参数的基本原理。

2.掌握基本的 V-Ray 渲染器的渲染方式。

【本项目要点提示】

- 插件安装;
- V-Ray 渲染器的应用。

任务 5.1　安装 V-Ray 渲染器

在 3ds Max 中提供了多种渲染方式,它们都有各自不同的应用场合。其中"扫描线渲染器"是系统默认的原始创建命令,在 Mental Ray、Final Render、Brazil r/s、V-Ray 等全局光渲染器出现之前,扫描线渲染器是 3ds Max 模型渲染的基础。下面将重点介绍 V-Ray 渲染器的安装与应用方式。

解压和安装前先退出 360、电脑管家等所有杀毒软件,且 Windows 10 及以上系统需要关闭"设置"→"更新与安全"→"Windows 安全中心"→"病毒和威胁防护"→"管理设置"中的"实时保护",防止误杀破解工具,导致激活失败。根据计算机中安装的 3ds Max 版本选择相应的安装包下载,本书以 3ds Max 2024 软件为例。

1．解压

选中下载的安装包，然后右击，选择"解压到当前文件夹"，如图 5-1 所示。

图 5-1　解压安装包

2．安装步骤

双击解压后的文件夹，右击 1.vray_adv_61006_max2024_x64.exe 文件，选择"以管理员身份运行"命令，如图 5-2 所示。

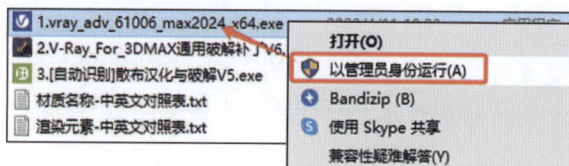

图 5-2　选择"以管理员身份运行"命令

阅读许可通知，选中 I accept the Agreement，同意协议，单击 Install 按钮安装，效果如图 5-3 所示。

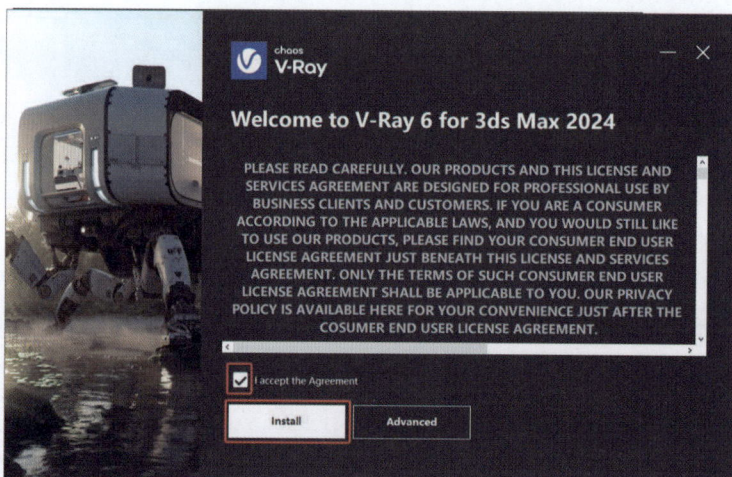

图 5-3　同意协议

如果在安装过程中出现弹框提示,如图 5-4 所示,需要关掉后台运行中的 3ds Max 软件。

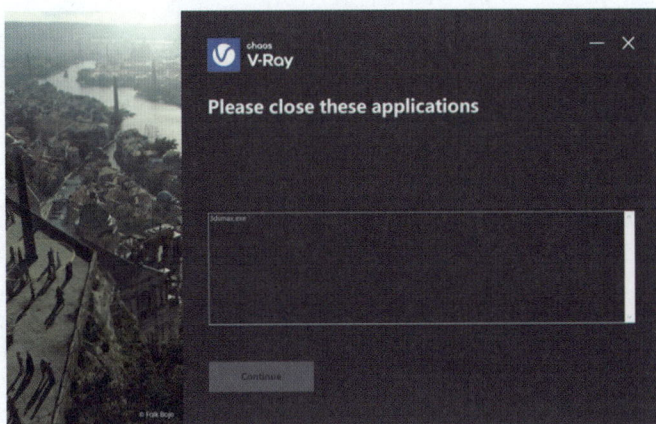

图 5-4　出错提示

关闭后台软件,单击 Continue 按钮就可以继续安装了,如图 5-5 所示。

图 5-5　继续安装

等待一段时间,等待读条,如图 5-6 所示。

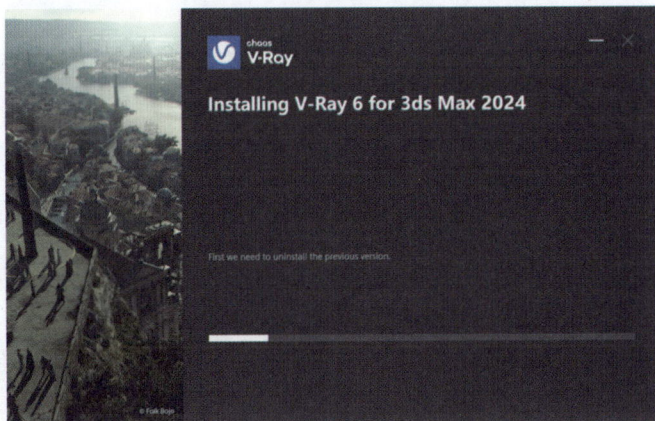

图 5-6　读条界面

读条结束后，单击 Done 按钮就结束安装了，如图 5-7 所示。

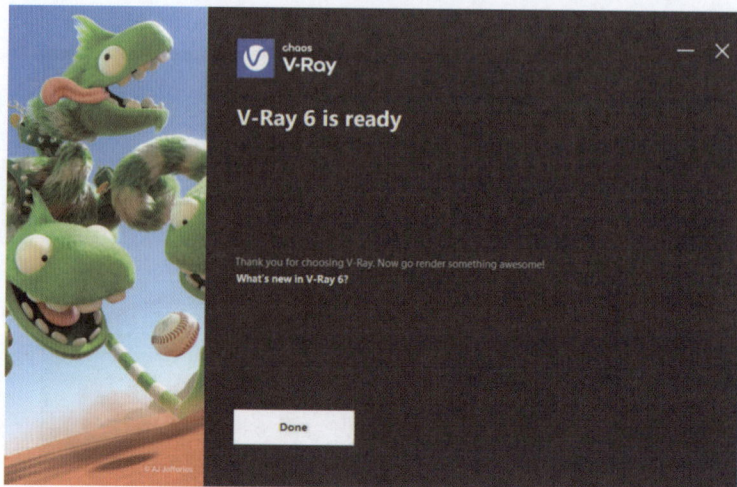

图 5-7　安装结束

3．破解

找到 2.V-Ray_For_3DMAX 通用破解补丁 V6.1.exe 文件，右击，选择"以管理员身份运行"，如图 5-8 所示。

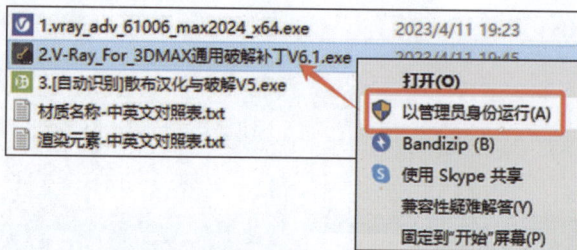

图 5-8　破解补丁

运行文件，确认自动识别 3ds Max 软件版本，单击"一键安装"按钮，如图 5-9 所示。

单击"完成"按钮结束安装进程，如图 5-10 所示。

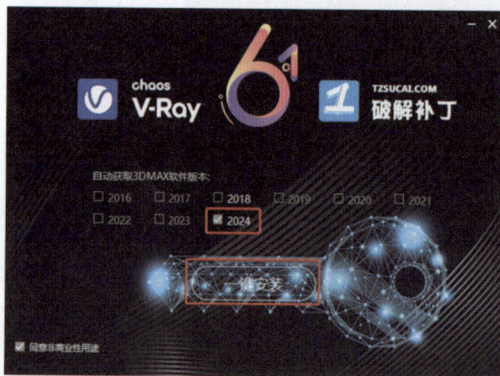

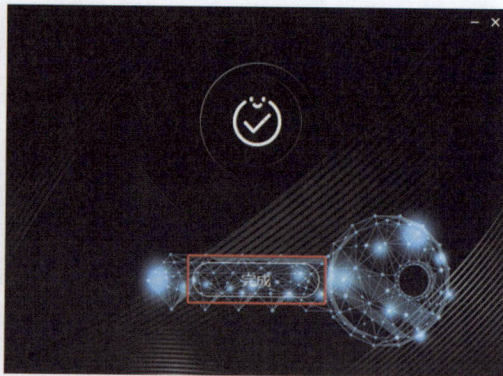

图 5-9　破解安装　　　　　　　图 5-10　结束安装

4．汉化

选中"3.[自动识别]散布汉化与破解 V5.exe"文件,右击,选择"以管理员身份运行",如图 5-11 所示。

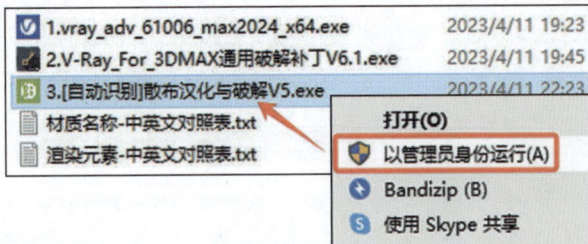

图 5-11　汉化文件

运行文件,单击"一键安装"按钮,如图 5-12 所示,文件也会自动识别软件版本。

图 5-12　汉化安装

读条完成后,单击"完成"按钮结束进程,如图 5-13 所示。注意取消选中"访问 TZ 素材网"。

图 5-13　结束进程

可打开 3ds Max 软件，若在"渲染设置"对话框中能够查找到对应的 V-Ray 渲染器条目，就能够确保安装成果，如图 5-14 所示。

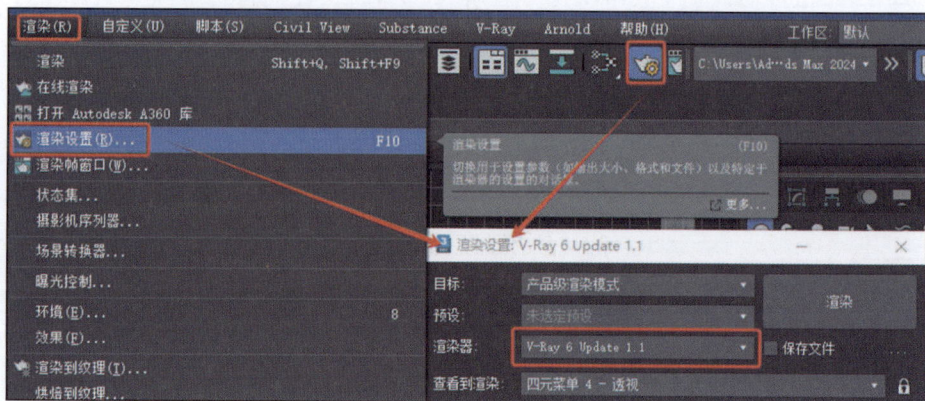

图 5-14　渲染设置

任务 5.2　渲染器的参数设置

在 3ds Max 中生成三维模型后，需要通过渲染来展现作品中的灯光、材质等的完整效果。不同的渲染器和不同的参数设置都能够对场景中的效果产生不同的影响。

3ds Max 的默认渲染器为扫描线渲染器，它的渲染速度比较快，但对应的缺点是渲染的质量不够高。因此，为提高渲染质量，本任务将提供 V-Ray 渲染器的两套渲染参数供读者参考：一套是适用于快速渲染的低精度渲染测试参数，另一套是应用于最终渲染的高精度渲染参数。

选择"渲染"→"渲染设置"命令，在弹出的对话框中，单击"渲染器"一栏的下拉按钮，调整渲染器为 V-Ray 6 Update 1.1，如图 5-15 所示。目前渲染器一般使用 CPU 运算的类型，不用显卡（GPU）计算的选项。

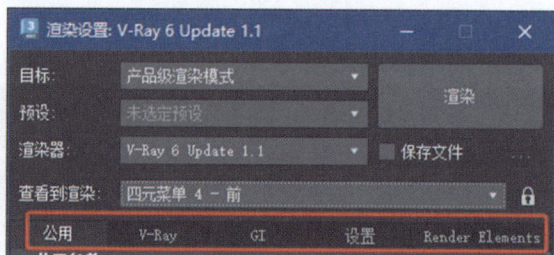

图 5-15　"渲染设置"对话框

如图 5-15 所示，渲染设置编辑器中有 5 个选项卡：公用选项卡、V-Ray 选项卡、GI 选项卡、设置选项卡以及 Render Elements 选项卡。

5.2.1　公用选项卡

在如图 5-16 所示的"时间输出"选项区中，可以选择是否渲染单帧图像或者是渲染有帧数范围的动画。

在如图 5-17 所示的"输出大小"选项区中,可以选择渲染输出大小、图纸像素大小。这里需要提到"像素"的概念,渲染图像像素是构成图像的基本单元,决定了图像的清晰度和细节程度,在图像渲染过程中起着关键作用。这里的宽度与高度是指输出图像的宽和高将由多少个像素点组成。图像越大,需要的渲染时长就会越长。因此在测试与决定渲染最终效果时,可以对图像大小进行区别控制。

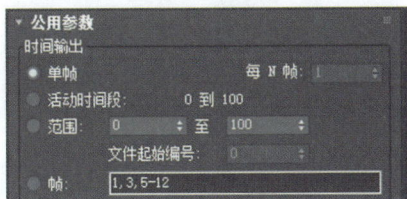

图 5-16 "时间输出"选项区　　　　图 5-17 "输出大小"选项区

这里有一些常用的图像尺寸,如按长宽比来举例,4∶3 比例中有 640×480、800×600;16∶9 比例中有 1280×720(720P)、1920×1080(1080P)、2560×1440(1440P)等,可根据实际情况进行调整。

在如图 5-18 所示的"渲染输出"选项区中,可以选择渲染图片的保存位置。单击"文件"按钮后弹出"渲染输出文件"对话框,可以选择保存路径,给文件命名,选择保存格式。

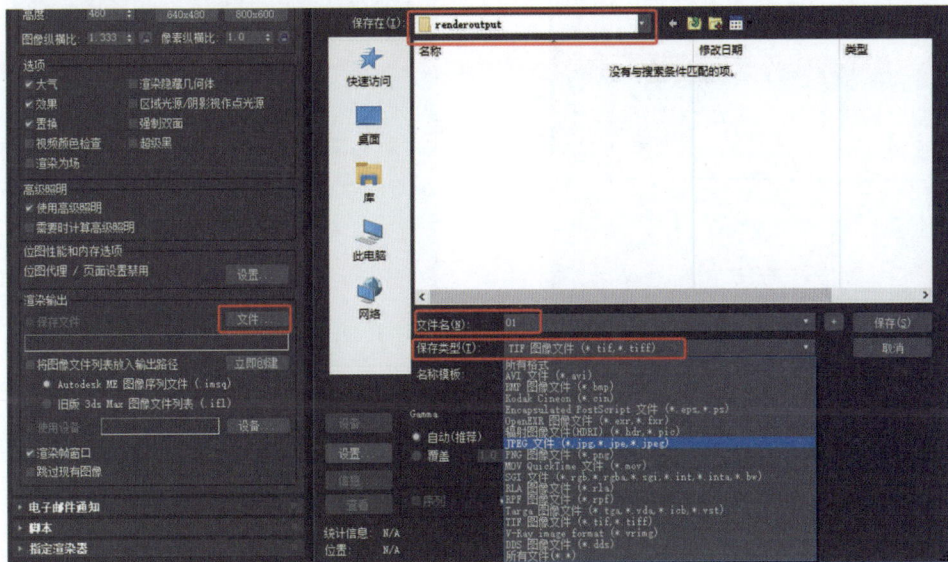

图 5-18 "渲染输出"选项区

当保存格式为 JPEG 时,可以直接预览效果,单击"保存"按钮时会弹出如图 5-19 所示对话框,可进一步选择图像质量。

当保存格式为 TGA 或者 TIF 格式时,因为这两种模式几乎是无损保存,基本不会丢失图片信息,可通过 Photoshop 或者其他预览软件查看或后期编辑渲染效果图。

展开"指定渲染器"卷展栏,选择 V-Ray 6 Update 1.1 为默认渲染器,如图 5-20 所示,在下次打开 3ds Max 时,就不需要再调整渲染器类型了。

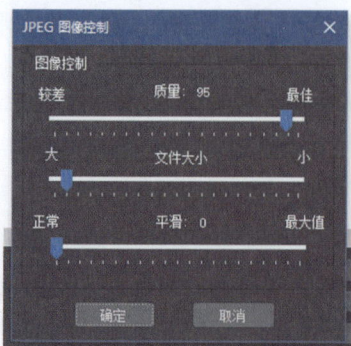

图 5-19　JPEG 图像控制

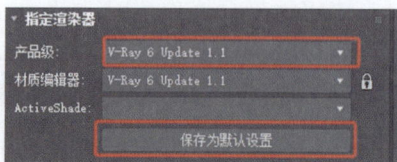

图 5-20　指定渲染器

5.2.2　V-Ray 选项卡

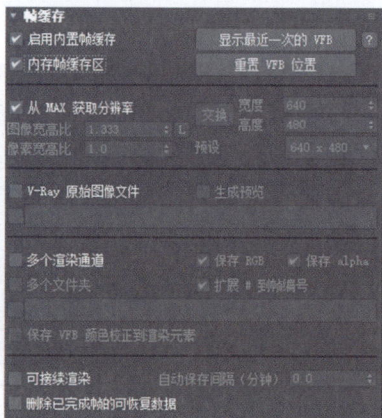

在如图 5-21 所示的"帧缓存"卷展栏中，涉及"帧"的概念。渲染一帧，就是渲染一张图片，对应的是渲染一段动画的序列帧概念。

在卷展栏中取消选中"启用内置帧缓存"，单击"渲染"按钮时，出现的是 3ds Max 默认渲染窗口，如图 5-22 所示。选中"启用内置帧缓存"，单击"渲染"按钮后，出现的是 VFB 渲染窗口，如图 5-23 所示。

V-Ray 选项卡

图 5-21　"帧缓存"卷展栏

图 5-22　3ds Max 默认渲染窗口

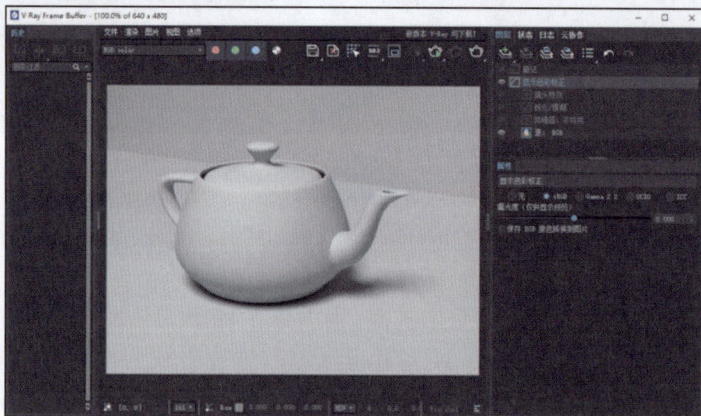

图 5-23　VFB 渲染窗口

可以看出，VFB 渲染窗口能够显示更多渲染信息，甚至可以直接调整渲染图片的参数，所以我们一般使用 VFB 渲染窗口进行渲染预览。如有窗口丢失的情况，可单击"显示最近一次的 VFB"或者"重置 VFB 位置"两个按钮进行复位。

在如图 5-24 所示的"全局开关"版面中，需要将"基本模式"更改为"高级模式"或"专家模式"，才能够显示出一些被隐藏的命令。

"灯光"控制场景内灯光的渲染效果；"隐藏灯光"控制场景里被隐藏的灯光是否在渲染图中起作用；"阴影"控制渲染图中物体遮挡部分的阴影是否显示；"反射/折射"控制渲染图中是否显示反射效果；"覆盖深度"控制渲染图中显示的反射次数，当不选中时，默认为反射 8 次，数字越大，渲染时间越长。

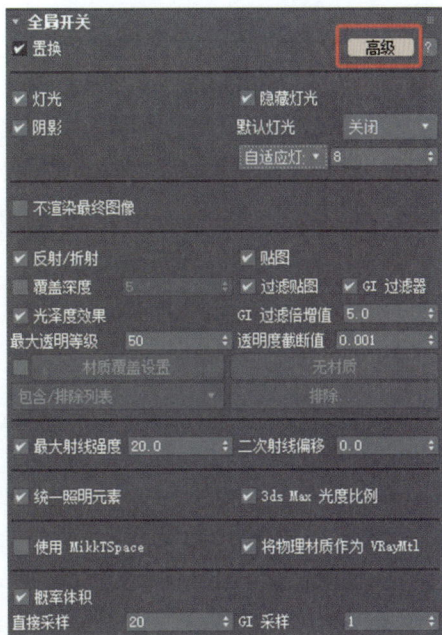

图 5-24　"全局开关"卷展栏

为了看清场景中灯光及物体明暗效果，可使场景中的物体统一使用灰色的 V-Ray 标准材质。选中"材质覆盖设置"，选择"无材质"→"材质/贴图浏览器"→ VRayMtl 命令，如图 5-25 所示。

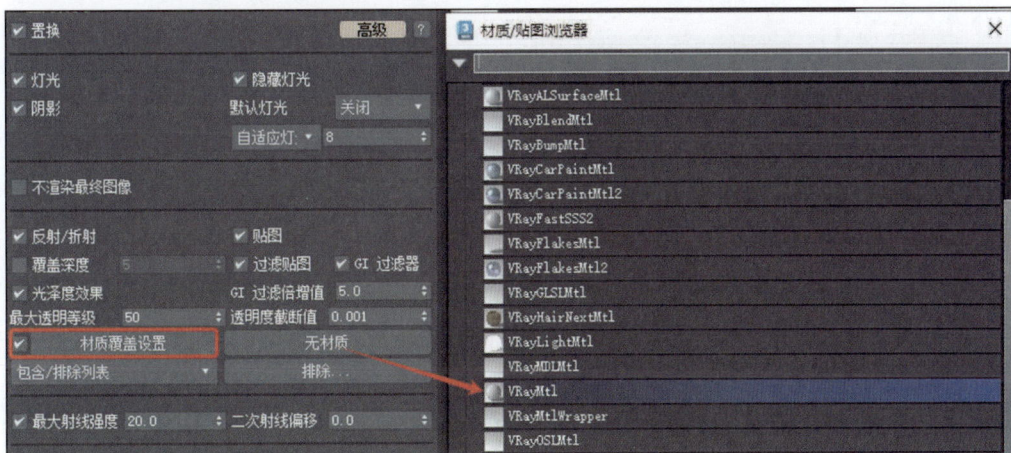

图 5-25　材质覆盖设置

如场景中存在透明玻璃或者贴图，可通过"材质覆盖设置"保留所需材质效果，如图 5-26 所示。也可在"排除"中设置某个物体的材质保留效果。

全局开关中的"二次射线偏移"是为了解决空间重面出现错误的一个选项，如图 5-27 所示。为了确保空间不会因为重面导致渲染出错，统一将数值更改为 0.001。

在如图 5-28 所示的"图像采样"版面中，渐进模式是对整图进行渲染计算，是从模糊到清晰的过程。块模式是对整张图进行小格子渲染计算，通过一次性渲染体现最终效果。

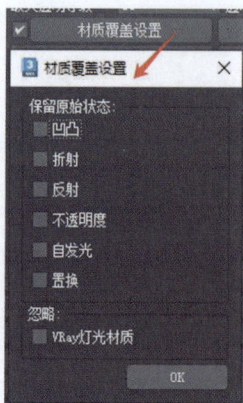

图 5-26　材质保留设置

图 5-27　二次射线偏移

图 5-28　图像采样

渐进式采样器可以迅速得到整张图片的反馈，在指定时间内渲染整张图片，或者一直渲染到图片足够好为止，可以在测试大概光感时考虑使用。

在如图 5-29 所示的渐进图像采样器 / 小块式图像采样器版面中，采样器的名字由图像采样的类型决定，它的参数对于渲染时长与渲染效果的影响非常大。

在小图的测试阶段，最小细分为 1，最大细分为 24，噪点阈值的参数为 0.01；在大图阶段，最小细分为 2，最大细分为 50，噪点阈值的参数为 0.001。

在如图 5-30 所示的"图像过滤"版面中，小图阶段不开启，大图阶段换成 Catmull-Rom，可以让空间转角马赛克效果变柔和。

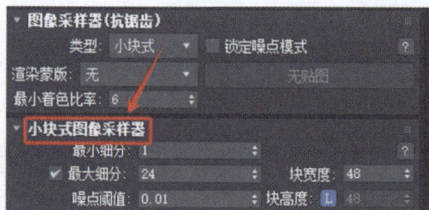

图 5-29　渐进图像采样器 / 小块式图像采样器

图 5-30　图像过滤

图像过滤器设置的错误，也有可能导致渲染画面黑暗等情况发生。

如图 5-31 所示，在室内空间中最常用的两种颜色贴图类型是指数与 Reinhard。

（1）指数：用指数类型的空间，灯光感觉比较柔和自然，灯光传递效果好，但是容易导致空间泛灰。而且场景的颜色色调相对比较缺失，比较适合塑造白天的灯光效果。

（2）Reinhard：可以尽可能地保持空间模型本身材质的色调感，空间明暗关系比较强烈，适合塑造氛围感强一些的空间。但是在控制场景中灯光效果时，容易出现曝光的情况。更适合表现晚上灯光效果。

图 5-31　颜色贴图

当参数中有伽马值的影响时，下方的模式需调整为"颜色映射和 Gamma"，如图 5-32 所示。

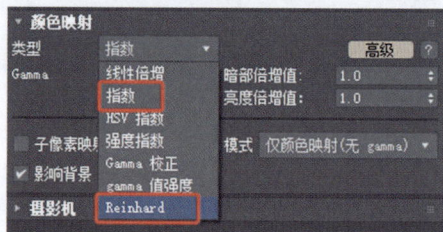

如图 5-33 所示,当颜色贴图类型为"指数"时,会出现"暗部倍增"和"亮部倍增"命令。

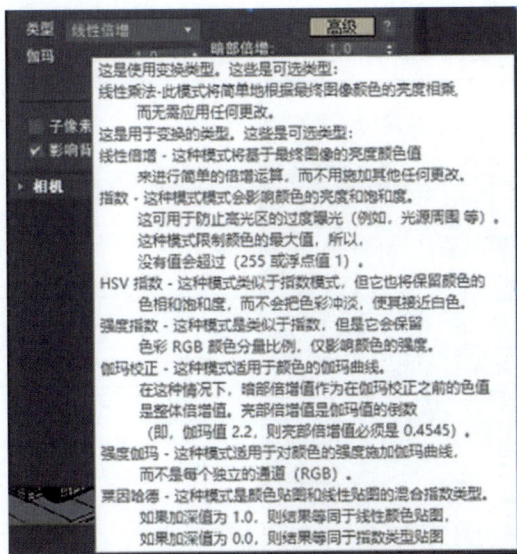

图 5-32　颜色映射和 Gamma

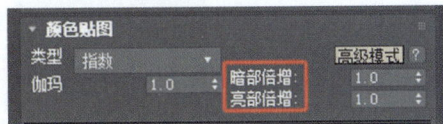

图 5-33　亮、暗部调整图

可对亮、暗部进行调整,如图 5-33 所示。

(1)暗部倍增:控制场景暗处的灯光效果。数值加大,则提升暗处亮度;数值减小,则压低暗处亮度。

(2)亮部倍增:控制场景亮处的灯光效果。数值加大,则提升亮部亮度;数值减小,则降低亮处的亮度。

为了更好地塑造空间明暗对比,可以将两个命令的参数配合使用。将亮部加强,暗部减弱,可提高空间的明暗对比度。

5.2.3　GI 选项卡

可以通过修改 GI 选项卡中的命令参数,控制场景灯光的传递效果,可以简单理解为场景灯光在空间不断反弹的过程。

可通过 A/B 图对比的方式观察"启用 GI"前后的效果。

如图 5-34 所示,可以通过选择"选项"→"VFB 设置"命令显示对话框。选中"开启",打开渲染历史。选中"使用项目路径",设置

GI 选项卡

历史保存位置。单击"保存并关闭"按钮,关闭对话框。可在渲染窗口点亮"历史"板块。

如图 5-35 所示,渲染一张关闭 GI 的图,单击▣,添加进历史,再渲染一张开启 GI 的图片,同样添加进历史。单击▦设置 A/B 对比图,能够进行左右不同参数的对比。图 5-35 中效果 A 预设为取消选中"启用 GI";B 为选中"启用 GI"。可见 A 图亮度明显弱于 B 图,因为关闭 GI 后,物体暗部不再反射光线。

在如图 5-36 所示的"全局光照"卷展栏中,首次引擎与二次引擎可选择的条件有"暴力计算""发光贴图""灯光缓存"。

123

"暴力计算"的效果是精细地模拟灯光每一条光线形成的间接照明,最精确,但速度慢;发光贴图是把场景模拟成很多点,计算每个点光线的反弹效果,点数决定速度与效果;灯光缓存是一种逆向计算,从摄像机发射路径,计算灯光反弹效果,因为摄像机外看不到的部分不进行计算,所以速度最快,细节也较少。

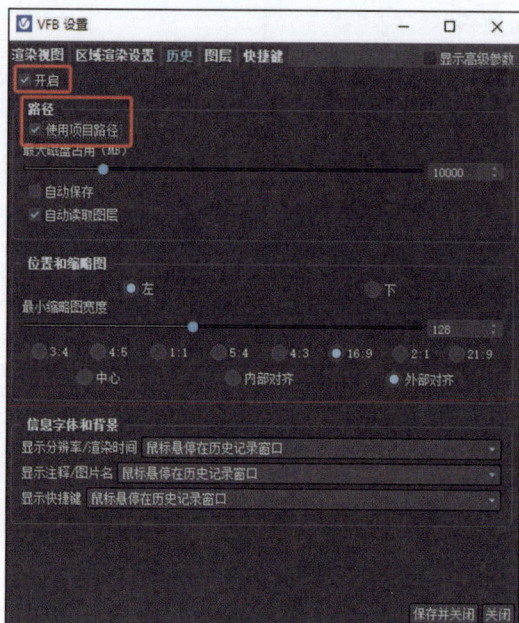

图 5-34　渲染对比

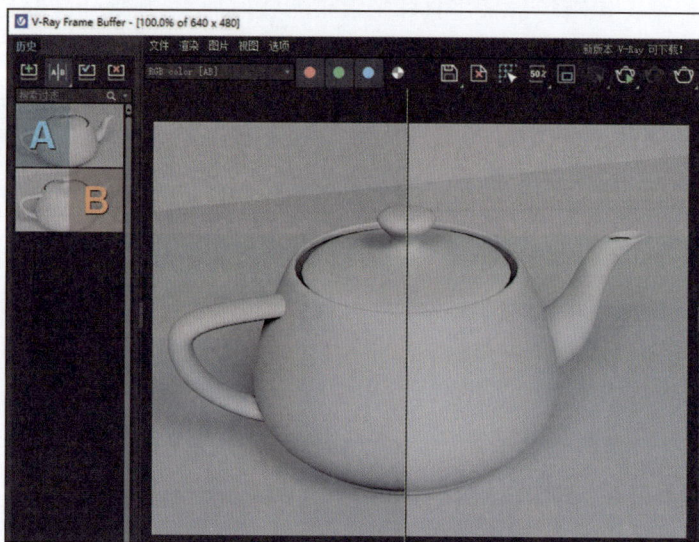

图 5-35　A/B 对比图

低版本中首次引擎主要是"发光贴图",二次引擎主要是"灯光缓存",但"发光贴图"在一些高版本中已停用。

如图 5-37 所示,当"首次引擎"设置为"发光贴图"时,"发光贴图"卷展栏被激活,可以控制场景的材质纹理效果高低。

图 5-36 "全局光照"卷展栏

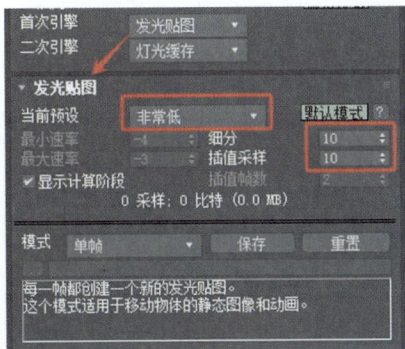

图 5-37 "发光贴图"卷展栏

小图测试时"当前预设"为"非常低","细分"以及"插值采样"数值为 10～20 即可。大图高精度渲染阶段"当前预设"为"中"。"细分"以及"插值采样"数值为 50～80。尽量不要设置为"高",否则光子渲染时间会很长。可根据观察到的渲染预览效果,调整细分及采样数值。

在如图 5-38 所示的"灯光缓存"卷展栏,可控制场景灯光细腻程度。小图灯光缓存为 100～200 即可,大图阶段设置为 1500～2500。

如图 5-39 所示,焦散是指直射光的聚焦、散光。将模式更改为"高级"后,出现一系列参数。"搜索范围"的数值越小,渲染图中光斑效果越明显;数值越大,光斑范围越大,效果越真实。通常数值范围可控制在 2～200(像素/世界)。"最大光子数"数值越大,渲染效果越模糊,0 为所有光子,通常数值范围可控制在 10～300。"倍增值"参数是指模型本体焦散强度,通常数值范围可控制在 1～20。"最大密度"控制焦散贴图分辨率:数值为 1 时,光斑效果小,边缘锐利;数值为 10 时,光斑效果大,效果模糊。

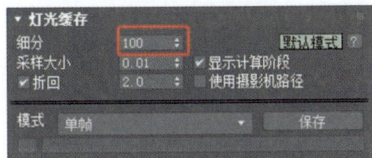

图 5-38 "灯光缓存"卷展栏

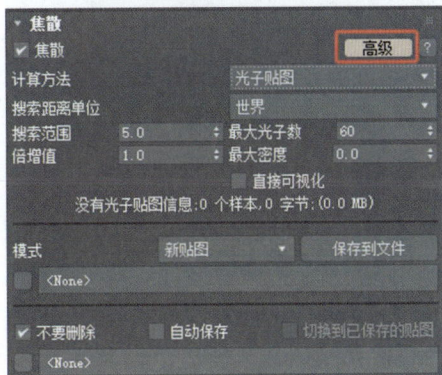

图 5-39 "焦散"卷展栏

5.2.4 设置选项卡

在如图 5-40 所示的"系统"卷展栏中,可以将"序列"设置为按照"顶→底"或者"左→右"模式渲染,方便后期使用 Photoshop 等软件进行图片合成。

5.2.5　Render Elements 选项卡

元素通道是添加或合并渲染元素的位置，用于后期调整和合成图片。需要后期调整时，元素通道如图 5-41 所示。

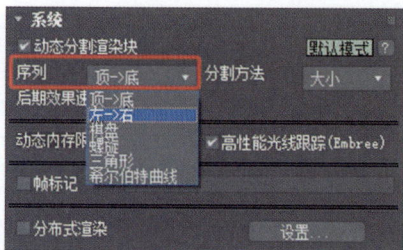

图 5-40　序列调整

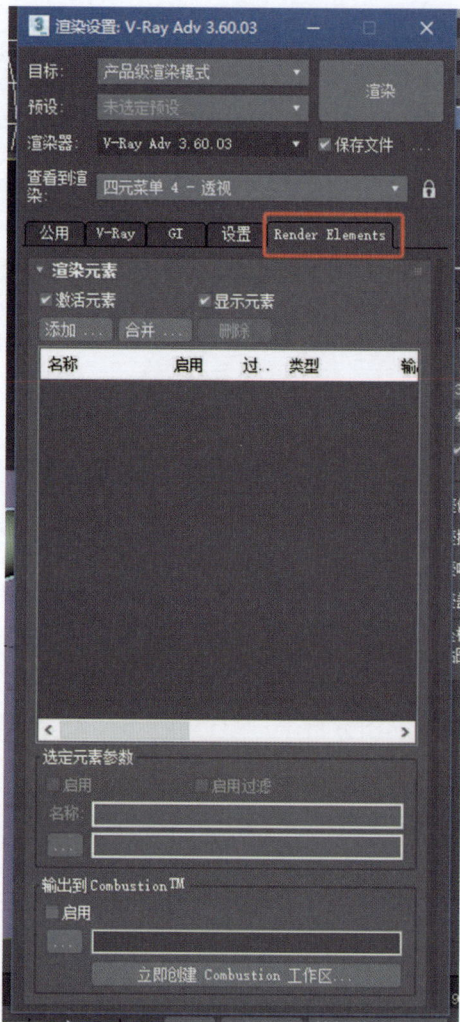

图 5-41　元素通道

项目重难点总结

在本项目中，首先介绍了如何安装 V-Ray 渲染器，为渲染器参数的设置打下基础。而后通过渲染器的参数设置，认识了"渲染设置"窗口中常用的命令与能够产生的渲染效果。通过低精度的小图测试效果与高精度大图预览效果参数的对比，加深对于渲染参数设置的认识，提高建模作品的展现力。如何根据实际情况设置各种参数是本项目的重点与难点。如何根据模型的特点选择合适的光照效果和渲染参数，如何能够举一反三，合理应用所学知识，是我们要继续研究的课题。

项目6 空间材质表现

【素质目标】

在 3ds Max 中对空间材质进行研究时,我们强调学生需深入探索并掌握技术层面的技巧,同时深刻理解材质背后所蕴含的文化与价值。学生需以严谨的学习态度对待每一种材质的选择与表现,运用精湛的技艺来体现出完整的作品效果与设计意图。例如,在模拟自然石材或木材等纹理时,学生不仅要在技术上追求逼真效果,更要在设计中融入对自然的敬畏和对可持续发展的追求。通过在 3ds Max 中对空间材质的研究,学生还能够培养空间想象力和创意表达能力,这将助力他们在未来职场中以专业素养和创新能力脱颖而出。此外,学生应能够自信地运用空间材质表现积极价值观和文化理念,为社会贡献创意丰富且充满人文关怀的设计作品。

1. 具备耐心解决问题与勇于多方尝试的能力。
2. 具备善于不断优化细节的能力。
3. 具备不断探索以达到最佳效果的能力。
4. 具备不同艺术风格的理解能力。
5. 具备高度责任心与良好的职业道德。

空间材质表现

【知识目标】

1. 使用 V-Ray 渲染器进行草图渲染预览。
2. 掌握贴图的设置方式。
3. 掌握常用材质特点与效果的表现方式。

【能力目标】

1. 理解 V-Ray 材质的编辑方式。
2. 掌握 V-Ray 材质的渲染方式。

【本项目要点提示】

- 草图渲染参数的设置;
- 贴图设置;
- 常用材质表现。

任务 6.1　设置渲染参数

在对场景及材质效果进行初步预览时,通常会选择草图渲染。当项目处在渲染阶段时,是非常耗费时间与计算机资源的,出现错误提示是很常见的情况。因此,希望通过草图渲染,得到一个快速的、近似的结果,快速评估场景的光照、材质和构图等效果，以便于调整后再次进行渲染测试。

6.1.1 草图渲染参数

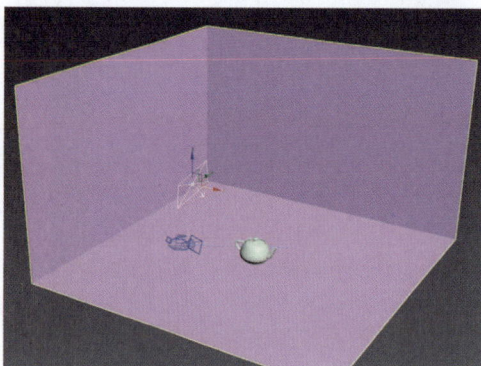

草图渲染参数

以 3ds Max 自带模型茶壶为例进行小图渲染测试。建立一个小场景，如图 6-1 所示。

单击"创建"面板，单击◉按钮，在"标准基本体"中选择"茶壶"类型，在操作窗口中创建茶壶。选中茶壶，将坐标设置为世界原点（0，0，0），在☑中修改半径为 40mm。

单击◉按钮，在"标准基本体"中选择"长方体"类型，单击"创建"面板，在操作窗口中创建长方体，坐标为原点（0，0，0），尺寸为 800×800×400，右击，选择"转换为："→"转换为可编辑多边形"命令，如图 6-2 所示。单击"元素"按钮⬛，选中长方体所有面，单击"翻转"按钮。

图 6-1　小场景建立

图 6-2　转换为可编辑多边形

如图 6-3 所示，右击长方体，选择"对象属性"，在弹出的对话框中选中"背面消隐"，创建一个室内环境。

选择"创建"→"灯光"→VRayLight 命令，在操作窗口中创建 V-Ray 平面光。移动至合适位置，调整灯光参数，如图 6-4 所示。后续可根据渲染预览效果进一步微调参数。

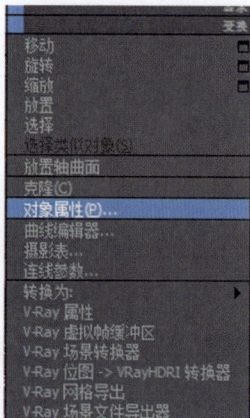

图 6-3　选择"对象属性"

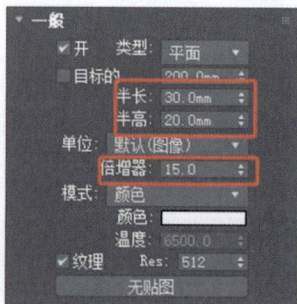

图 6-4　调整灯光参数

在菜单栏选择"创建"→"摄影机"→"自由摄影机"命令,如图6-5所示,摆放在场景合适的位置,可通过实时渲染,观察拍摄角度和渲染效果。

图6-5　创建摄影机

在菜单栏选择"渲染"→"渲染设置"命令,在弹出的对话框中,单击"渲染器"一栏的下拉按钮,调整渲染器为 V-Ray 6 Update 1.1,如图6-6所示。

在如图6-7所示的"输出大小"卷展栏中,将画面尺寸控制在较小范围内,如 800×600 像素。

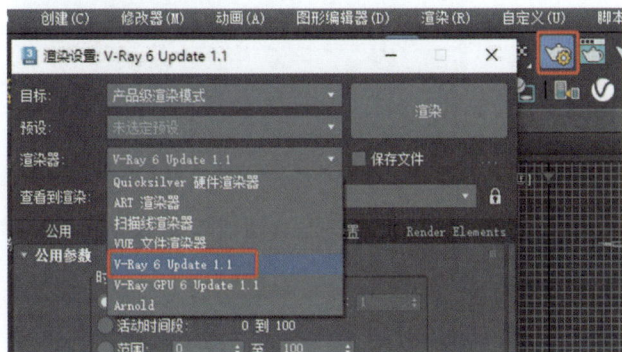

图6-6　调整渲染器

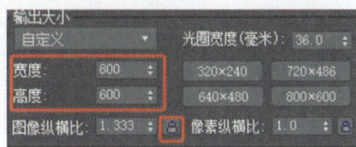

图6-7　设置输出大小

因是测试小图,不用在"渲染输出"组中设置保存路径,方便多次测试。

在 V-Ray 选项卡的"全局开关"中,取消选中"隐藏灯光",如图6-8所示。若场景中有不显示的灯光,选中该选项会隐藏灯光,但光效依旧会出现在渲染效果中。因此预览小图测试时,可以排除隐藏灯光的光效。

在"图像采样器"卷展栏中将类型改为"小块式",对应的是小块式图像采样器的细分数据。在草图参数中"最小细分"为 1 ~ 3,"最大细分"为 3 ~ 5,这里设置最小为1,最大为4,如图6-9所示。

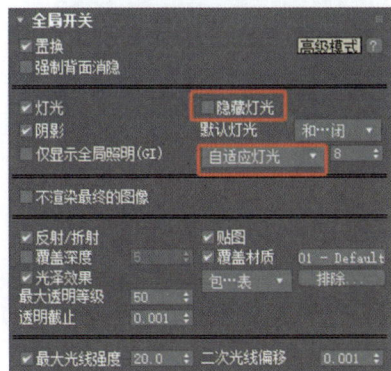

图6-8　"全局开关"卷展栏

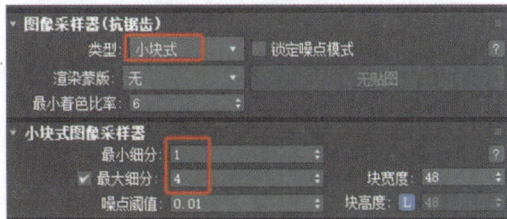

图6-9　"图像采样器"卷展栏

　　在如图 6-10 所示的"图像过滤器"卷展栏中，如是高精度大图，需要选择 Catmull-Rom 过滤器；而在草图参数中，可以不选择。

　　如图 6-11 所示，将"类型"改为"指数"。

　　在如图 6-12 所示的 GI 选项卡中，"首次引擎"为"发光贴图"，"二次引擎"为 "灯光缓存"。在草图参数中，"当前预设"为"非常低"，"细分"以及"插值采样" 数值为 10 ～ 20 即可。将"灯光缓存"卷展栏中的"细分"调整为 200 左右。

　　在"设置"选项卡中将"序列"设置为"左→右"或者"顶→底"。如果参数都 已设置完成，就可以通过"渲染"按钮进行渲染测试了，如图 6-13 所示。

图 6-10　"图像过滤器"卷展栏

图 6-11　"颜色映射"卷展栏

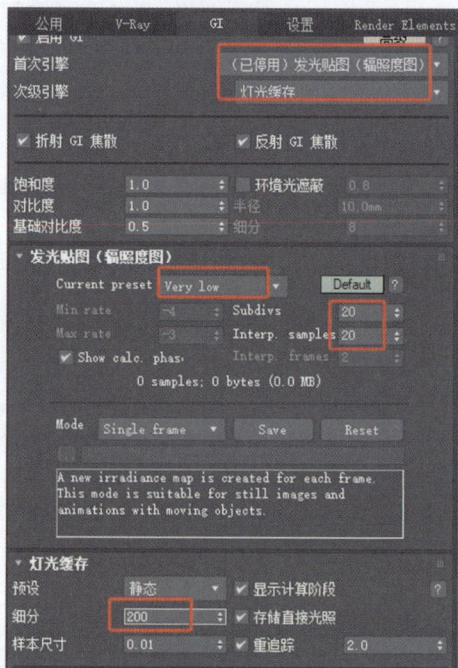

图 6-12　GI 选项卡

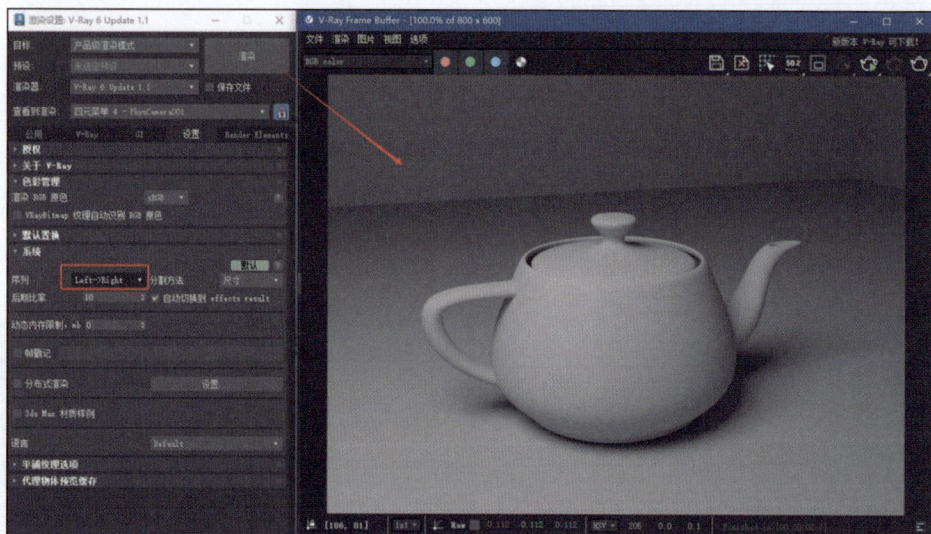

图 6-13　渲染测试

6.1.2　大图渲染参数

为了能在合理时间内获得高质量的渲染结果,我们可通过草图渲染进行测试,确认画面效果后,再通过参数的调整和优化,渲染高精度大图。

同上文的设置渲染测试场景,选择渲染器 V-Ray 6 Update 1.1,打开"渲染设置"对话框。

大图渲染参数

在如图 6-14 所示的"输出大小"组中,将根据画面效果,设置尺寸参数。单击 🅱 按钮,锁定图像纵横比。

如图 6-15 所示,在 V-Ray 选项卡的"全局开关"中,取消选中"隐藏灯光",不显示隐藏的灯光。将"自适应灯光"参数保持不变,或者按需从 8 改至 16,这比起"全灯光评估"的选择更有性价比,能在保证灯光效果的状态下减少渲染时间,提高渲染效率。

选中"覆盖深度"控制反射/折射深度的全局限制。禁用此选项时,深度由材质和贴图在本地控制。启用此选项后,所有材质和贴图都将使用指定的深度。参数越大,渲染时间越长。默认参数为 5,在没有多重玻璃的情况下,可以不改变参数。根据场景内玻璃效果,可适当提高参数,否则反弹次数不够,可能会出现玻璃材质发黑问题。

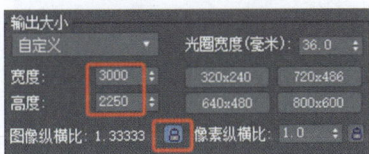

图 6-14　输出大小

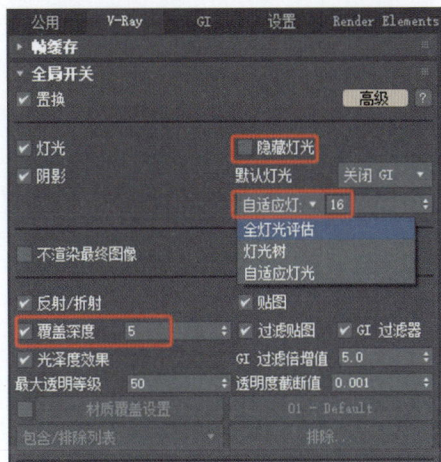

图 6-15　全局开关

如图 6-16 所示,在"图像采样器"卷展栏中将类型改为"渐进式",能够在渲染过程中快速预览渲染效果。"最小着色比率"参数调整在 12 或 24,数字越大,需要的渲染时间越多。对应的是渐进式图像采样器的细分数据,默认参数"最小细分"为 1,"最大细分"为 100,可以不调整。"最大渲染时间"可作为批量渲染时的保险操作,以防渲染时间过长,可按需限定在 60.0 分钟。"噪点阈值"可以减少图像噪点,根据时间充裕与否,在 0.002 ~ 0.005 范围内调整,数字越小,所需渲染时间越多。

在如图 6-17 所示的图像过滤器中,选择 VRayLanczosFilter 过滤器;而在草图参数中,可以不选择。使用 VRayLanczosFilter 后,渲染图像的边缘会更加清晰,细节更加丰富,整体视觉效果更加细腻和真实。

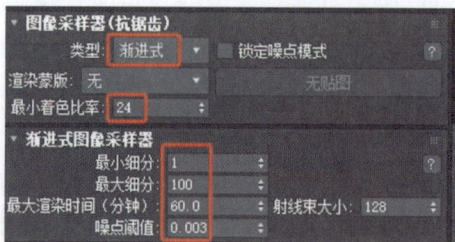

图 6-16　图像采样器

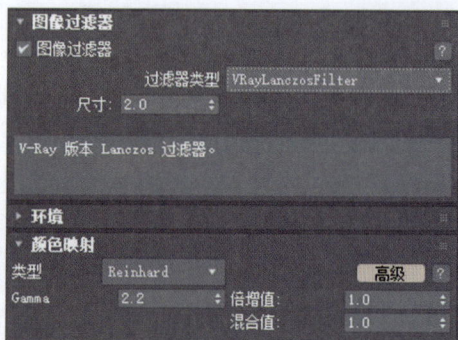

图 6-17　图像过滤器

　　"颜色映射"类型可根据场景需求：在白天场景改为"指数"；在夜晚场景保持 Reinhard 不变，可增加场景明暗关系。

　　在如图 6-18 所示的 GI 选项卡中，首次引擎为 Brute force，次级引擎为"灯光缓存"。饱和度与对比度可与小图测试保持一致。提高"灯光缓存"中"细分"参数，根据预计渲染时间控制在 1000 ~ 2000 内，过高的参数会使渲染时间过长。

　　在"渲染元素"卷展栏中添加降噪器 VRayDenoiser。选择"默认 V-Ray 降噪器"，选中"全景图"，如图 6-19 所示。

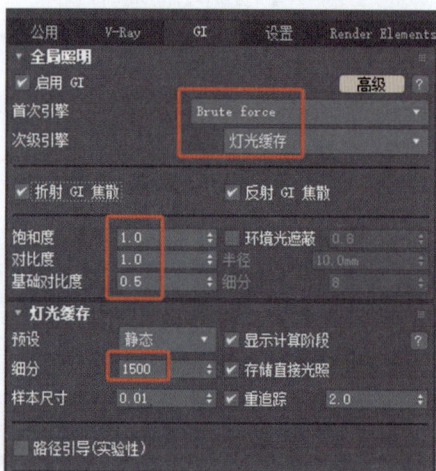

图 6-18　GI 选项卡

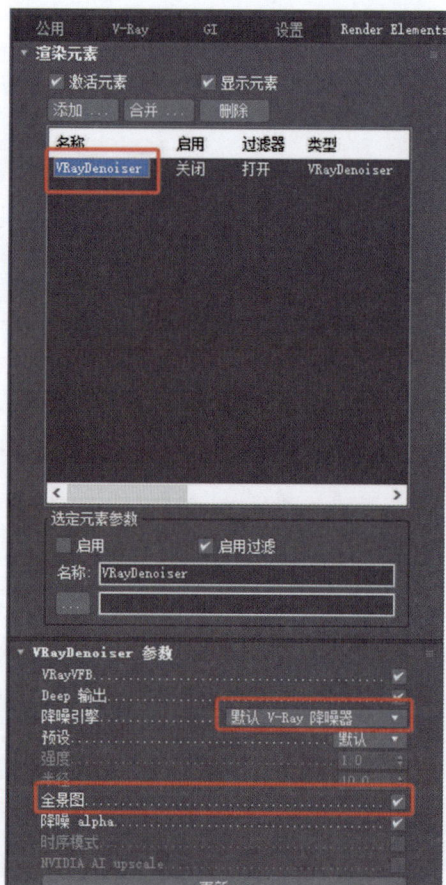

图 6-19　渲染元素卷展栏

若场景中有多种灯光,需要调整特定的灯光效果,如阴天、太阳光等,可添加VRayLightMix,即 V-Ray 灯光混合。

在设置完成后,可进行渲染测试,如图 6-20 所示。

图 6-20 渲染测试

任务 6.2 贴图设置

在三维模型制作完成后,材质与贴图成为展示作品渲染外观和质感的关键手段。通过对材质贴图的参数设置,可以为模型赋予丰富的外观特征,如木纹、金属质感、石材纹理等,使其更加真实和生动。

这些贴图不仅能增强模型的质感,表现出物体的光滑、粗糙、透明度等特性,还能丰富场景细节,提升作品的完整度和吸引力。此外,材质贴图参数的细节调整还可以减少渲染计算量,降低渲染时间,从而提高工作效率。

6.2.1 认识材质编辑器

按 M 键或在工具栏单击■按钮,可快捷打开材质编辑器。

材质编辑器有两种模式,单击"模式",可将模式切换为"精简材质编辑器"或"Slate 材质编辑器",如图 6-21 和图 6-22 所示。

材质编辑器窗口分为几个主要部分:材质球列表、预览窗口、参数调整区域。在材质球列表中,可以看到当前场景中使用的所有材质球。预览窗口会显示选定材质球的实时效果。在参数调整区域可以对选定的材质球进行各种属性的调整。

如图 6-23 所示,在精简材质编辑器中,可右击更改材质球显示数量。被选择的材质球图例四周出现高亮角标,表示当前所选材质球,可对其进行参数编辑。

在菜单栏选择"材质"→"更改材质 / 贴图类型"命令,选择对应的 VRayMtl 材质。也可直接单击更改材质类型快捷按钮,选择对应材质,如图 6-24 和图 6-25 所示。

在 Slate 材质编辑器中,可通过双击"材质 / 贴图浏览器",选择创建所需材质,或右击,选择"材质"→ V-Ray → VRayMtl 命令,创建所需材质球。

双击材质球边缘,出现虚线边框时,可在参数调整区域显示该材质球的基础参数。

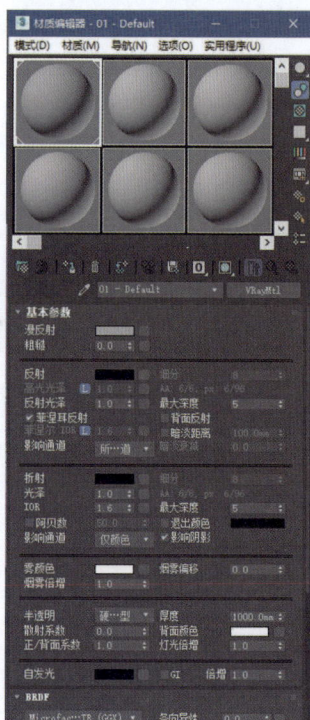

图 6-21　精简材质编辑器

图 6-22　Slate 材质编辑器

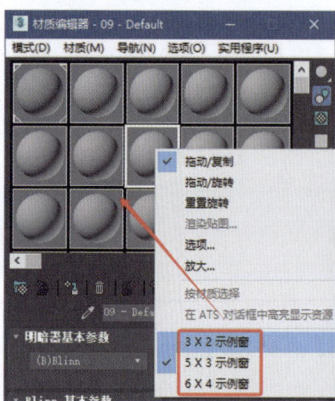

图 6-23　材质示例窗

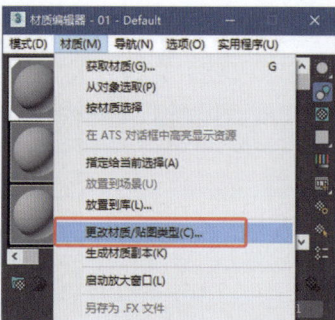

图 6-24　更改材质／贴图类型

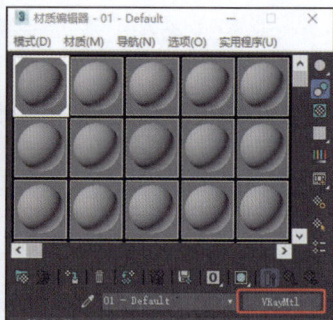

图 6-25　更改材质类型快捷按钮

　　如图 6-26 所示，在"基本参数"卷展栏中，可通过"漫反射"参数调整材质球颜色，曲面的实际漫反射颜色也取决于反射和折射颜色。

　　可通过"反射"参数指定反射量和反射颜色。

　　（1）反射光泽：控制反射的锐度。值为 1.0 表示完美的镜面反射；较低的值会产生模糊或有光泽的反射。

　　（2）菲涅耳反射：启用后，反射强度取决于表面的视角。自然界中的一些材料（玻璃等）以这种方式反射光。菲涅耳反射计算还可以在"微表面"级别上插值光泽反射和折射，以确保更自然的效果，同时随着光泽度的降低，掠射边缘的亮度会降低。

　　（3）菲涅耳 IOR：指定计算菲涅耳反射时使用的 IOR。通常，这被锁定到折射的

IOR 参数,但可以解锁以进行更精细的控制。

如图 6-27 所示,可通过"折射"参数指定折射量和折射颜色,任何大于零的值都可以启用折射。需要注意的是,实际折射颜色也取决于反射颜色。

(1)光泽:控制折射的锐度,值为 1.0 时表示完美的玻璃状折射;较低的值会产生模糊或有光泽的折射。

(2)IOR:指定材质的折射率,它描述了光线穿过材质表面时的弯曲方式,值为 1.0 时表示灯光不改变方向。

(3)阿贝数:增加或减少色散效果,启用此选项并降低值会扩大离散度,反之亦然。

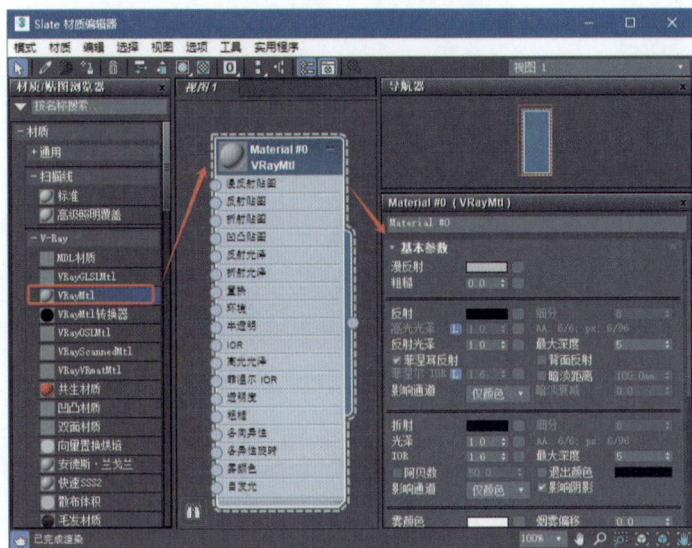

图 6-26 "Slate 材质编辑器"基本参数

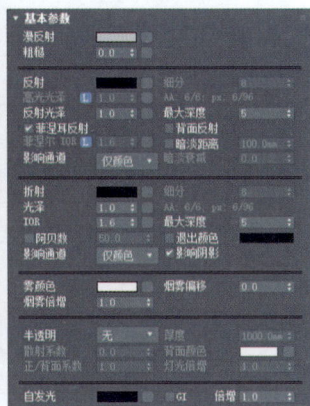

图 6-27 "精简材质编辑器"
材质基本参数

在精简材质编辑器中,单击 按钮,能够将调整好参数的材质球赋予场景中所选的对象,或在场景中实时观察已赋予对象的材质调整的情况,如图 6-28 所示。

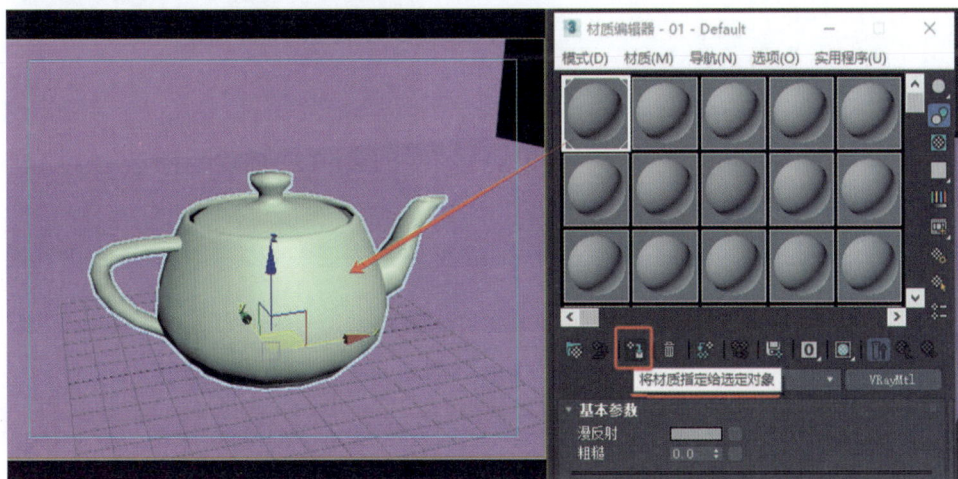

图 6-28 材质赋予

6.2.2 展开 UV 操作

以茶壶为例，对其进行展 UV 的操作。

创建一个茶壶，选择对象，选择"修改"→"修改器列表"→"UVW 展开"命令，如图 6-29 所示。

展开 UV 操作

添加"UVW 展开"后，模型上会出现自动映射后划分的绿色线条。在"选择"卷展栏中，可通过点、线、多边形模式，双击模型表面划分好的块面，对模型局部进行选择。点亮 ▦ 按钮，可对模型部分元素进行选择，如图 6-30 所示。

图 6-29 UVW 展开

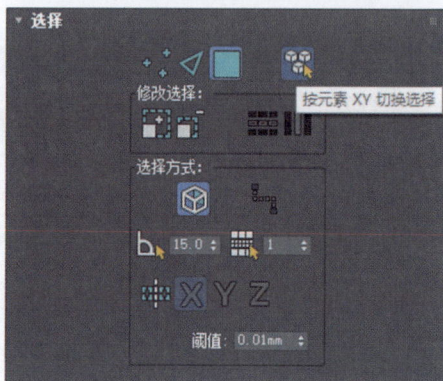

图 6-30 "选择"卷展栏

在"编辑 UV"卷展栏中，可单击"打开 UV 编辑器"按钮，对模型 UV 进行编辑，以便后续赋予模型以贴图，如图 6-31 所示。

在"剥"卷展栏和"投影"卷展栏中都可以对所选部分的 UV 进行不同方式的映射，可在 UV 编辑器中进行编辑与预览，如图 6-32 所示。对于不规则物体，可通过手动拆开边缘线的方式，进行自由映射。

图 6-31 "编辑 UV"卷展栏

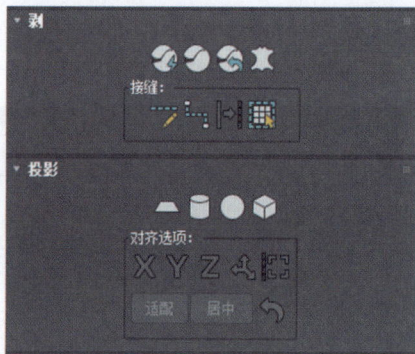

图 6-32 "剥"和"投影"卷展栏

像茶壶的壶身、壶盖等形状较规则的部分，可根据需求进行几何体形状的映射。

在 UV 编辑器中观察展开的 UV 效果，将各个部分按需展开后，调整所有块面的大小与布局，将其排列在第一象限中，避免重合，如图 6-33 所示，方便后续赋予材质与贴图。如有绘制贴图的需要，可导出 UV，转到 Photoshop 等软件中进行贴图的细节绘制。

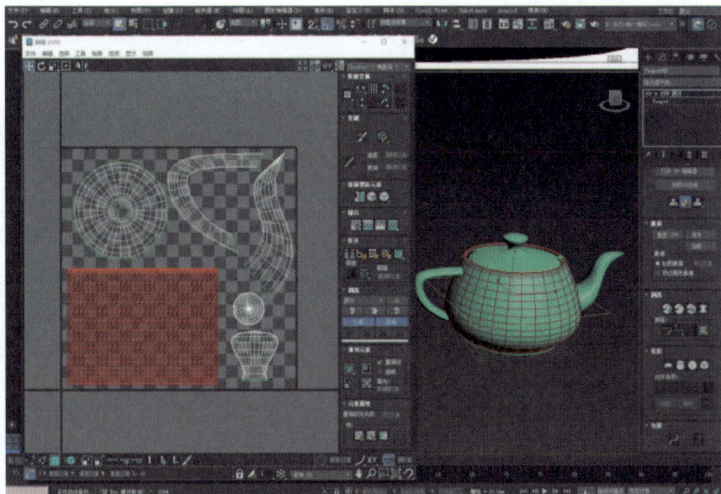

图 6-33　茶壶与其展开的 UV

任务 6.3　金属质感表现

在三维建模和渲染领域,材质的质感是通过对材质编辑器中的参数进行细致的控制来实现的。V-Ray 渲染器的一大优势便是参数设置简单,参数几乎内嵌在渲染设置与材质编辑器中。对于不同风格的材质设计,需要认真体会。

6.3.1　影响金属的因素

(1)颜色:金属通常也带有一定的颜色变化,这可能是因为氧化、锈蚀或长时间的使用痕迹。在渲染时,在漫反射通道选择接近物体的颜色,然后通过贴图来添加颜色变化,如锈迹、油渍或其他污染物的颜色。

(2)凹凸:凹凸属性用于模拟材质表面的微小起伏,这些起伏能够反射光线,从而增加材质的立体感和质感。在旧金属材质中,凹凸可以用来表现金属表面的磨损、划痕或拉丝纹理。通过使用凹凸贴图,可以在不增加模型复杂度的情况下增加表面细节。

(3)反射:金属材质的一个重要特征是其高反射性。在旧金属材质中,反射应表现出金属表面的高光和反射环境中的细节。

(4)透明度:虽然旧金属通常不是完全透明的,但某些部分可能因为锈蚀或孔洞而显示出一定的透明度。在渲染时,可以通过菲涅尔效应来控制透明度,使得金属边缘更不透明,而金属表面朝向摄像机的一面则更透明。

在实际渲染过程中,为了达到写实的旧金属拉丝古铜金属效果,可能还需要使用一些高级技巧,如使用光泽度(glossiness)贴图来控制高光的模糊程度,使用粗糙度(roughness)贴图来模拟金属表面的不完美,以及使用环境遮蔽(ambient occlusion)来增加阴影中的细节。

为了更加真实地模拟旧金属的质感,还可以考虑使用多个层级的贴图,如 Base Color、Normal map、Roughness map、Metallic map、Ambient Occlusion map 和

Reflection map 等。通过这些贴图的综合使用，可以极大地提高材质的真实感和艺术效果。

渲染金属材质时，灯光和环境设置也非常重要。恰当的灯光设置可以突出金属的高光和质感，而环境中的阴影和反射也能增强金属的真实感。通过调整摄像机的角度和参数，以及使用适当的渲染设置，将能够创造出非常逼真的金属渲染效果。

6.3.2　金属质感设置

金属材质的"金属度"参数越接近 1，金属质感越强。漫反射颜色控制不同类型金属的颜色，可根据所需材质性质调整颜色，如银质材质的漫反射颜色更接近白色。反射颜色控制金属高光颜色，需要调整成为金属颜色的同类浅色，所以反射颜色相比漫反射颜色较浅。

金属质感设置

以软件自带"茶壶"模型为例，按 M 键打开材质编辑器，赋予茶壶 VRayMtl 材质，进行基础材质参数设置。在"预设"中找到"金"材质参考参数，如图 6-34 所示。

如图 6-35 所示，按需求调整"漫反射"与"反射"颜色，"金"的材质颜色偏向黄色，反射颜色稍浅。质感较软的"金"材质并不会有太强的光滑度，可将反射"粗糙度"参数设置为 0.1。将"金属度"调整为 0.8，减弱对环境的反射效果。

为茶壶设置背景与灯光，渲染测试，得到如图 6-36 所示金属效果。

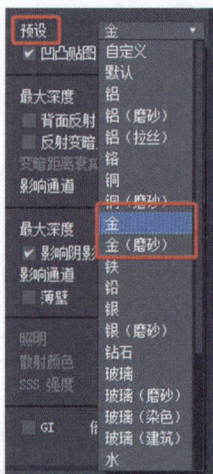

图 6-35　金属参数设置

图 6-34　材质参数设置

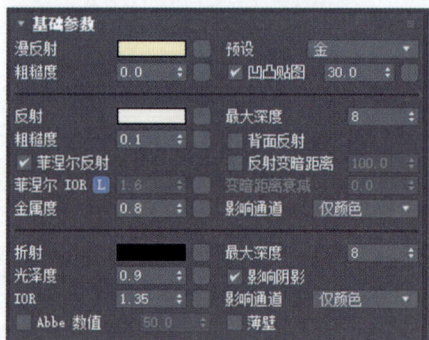

图 6-36　金属渲染测试效果

6.3.3　拉丝古铜金属质感设置

以软件自带"茶壶"模型为例，按 M 键打开材质编辑器，赋予茶壶 VRayMtl 材质，进行基础材质参数设置。在"漫反射"中调整一个暗金色的颜色，参数如图 6-37 所示。

在"反射"中调整一个合适的反射颜色,参数如图 6-38 所示。"反射光泽"为 0.85,影响通道为"仅颜色"。

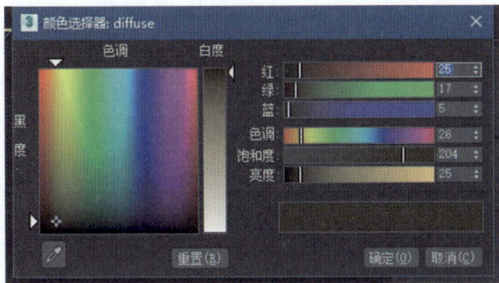

图 6-37　设置漫反射参数

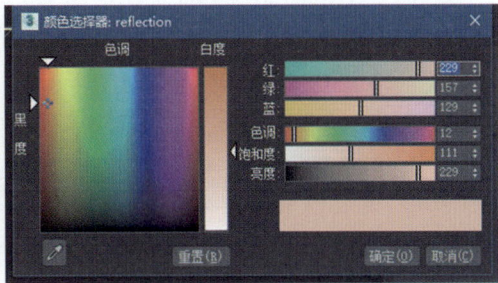

图 6-38　设置反射参数

为茶壶设置背景与灯光,渲染测试,得到如图 6-39 所示暗金色金属效果。

图 6-39　暗金色金属效果

拉丝古铜金属
质感设置

拉丝古铜金属
质感设置素材

选中茶壶,在"修改器列表"中搜索"UVW 展开"。单击 按钮,打开 UV 编辑器,依次对壶身、盖子、壶底、把手、壶嘴等各个部分展开 UV,如图 6-40 所示。

图 6-40　UV 编辑器

　　以壶身和壶纽为例。因为壶身是一个类似圆柱的形状，可使用"投影"卷展栏中的"柱形贴图"进行 Z 轴方向的映射。在操作视口中能够看见一个圆柱形外框，在 UV 编辑器中显示为圆柱的展开平面，也就是一个矩形面片，红色为选中部分。可在 UV 编辑器中使用快捷键 W/E/R 控制 UV 的位置与大小。

　　以壶纽为例，可使用"剥"卷展栏中的"毛皮贴图"进行自由映射。单击■按钮，在 UV 编辑器中能够看见一个圆形外框的 UV 图像。在"毛皮贴图"编辑器中，单击"开始毛皮"按钮，在设置"松弛"工具的对话框中选中"保持边界固定"，单击"开始松弛"按钮，在合适的时机停止，单击"提交"按钮完成映射，如图 6-41 所示。

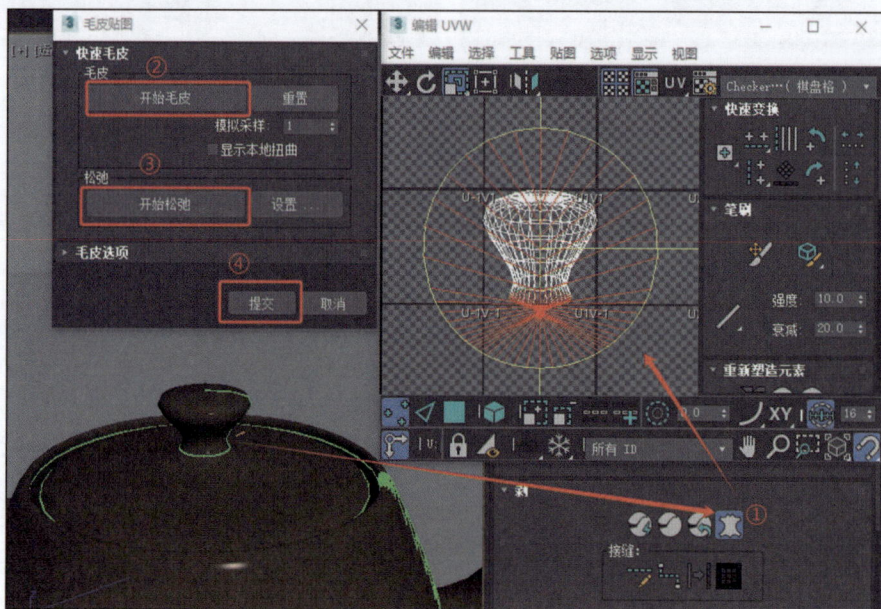

图 6-41　毛皮贴图

　　最后对 UV 进行排版，可保存并导出 UV，进行贴图的绘制。

　　给茶壶上贴图。在材质编辑器中，给"凹凸"一项中赋予贴图，如图 6-42 所示。使模型视觉上有不光滑纹路的感觉，塑造复古拉丝金属质感，效果如图 6-43 所示。

图 6-42　贴图卷展栏

图 6-43　复古拉丝金属质感

任务 6.4　玻璃质感表现

本节对玻璃质感的表现进行学习,首先要了解一下玻璃的物理属性。玻璃是透明的,并且具有大多数透明物体所特有的反射和折射特性。观察玻璃的外观,可以发现一个容易被忽略的特点,那就是由于折射的关系,玻璃边缘部分颜色比玻璃表面的颜色要深,这种深色的侧边可以反映出玻璃的厚度。

6.4.1　透明玻璃质感设置

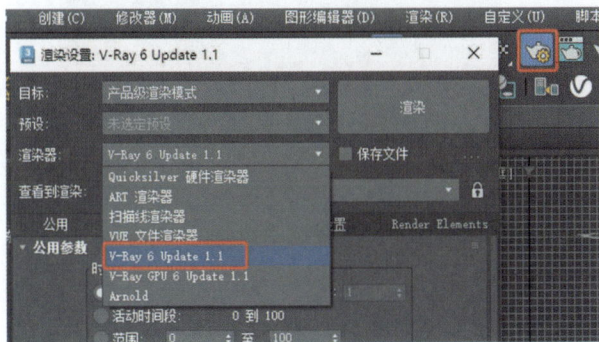

生活中常见的 V-Ray 玻璃材质参数有三类:透明玻璃、有色玻璃、磨砂玻璃。在 V-Ray 渲染器中调整不同的参数时,能产生不同的渲染效果。

透明玻璃具有表面光滑、透光性强、高光面积小等特点。在材质参数中,漫反射颜色越接近白色,玻璃颜色越透亮;反射颜色越接近白色,高光越明显,表面越光滑;折射颜色越接近白色,玻璃质感越透明。

通过"酒杯"模型来设置透明玻璃质感:将当前渲染器设置为 V-Ray 渲染器,如图 6-44 所示。

制作 V-Ray 玻璃材质。打开材质编辑器,选择第一个材质球,更改材质类型为 VRayMtl,如图 6-45 所示。

透明玻璃质感设置

图 6-44　"渲染设置"选项卡 1

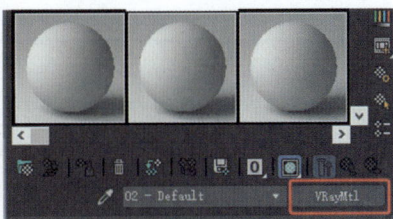

图 6-45　材质编辑器

如图 6-46 所示,在预设中找到"玻璃"材质参考参数。将材质球赋予物体。可打开实时渲染观察参数调整效果。

修改材质参数:将"漫反射"颜色、"反射"颜色和"折射"颜色设置为白色(R:255,G:255,B:255);将反射的"光泽度"参数设置为 0.9;选中"菲涅尔反射"和"影响阴影"选项。将创建好的材质赋予酒杯对象,材质参数设置如图 6-47 所示。

选择菜单栏的"创建"→"几何体"→VRay→"VRay 平面"命令,创建两个"VRay 平面"对象,并赋予一个默认属性的 VRayMtl 材质作为简单环境,观察渲染效果,如图 6-48 所示。

选择菜单栏"创建"→"灯光"→"标准"→"目标方向"命令。按图 6-49 所示方向照明。在"常规参数"卷展栏的"阴影"组中,单击"阴影类型"下拉列表,选择 VRayShadow。在"平行光参数"卷展栏中,将"聚光区 / 光束"参数更改为

16.0mm，将"衰减/区域"参数设置为63.0mm。

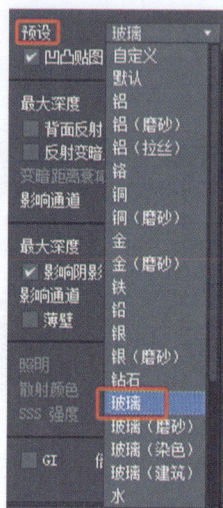

图 6-46　"渲染设置"选项卡 2

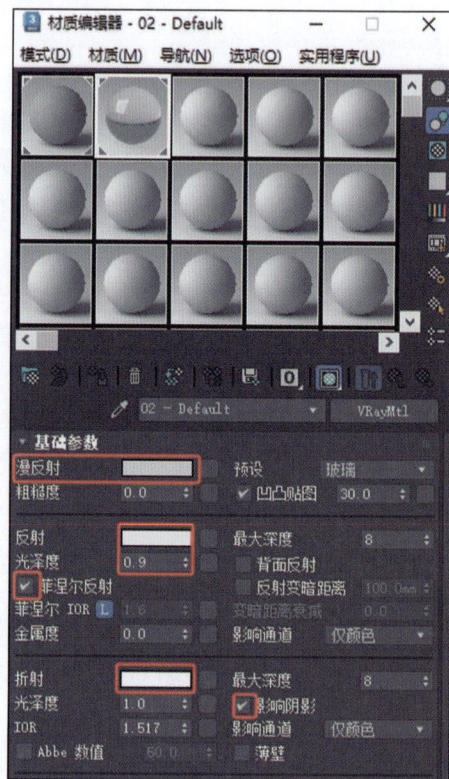

图 6-47　"玻璃"材质参数设置

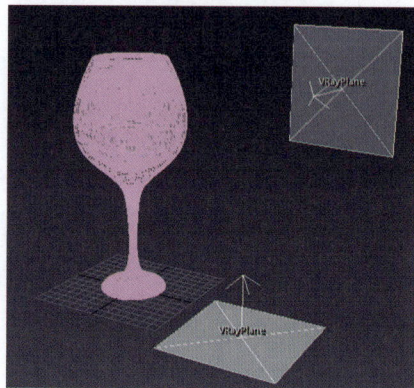

图 6-48　创建"VRay 平面"对象

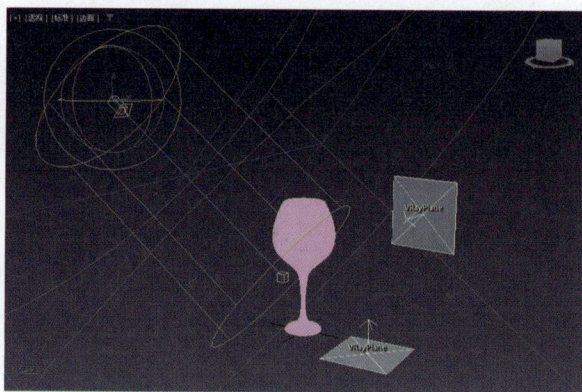

图 6-49　创建灯光

　　打开"渲染设置"对话框，切换到 GI 选项卡，展开"全局照明"卷展栏，选中"启用 GI"项；展开"焦散"卷展栏，切换到"高级"，选中"焦散"项，设置参数：搜索范围为 200.0mm，最大光子数为 60，倍增值为 10.0，最大密度为 0.0mm，如图 6-50所示。

　　设置完成后开始渲染，得到如图 6-51 所示效果。

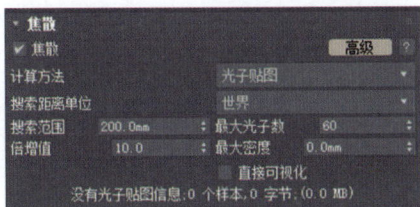

图 6-50 "焦散"卷展栏

图 6-51 玻璃材质渲染效果

6.4.2 不同玻璃质感设置

本节将通过不同参数的调整,给模型赋予不同的玻璃质感。

通过"床头柜"模型组中的个别玻璃材质模型来进行操作测试,如图 6-52 所示。

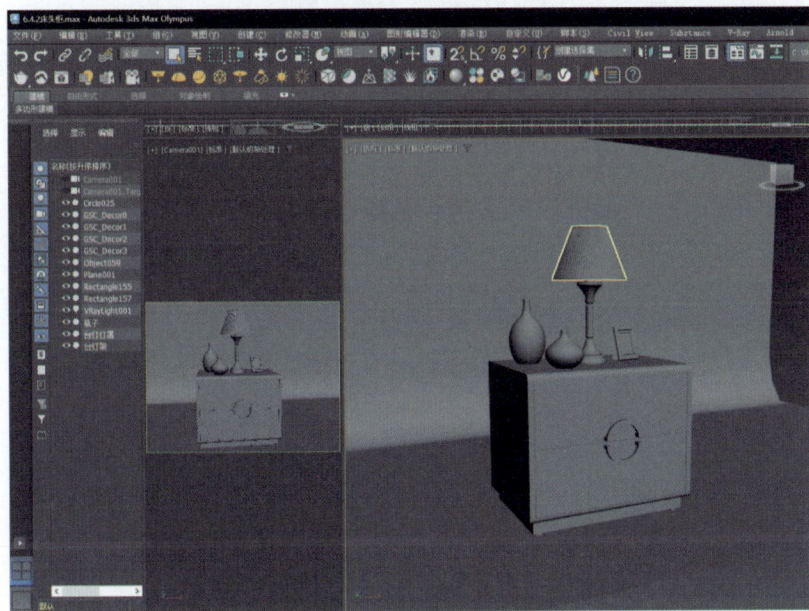

图 6-52 "床头柜"模型组

不同玻璃质感设置

如图 6-53 所示,打开 6.4.2glass 文件,设置场景,为场景创建灯光与摄影机,分视口来显示摄影机画面与透视图画面。按照预设给各个模型赋予材质球。

选择玻璃瓶摆件,按快捷键 M 打开材质编辑器,选择 Slate 材质编辑器模式。创建 VRayMtl 材质球,命名为 glass,在材质编辑器工具栏单击 按钮,将材质球赋予场景中选择的模型,如图 6-54 所示。

(1) 有色玻璃:有色玻璃是在透明玻璃的基础上,改变漫反射颜色和折射颜色,渲染出有颜色的玻璃。例如,想设置一个红色玻璃材质,那么就需要将漫反射颜色改为红色,折射颜色改为淡红色。

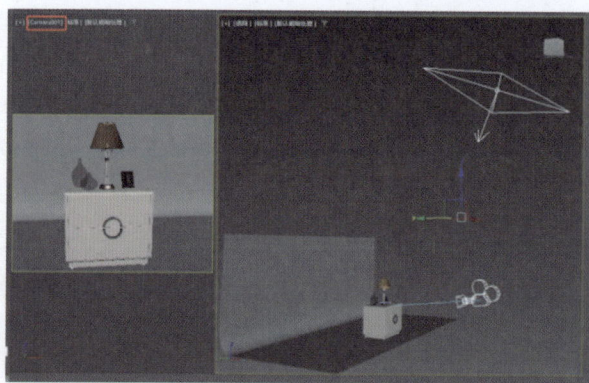

图 6-53　场景设置

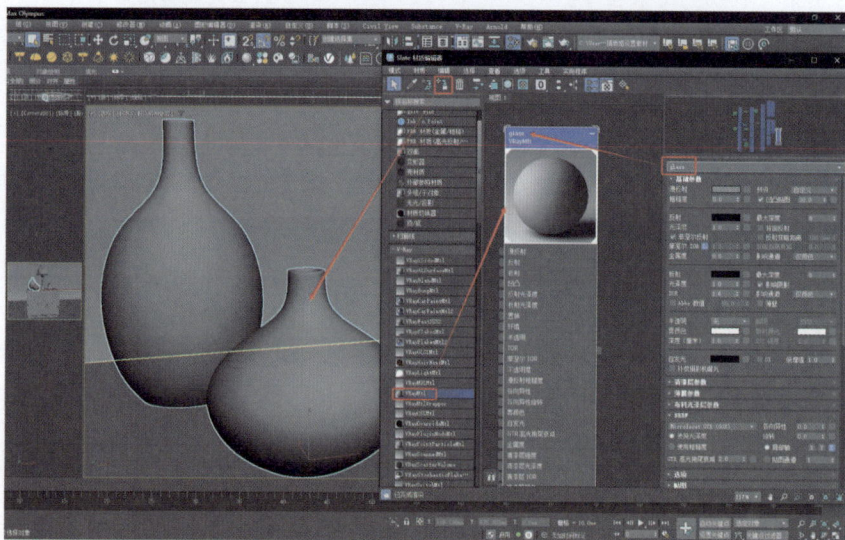

图 6-54　"渲染设置"选项卡 3

设置一个透明玻璃材质,将材质赋予柜子上的瓶子摆件,如图 6-55 所示。

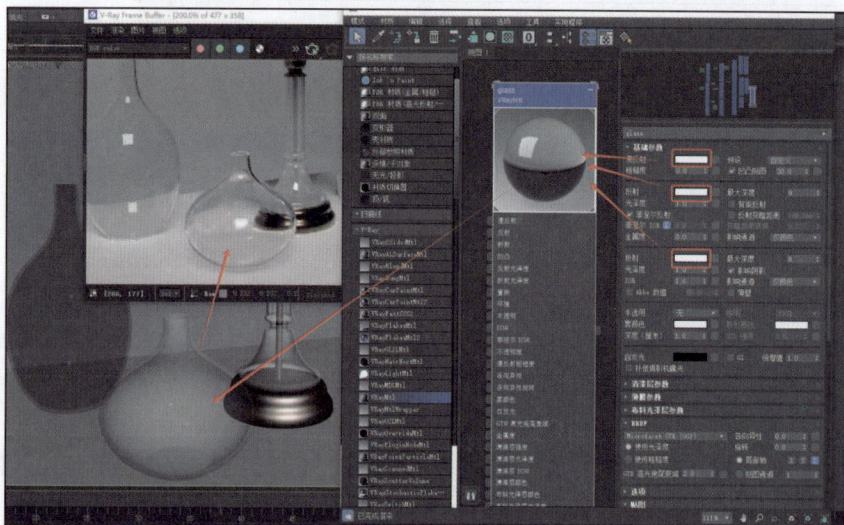

图 6-55　透明玻璃

如图6-56和图6-57所示,将赋予玻璃瓶的材质球中的漫反射颜色改为红色(R:226,G:12,B:12),折射颜色改为淡红色（R:255,G:213,B:213）。

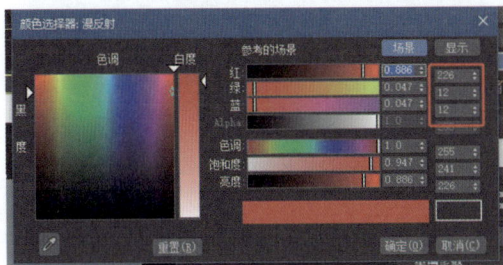

图6-56 漫反射1　　　　　　　　图6-57 折射1

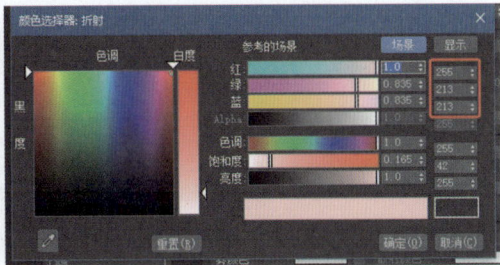

经过渲染测试,可以得到图6-58中红色透明玻璃瓶效果。

图6-58 红色透明玻璃瓶效果

（2）磨砂玻璃:制作磨砂玻璃材质需要分析磨砂玻璃物体的特点,如表面略微粗糙、透明度不高、有少量放射、存在很强的菲涅尔现象、高光面积较大等。在玻璃材质的基础上,调整材质球中反射"光泽度"与折射"光泽度"参数。数值小于1时,玻璃材质的通透感变弱,产生磨砂效果。

如图6-59所示,创建VRayMtl材质球,命名为glass2,在材质编辑器工具栏单击■按钮,将材质球赋予场景中瘦高瓶子模型。

调整反射"光泽度"为0.75,调整折射"光泽度"为0.8,进行渲染测试,就能够得到磨砂玻璃效果。

（3）彩色磨砂玻璃:在磨砂玻璃材质的基础上,调整漫反射颜色和折射颜色,渲染出有颜色的磨砂玻璃。

如图6-60和图6-61所示,将赋予玻璃瓶的材质球中的漫反射颜色改为蓝紫色(R:100,G:100,B:255),折射颜色改为淡紫色（R:200,G:200,B:255）。

如图6-62所示,进行渲染测试,得到彩色磨砂玻璃效果。

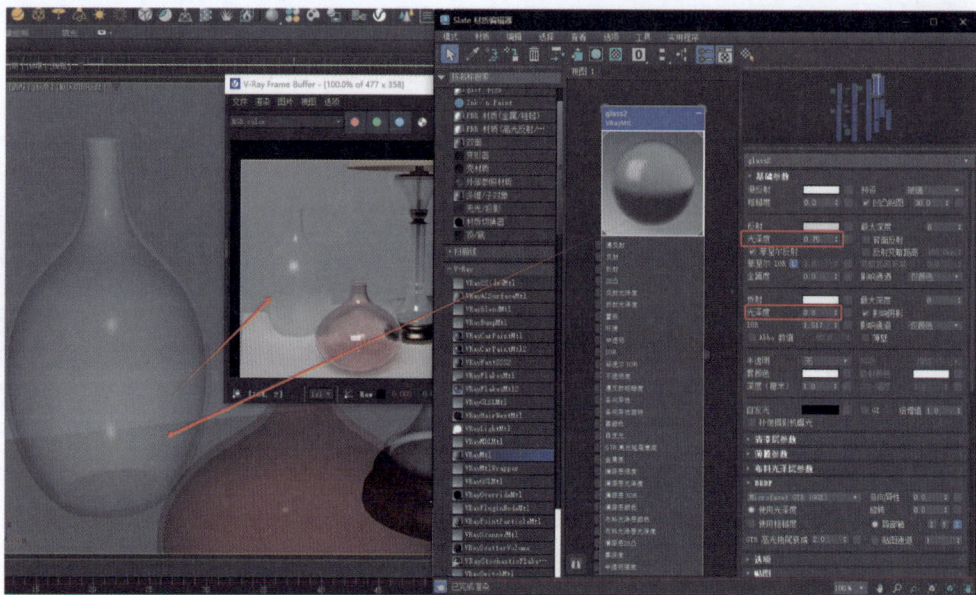

图 6-59　磨砂玻璃

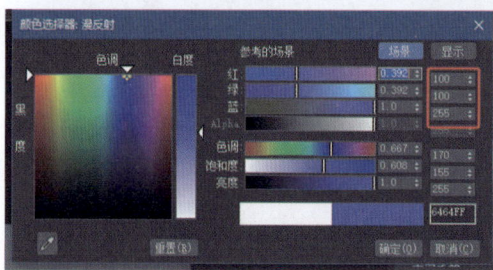

图 6-60　漫反射 2

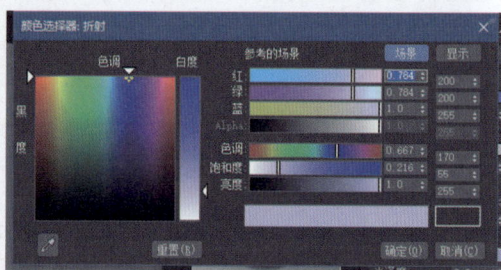

图 6-61　折射 2

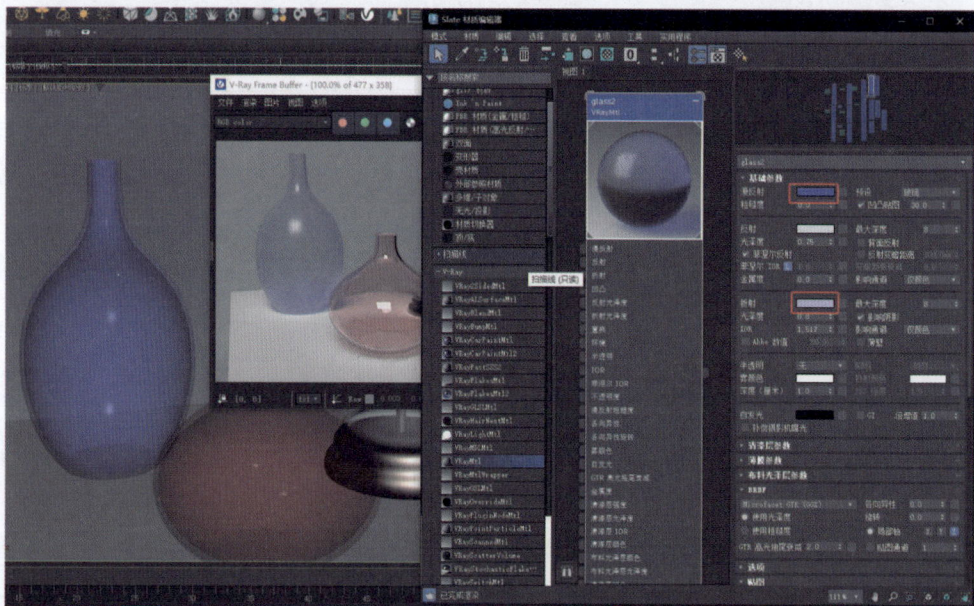

图 6-62　彩色磨砂玻璃效果

任务 6.5　瓷器质感表现

白陶瓷材质是一种常见且具有独特光学特性的材质。它通常呈现出纯净的白色，表面光滑且具有一定的光泽感。在光线照射下，白陶瓷会反射出柔和的高光，并且由于其表面的光滑特性，反射的光线较为集中。同时，白陶瓷材质的漫反射部分相对均匀，给人一种纯净、简洁的视觉感受。因此，白陶瓷材质的关键在于平衡漫反射的纯净感和反射的光泽感，通过合理调整参数，使其在渲染中呈现出真实且自然的效果。

6.5.1　白陶瓷

打开"材质编辑器"窗口，选中空白球，单击"物理材质"按钮，在弹出的"材质/贴图浏览器"中打开 V-Ray，选择并应用 VRayMtl，如图 6-63 所示。

白陶瓷

图 6-63　材质编辑器

将其命名为"白陶瓷"，将"漫反射"颜色设置为浅灰色，如图 6-64 所示。

将"反射"颜色设置为灰白色，"光泽度"设置为 0.9，选中"菲涅尔反射"，参数设置如图 6-65 所示。

选择模型，单击"将材质指定给选定对象"按钮 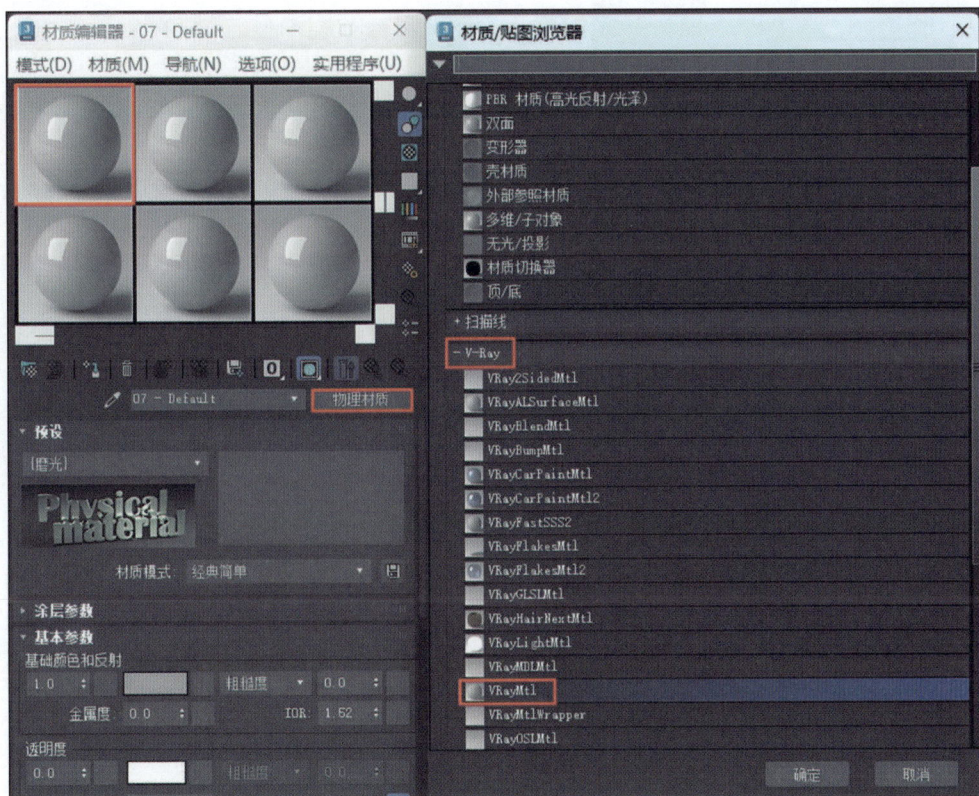，将材质赋予相应模型，如图 6-66 所示，白陶瓷渲染效果如图 6-67 所示。

147

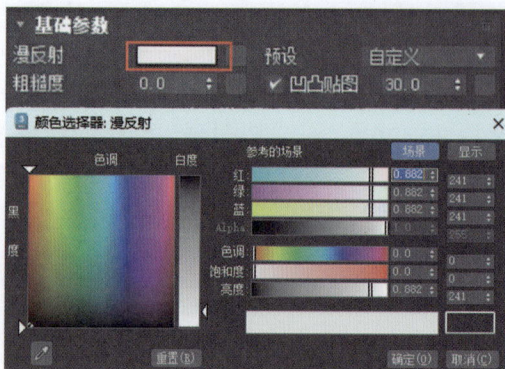

图 6-64　漫反射颜色设置

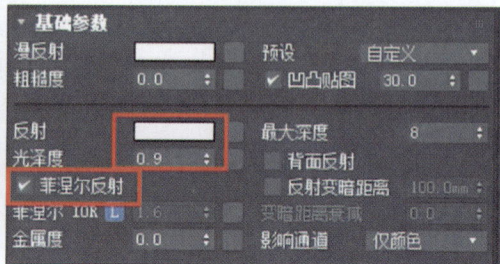

图 6-65　反射参数设置

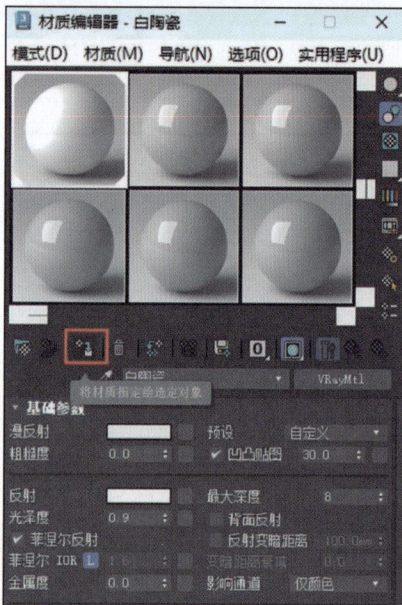

图 6-66　将材质指定给选定对象

图 6-67　白陶瓷渲染效果

6.5.2　青花瓷

打开"材质编辑器"窗口,选中空白球,单击"物理材质"按钮,在弹出的"材质/贴图浏览器"中打开 V-Ray,选择并应用 VRayMtl。将其命名为"青花瓷",将"漫反射"右侧的通道上加载"位图",并赋予"青花瓷贴图",如图 6-68 所示。

青花瓷

将"反射"颜色设置为灰白色,"光泽度"设置为 0.9,选中"菲涅尔反射",参数设置如图 6-69 所示。

选择模型,单击"将材质指定给选定对象"按钮,将材质赋予相应模型。在修改器面板,添加"UVW 贴图"修改器,将贴图设置为"柱形",并调整长、宽、高数值,参数设置如图 6-70 所示,青花瓷渲染效果如图 6-71 所示。

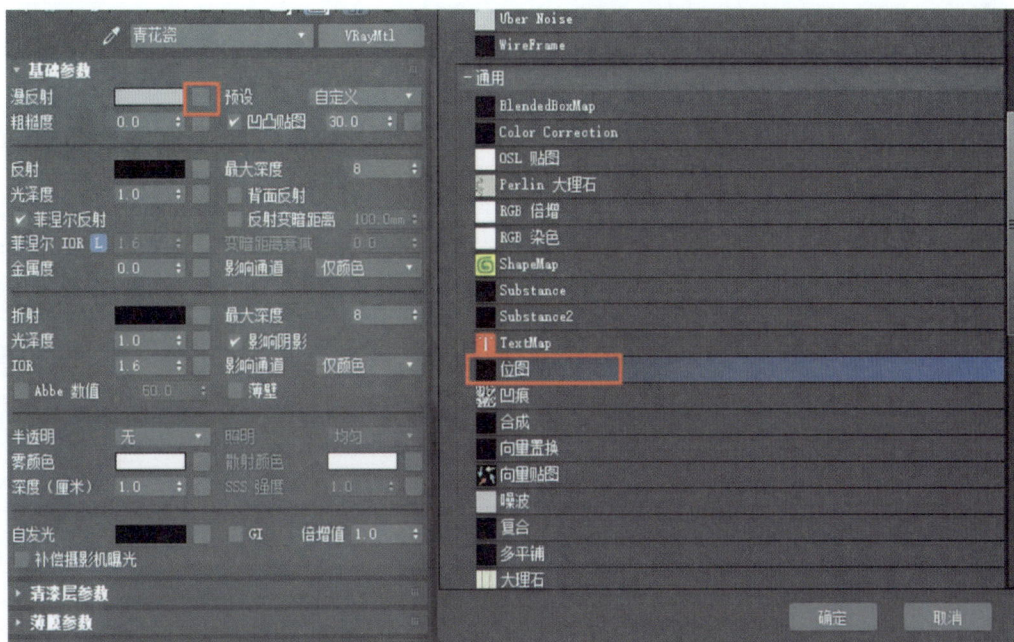

图 6-68 漫反射上加载"位图"

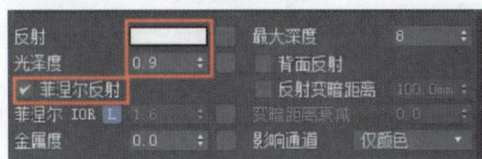

图 6-69 反射参数设置

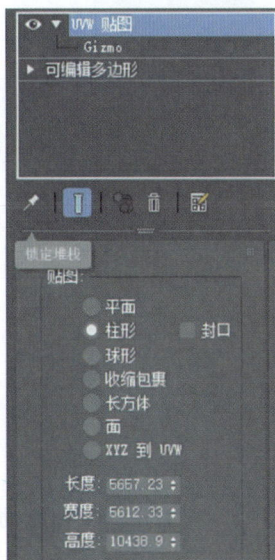

图 6-70 "UVW 贴图"设置

图 6-71 青花瓷渲染效果

任务 6.6 木质质感表现

木纹材质是一种具有独特纹理和自然美感的材质，其核心特性在于其表面的木纹纹理和柔和的光泽感。木纹材质的关键在于纹理的真实性和光泽的自然感。通过合理调整参数，可以更好地模拟木材的自然特性，使其在渲染中呈现出逼真的效果。

6.6.1 普通木纹

打开"材质编辑器"窗口，选中空白球，单击"物理材质"按钮，在弹出的"材质 / 贴图浏览器"中打开 V-Ray，选择并应用 VRayMtl，将其命名为"普通木纹"。将"漫反射"右侧的通道上加载 Bitmap，并赋予"木纹材质"，如图 6-72 所示。

普通木纹

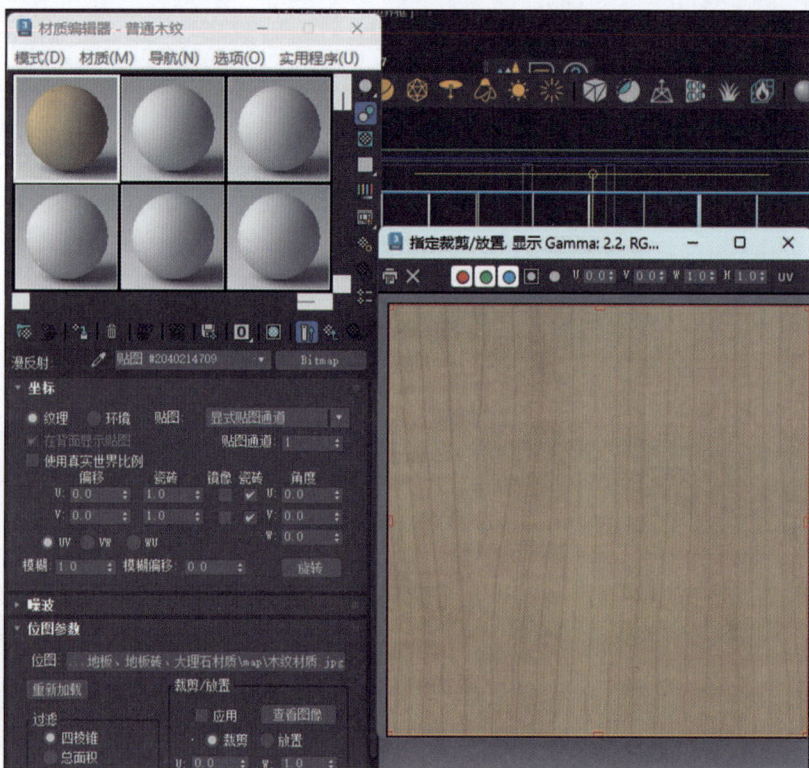

图 6-72 漫反射加载"木纹"贴图

回到父对象，将"反射"右侧的通道上加载"衰减"，并将"光泽度"设置为 0.85，最大深度为 8，如图 6-73 所示。

打开"贴图"卷展栏，将"凹凸"右侧的通道上加载"位图"，并赋予"木纹材质凹凸"贴图，将参数设置为 20.0，如图 6-74 所示。

选择餐桌模型，单击"将材质指定给选定对象"按钮，将材质赋予相应模型，普通木纹渲染效果如图 6-75 所示。

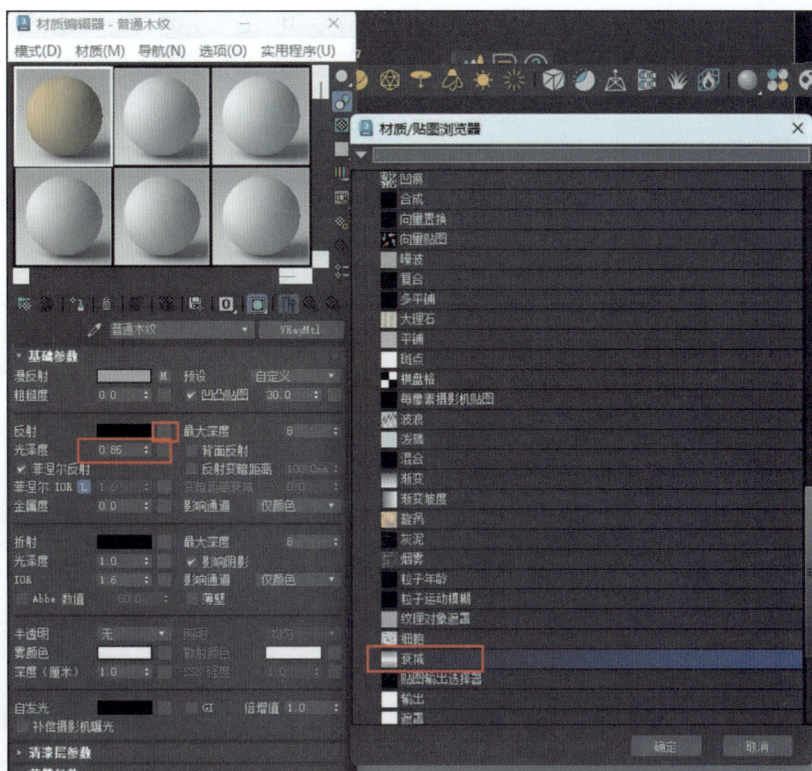

图 6-73　反射参数设置

图 6-74　凹凸参数设置

图 6-75　普通木纹渲染效果

6.6.2　高级木纹

打开"材质编辑器"窗口,选中空白球,单击"物理材质"按钮,在弹出的"材质/贴图浏览器"中打开 V-Ray,选择并应用 VRayMtl,将其命名为"高级木纹"。将"漫反射"右侧的通道上加载"位图",并

高级木纹

赋予"木纹材质"。将"反射"右侧的通道上加载"位图"，并赋予"木纹材质 反射"贴图。将"光泽度"设置为 0.85，右侧的通道上加载"位图"，同样赋予"木纹材质 反射"贴图，"最大深度"设置为 5，如图 6-76 所示。

打开 BRDF 卷展栏，将"GTR 高光拖尾衰减"设置为 1.3，如图 6-77 所示。

打开"贴图"卷展栏，将"凹凸"右侧的通道上加载"位图"，并赋予"木纹材质 凹凸"贴图，将参数设置为 20.0，如图 6-78 所示。

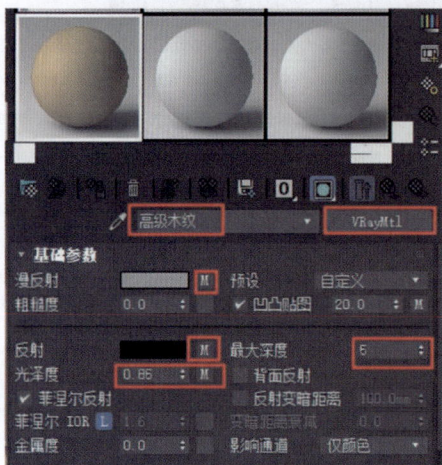

图 6-76 基础参数设置

图 6-77 BRDF 参数设置

图 6-78 凹凸参数设置

选择餐桌模型，单击"将材质指定给选定对象"按钮，将材质赋予相应模型，高级木纹渲染效果如图 6-79 所示。

图 6-79 高级木纹渲染效果

6.6.3　木地板

打开"材质编辑器"窗口,选中空白球,单击"物理材质"按钮,在弹出的"材质/贴图浏览器"中打开 V-Ray,选择并应用 VRayMtl,将其命名为"木地板"。将"漫反射"右侧的通道上加载"位图",并赋予"木地板"。将"反射"右侧的通道上加载"位图",并赋予"木地板 反射"贴图。将"光泽度"设置为 0.85,右侧的通道上加载"位图",同样赋予"木地板 反射"贴图,"最大深度"设置为 5,如图 6-80 所示。

打开"贴图"卷展栏,将"凹凸"右侧的通道上加载"位图",并赋予"木纹材质凹凸"贴图,将参数设置为 20.0,如图 6-81 所示。

木地板

图 6-80　木地板基础参数设置

图 6-81　凹凸参数设置

单击 VRayMtl 按钮,在弹出的"材质/贴图浏览器"中打开 V-Ray,选择并应用 VRayOverrideMtl,在弹窗中选中"将旧材质保存为子材质?",单击"确定"按钮,如图 6-82 所示。

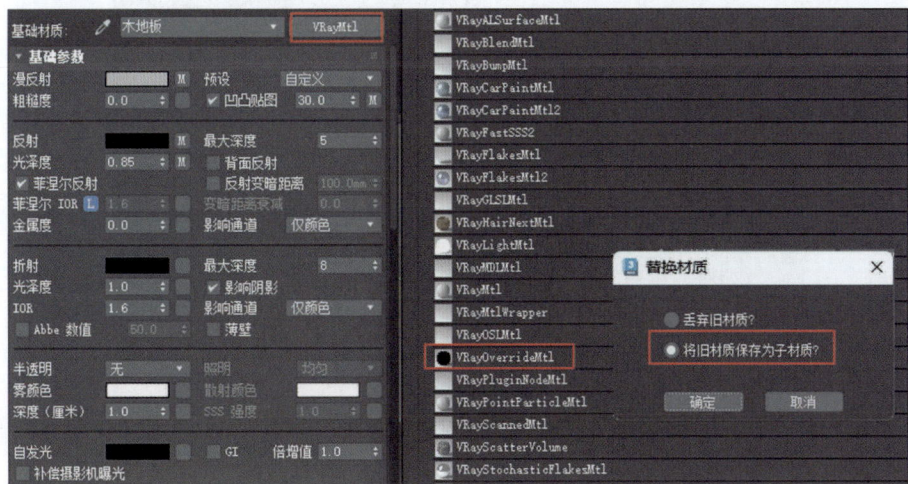

图 6-82　添加 VRayOverrideMtl 材质

将"基础材质"复制，并分别粘贴给"反射材质""折射材质""阴影材质"，如图 6-83 所示。

单击"GI 材质"右侧的通道，加载 VRayMtl，调整"漫反射"颜色，设置为浅色，如图 6-84 所示。

选择地板模型，单击"将材质指定给选定对象"按钮，将材质赋予相应模型。在修改器面板，添加"UVW 贴图"修改器，将贴图设置为"长方体"，并调整长、宽、高数值，参数设置如图 6-85 所示，木地板渲染效果如图 6-86 所示。

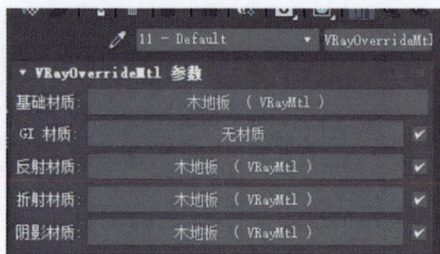

图 6-83　VRayOverrideMtl 参数设置

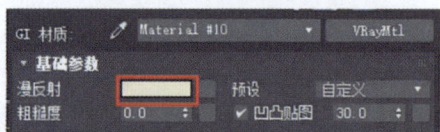

图 6-84　GI 参数设置

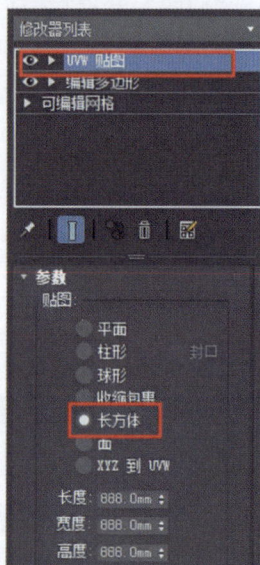

图 6-85　"UVW 贴图"设置

图 6-86　木地板渲染效果

任务 6.7　布料质感表现

6.7.1　普通布料

普通布料

普通布料材质是一种常见且具有独特特性的材质,其核心在于它的柔软性、纹理感以及相对柔和的光学表现。布料通常由纤维编织而成,表面会有细微的纹理和不规则的反射特性,这使得它在光照下呈现出柔和的漫反射效果,而非像金属或玻璃那样有强烈的高光。通过纹理和漫反射表现其柔软性,同时控制反射和光泽度以保持其自然的哑光特性。

打开"材质编辑器"窗口,选中空白球,单击"物理材质"按钮,在弹出的"材质/贴图浏览器"中打开 V-Ray,选择并应用 VRayMtl,将其命名为"普通布料"。将"漫反射"右侧的通道上加载"衰减"。在"衰减参数"卷展栏中,单击黑色色块右侧的"无贴图",加载"位图",并赋予"普通布料"贴图。对白色色块右侧的"无贴图"进行相同操作,并将数值修改为 80.0,如图 6-87 所示。

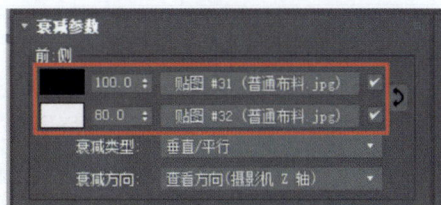

图 6-87　衰减参数设置

在"混合曲线"卷展栏中,在斜线中心添加顶点,右击修改为"Bezier-平滑",调整曲线,如图 6-88 所示。

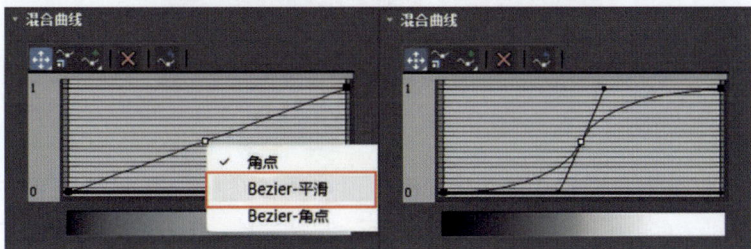

图 6-88　衰减"混合曲线"调整

调整完成后,回到父对象。打开"贴图"卷展栏,将"漫反射"右侧的"贴图"通道复制粘贴给"凹凸",将参数设置为 100.0,参数如图 6-89 所示。

选择床垫模型,单击"将材质指定给选定对象"按钮,将材质赋予相应模型。普通布料渲染效果如图 6-90 所示。

6.7.2　丝绸

丝绸

丝绸材质是一种极具光泽感和高级感的面料,其核心特性在于它独特的光泽和光滑的表面。丝绸表面由细腻的纤维组成,这些纤维能够反射光线,形成柔和而均匀的光泽,给人一种优雅和奢华的视觉感受。丝绸的光泽通常具有方向性,即在不同角度下会呈现出不同的亮度变化,这种特性被称为"各向异性"。通过光泽感和光泽方向性来体现其高级感和优雅特性,同时保持反射的柔和感。

图 6-89　凹凸参数设置

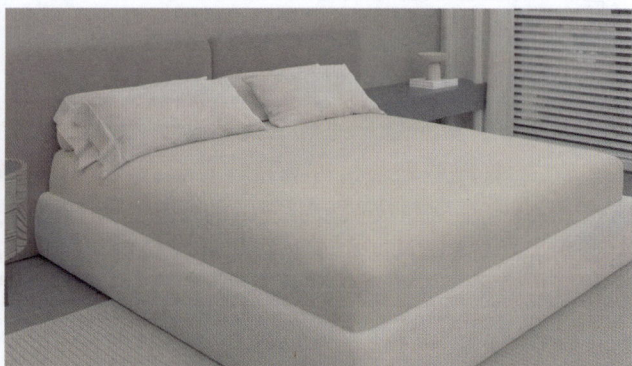

图 6-90　普通布料渲染效果

打开"材质编辑器"窗口，选中空白球，单击"物理材质"按钮，在弹出的"材质／贴图浏览器"中打开 V-Ray，选择并应用 VRayMtl，将其命名为"丝绸"。将"漫反射"右侧的通道上加载"衰减"。在"衰减参数"卷展栏中调整颜色，将黑色色块调整为浅蓝，将白色色块调整为深蓝，如图 6-91 所示。

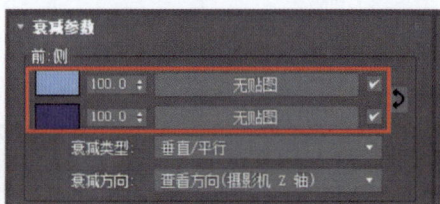

图 6-91　衰减参数设置 1

在"混合曲线"卷展栏中，将左下角的顶点调整至与右边顶点齐平，并在斜线中心添加三个顶点，右击修改为"Bezier- 平滑"，调整曲线，如图 6-92 所示。

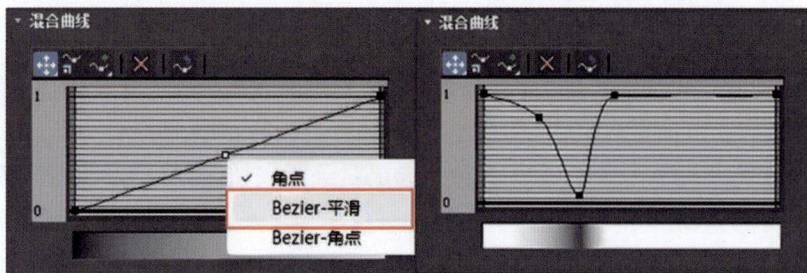

图 6-92　混合曲线调整 1

选择床尾巾模型，单击"将材质指定给选定对象"按钮，将材质赋予相应模型。丝绸渲染效果如图 6-93 所示。

6.7.3　丝绒

丝绒材质是一种具有独特光泽和柔软质感的面料，其表面由整齐

丝绒

的绒毛构成,呈现出柔和且均匀的光泽,给人一种奢华而温暖的视觉感受。丝绒的漫反射部分相对柔和,颜色表现较为深沉,整体反射效果比丝绸更弱,但比普通布料更明显。

图 6-93　丝绸渲染效果

打开"材质编辑器"窗口,选中空白球,单击"物理材质"按钮,在弹出的"材质/贴图浏览器"中打开 V-Ray,选择并应用 VRayMtl,将其命名为"丝绒"。将"漫反射"右侧的通道上加载"衰减"。在"衰减参数"卷展栏中调整颜色,将黑色色块调整为深蓝,将白色色块调整为浅蓝,如图 6-94 所示。

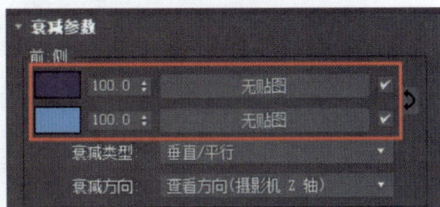

图 6-94　衰减参数设置 2

在"混合曲线"卷展栏中,在斜线中心添加顶点,右击修改为"Bezier- 平滑",调整曲线,如图 6-95 所示。

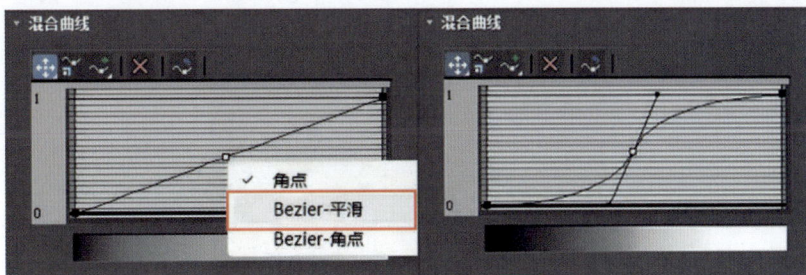

图 6-95　混合曲线调整 2

调整完成后,回到父对象。打开"贴图"卷展栏,将"凹凸"右侧的通道上加载 VRayNormalMap,参数如图 6-96 所示。

在 VRayNormalMap 参数中,将"法线贴图"右侧的通道上加载"合成",参数如图 6-97 所示。

在"合成层"中,单击"层 1"右侧"纹理"通道处,加载"位图",并赋予"绒布"贴图,修改"瓷砖"UV 参数为 0.3×0.3,如图 6-98 所示。

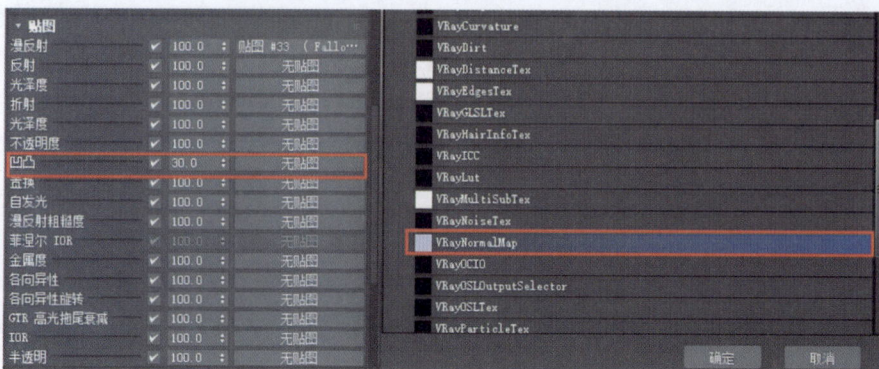

图 6-96　凹凸参数设置

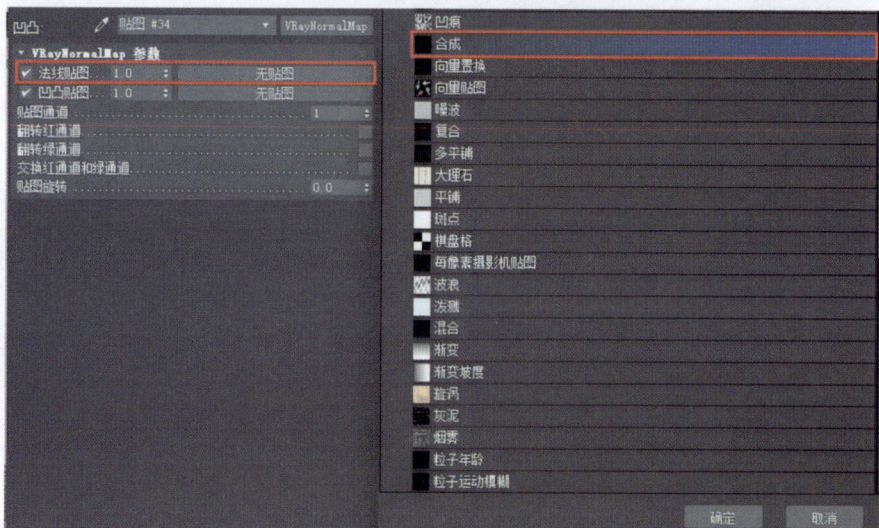

图 6-97　VRayNormalMap 参数设置

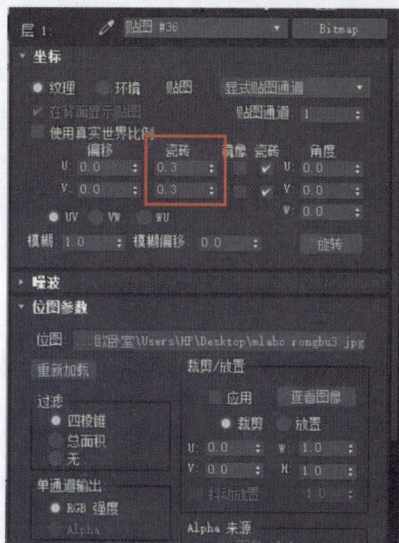

图 6-98　层 1 参数设置

　　回到父对象,在"合成层"右侧双击"添加新层",生成"层2""层3"。单击"层2"右侧"纹理"通道处,加载"位图",并赋予"布料纹理UM"贴图,修改"瓷砖"UV参数为0.5×0.5。回到父对象,将"层2"的混合模式修改为"叠加","不透明度"设置为80.0,如图6-99所示。

　　单击"层3"右侧"纹理"通道处,加载"位图",并赋予"绒布NM"贴图,修改"瓷砖"UV参数为10×10。回到父对象,将"层2"的混合模式修改为"叠加","不透明度"设置为50.0,如图6-100所示。

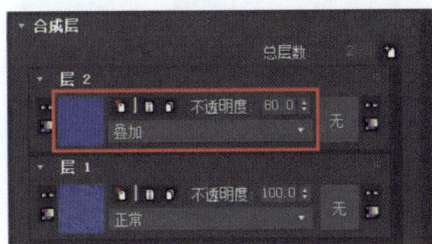

图6-99　层2参数设置

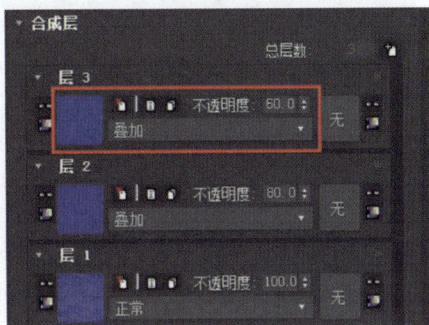

图6-100　层3参数设置

　　回到父对象,打开"贴图"卷展栏,将"凹凸"参数设置为100.0,如图6-101所示。

　　选择流苏床尾巾模型,单击"将材质指定给选定对象"按钮,将材质赋予相应模型,丝绒渲染效果如图6-102所示。

图6-101　凹凸参数设置

图6-102　丝绒渲染效果

6.7.4　皮革

　　皮革材质是一种兼具经典质感与实用耐用性的面料,其表面常带有天然的纹理或细腻的压花,如颗粒、皱纹或仿生图案,呈现出哑光或微妙的半哑光光泽,赋予其低调而优雅的视觉深度。皮革的触感坚实中透出柔韧,既有结构的支撑感,又不失舒适的贴合性。其漫反射效果层次丰富,颜色表现饱满且常带有细微的渐变或做旧痕迹,整体反射虽不如丝绸般明亮，却比普通布料更具立体感与时光沉淀的韵味，塑造出一种稳重而奢华的美学氛围。

选中沙发模型，在修改器面板中选择"元素"。在视图中，按住Ctrl键选中沙发的布料面。在"多边形：材质ID"卷展栏中，将"设置ID"参数设置为1，按Enter键确定，如图6-103所示。

皮沙发

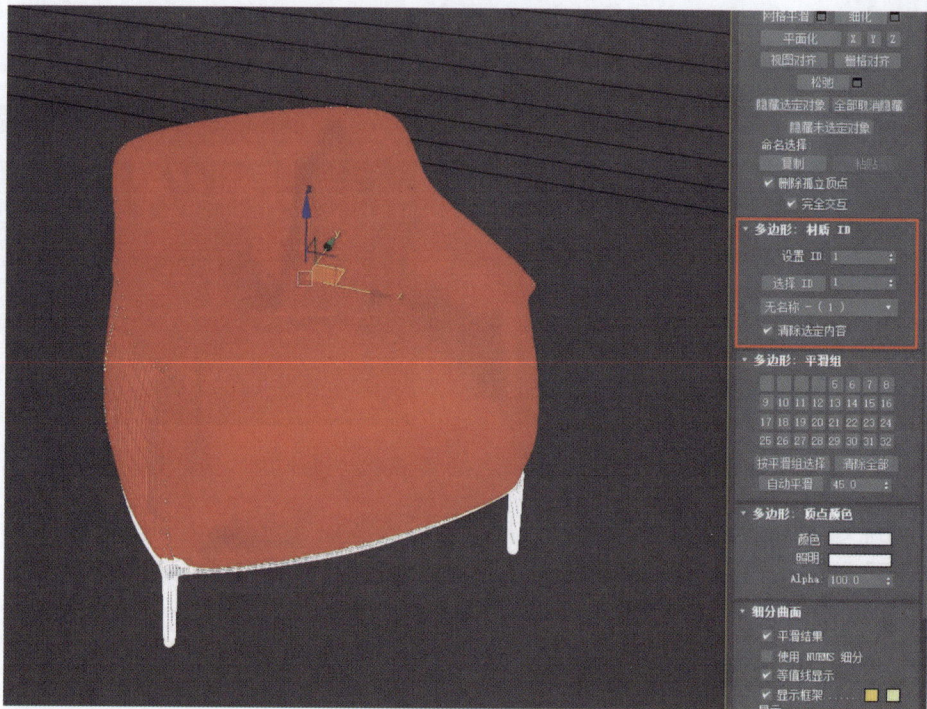

图6-103　设置皮面ID为1

选中沙发底座，将"设置ID"参数设置为2，按Enter键确定，如图6-104所示。

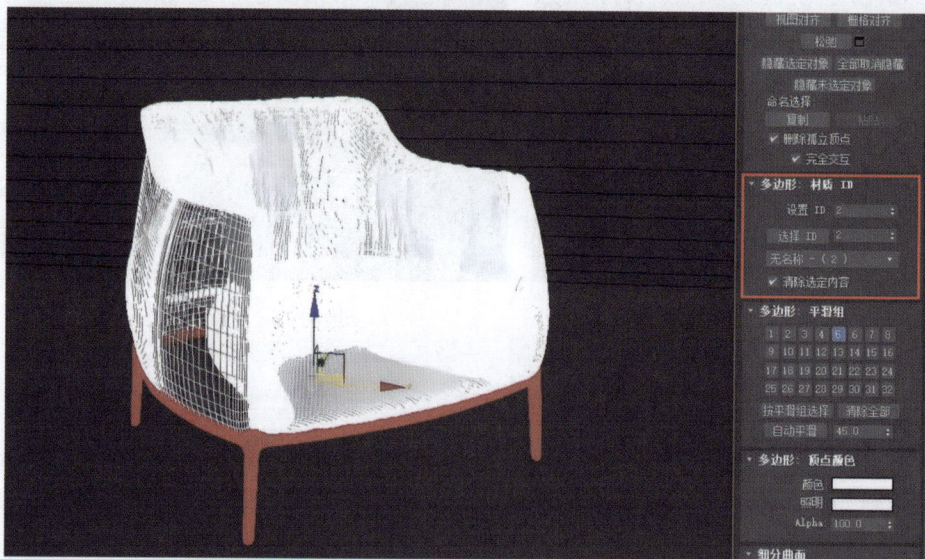

图6-104　设置椅架ID为2

　　将以上所有部分选中，按 Ctrl+I 组合键反选中缝纫线模型，设置 ID 为 3，如图 6-105 所示。

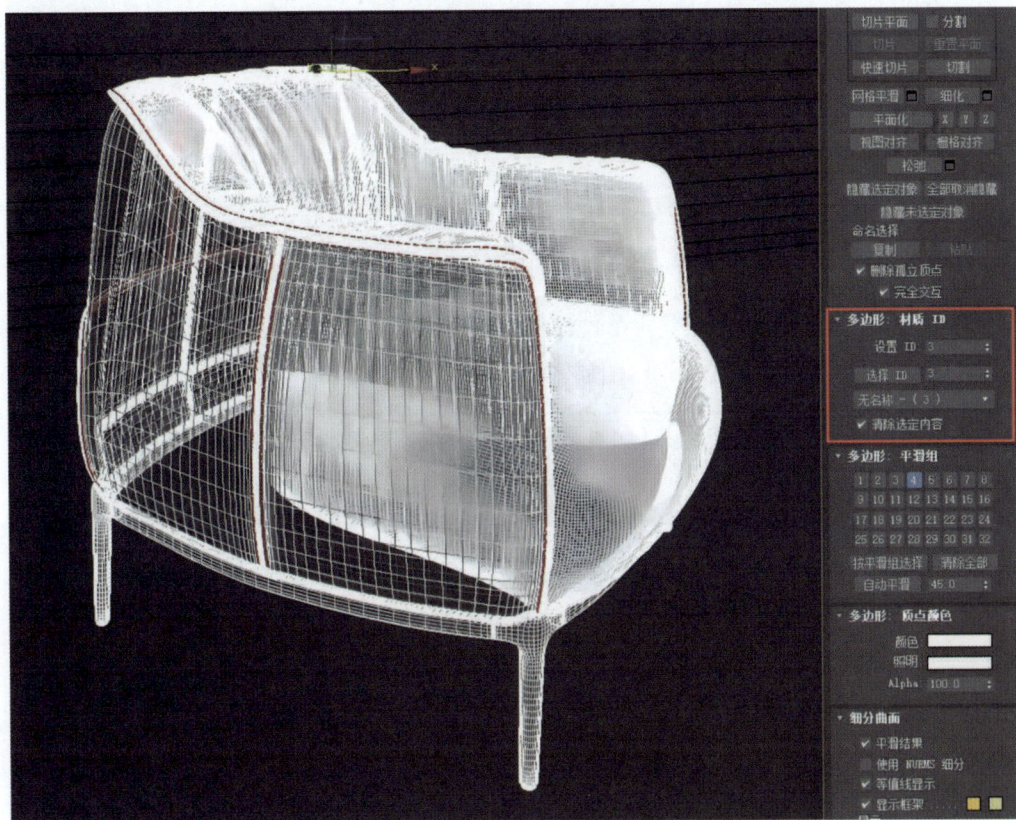

图 6-105　设置缝纫线 ID 为 3

　　打开"材质编辑器"窗口，选中空白球，单击"物理材质"按钮，在弹出的"材质/贴图浏览器"中选择并应用"多维/子对象"，选择"丢弃旧材质"，将其命名为"皮沙发"。单击"设置数量"按钮，将参数设置为 3，如图 6-106 所示。

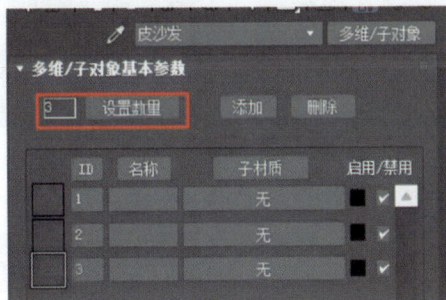

图 6-106　多维/子对象材质设置

　　单击"名称"右侧"子材质"按钮，在弹出的"材质/贴图浏览器"中打开 V-Ray，选择并应用 VRayMtl，如图 6-107 所示。

　　单击"漫反射"右侧的通道，加载"位图"，并赋予"皮质"贴图，修改"瓷砖"UV 参数为 13.0×13.0，如图 6-108 所示。

图 6-107　ID1 材质设置

　　回到父对象，单击"反射"，将色值设置为 110，单击右侧的通道，加载"位图"，并赋予"皮质 黑白"贴图，修改"瓷砖"UV 参数为 13.0×13.0，如图 6-109 所示。

　　回到父对象，将"光泽度"设置为 0.7，解锁"菲涅尔 IOR"，设置参数为 3，并将"反射"通道复制粘贴给"光泽度"通道。打开 BRDF 卷展栏，单击 Microfacet GTR(GGX) 切换至 Blinn，如图 6-110 所示。

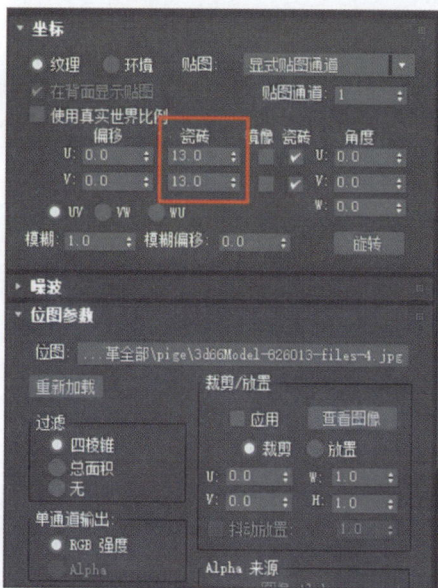

图 6-108　"漫反射"皮质纹理设置

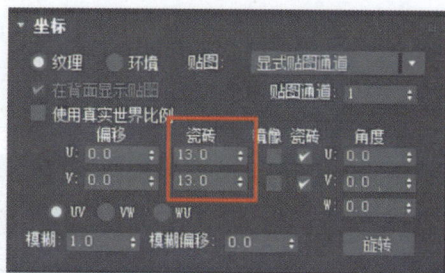

图 6-109　"反射"参数设置

图 6-110　BRDF 参数设置

　　打开"贴图"卷展栏，将"凹凸"右侧的通道上加载"位图"，并赋予"皮质 灰"贴图，修改"瓷砖"UV 参数为 13.0×13.0。回到父对象，将"反射"参数设置为 15.0，"光泽度"参数设置为10.0,"凹凸"参数设置为3.0,如图6-111所示。

　　回到父对象,单击"名称"右侧"子材质"按钮,在弹出的"材质/贴图浏览器"中打开V-Ray,选择并应用VRayMtl。将"漫反射"的色值设置为3。将"反射"的色值设置为255。将反射"光泽度"设置为0.97。解锁"菲涅尔IOR",设置参数为2.1,如图6-112所示。

图 6-111　"凹凸"参数设置

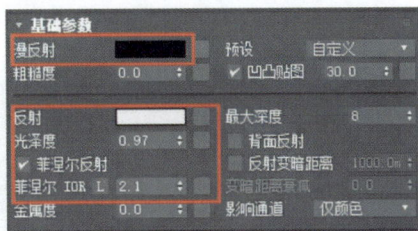

图 6-112　ID2 基础参数设置

　　打开BRDF卷展栏,单击Microfacet GTR(GGX)切换至Blinn,如图6-113所示。

　　回到父对象,单击"名称"右侧"子材质"按钮,在弹出的"材质/贴图浏览器"中打开V-Ray,选择并应用VRayMtl。将"漫反射"的色值设置为128,如图6-114所示。

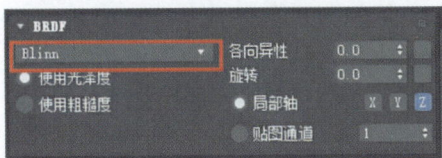

图 6-113　ID2 BRDF 设置

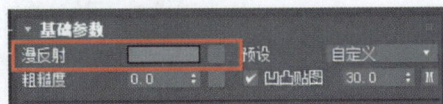

图 6-114　ID3 基础参数设置

　　打开"贴图"卷展栏,将"凹凸"右侧的通道上加载"渐变坡度",如图6-115所示。

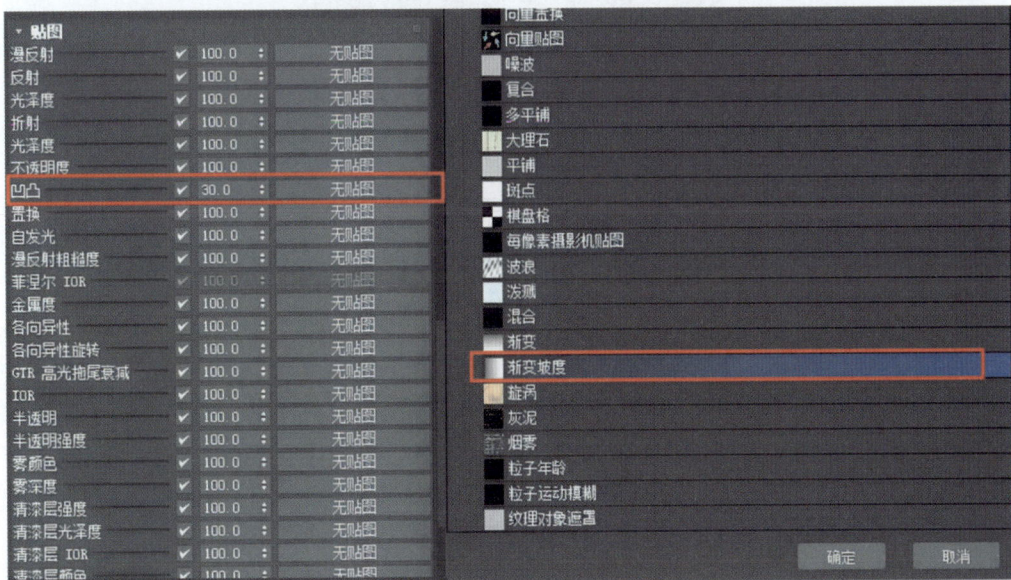

图 6-115　ID3 凹凸参数设置

打开"渐变坡度参数"卷展栏，在色块下方，单击增加箭头。双击左二箭头，将色值设置为128，将箭头调整至32位置；双击左三箭头，将色值设置为255，将箭头调整至62位置；双击左四箭头，将色值设置为0，将箭头调整至100位置，如图6-116所示。

打开"坐标"卷展栏，将"瓷砖"V参数设置为3500.0，将"角度"W参数设置为45.0，如图6-117所示。

图6-116 ID3渐变坡度参数设置

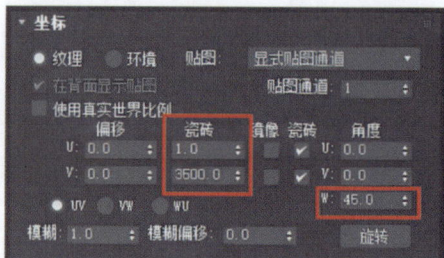

图6-117 ID3坐标设置

回到父对象，选择沙发模型，单击"将材质指定给选定对象"按钮，将材质赋予相应模型，皮沙发渲染效果如图6-118所示。

图6-118 皮沙发渲染效果

项目重难点总结

在本项目中，我们尝试了草图渲染参数的设置，为不同材质的制作打下基础，此为本项目的重点。通过对金属与玻璃等材质的制作与初步渲染，旨在通过材质处理与渲染测试，努力创造出具有真实感的模型，这是本项目的难点。我们需要研究物体的物理特性，如金属的高反光度和光泽度，以及玻璃的透明度和折射率。需要通过调整材质的反射、折射等参数对模型进行多次渲染测试，通过不断的尝试和优化，力求在渲染图中呈现出材质特有的质感和效果。因此，我们相信，通过不断的实践和探索，我们将能够进一步提升在不同材质制作与渲染方面的能力。

项目7　空间灯光表现

【素质目标】

在 3ds Max 中进行室内建模时,空间灯光的表现是提升场景质感和视觉效果的关键环节。通过选择合适的灯光类型、合理的灯光布局、精确的灯光参数调整以及合适的渲染器和渲染设置,创造出逼真且富有艺术感的照明效果。本项目让学生更好地掌握 3ds Max 空间灯光表现的技术和方法,并明确提出培养学生对光影艺术的审美能力和创新思维,引导学生发现空间灯光表现中的美,提升学生的艺术修养和文化品位,与美育相契合。

1.具备灯光基础知识。

2.具备灯光布局规划能力。

3.具备光照效果优化能力。

4.具备自然光模拟能力。

5.具备人工光源设置能力。

空间灯光表现

【知识目标】

1.掌握灯光的基本概念。

2.掌握灯光参数的调整。

3.掌握自然光的模拟。

4.掌握人工光源的设置。

5.掌握灯光布局的规划。

【能力目标】

1.学会设置和调整基本灯光参数。

2.学会使用不同类型的灯光。

3.学会模拟自然光照。

4.学会高质量图像的参数设置。

5.学会使用渲染元素。

【本项目要点提示】

● 太阳光表现;

● 室外光表现;

● 室内光表现;

● 特殊建模方法。

任务 7.1　太阳光表现

　　太阳光是一种模拟自然日光的光照，它具有明确的方向和强度，可以产生明显的阴影效果。太阳光通常用于模拟窗户外的自然光进入室内的场景，是室内光照中的主要光源之一，它不仅照亮了直接照射到的区域，还通过反射和折射影响整个室内的光照效果。太阳光可以是平行光，也可以与天光结合使用，以模拟更真实的自然光照效果。在 3ds Max 中可以使用 VRaySun 模拟太阳光。

　　VRaySun 是基于物理的光照模拟，模拟真实世界中的太阳光效果，其光线的传播、衰减、颜色变化等都遵循物理规律。可以根据地理位置、时间和日期来自动设置太阳的位置和角度，产生的光照具有自然的方向性、强度和颜色变化，配合使用 VRaySky（VRay 天空），自动生成天空的光照和颜色。

　　在 3ds Max 中，进入"创建"面板，选择"灯光"，然后切换到 VRay 选项，单击 VRaySun 按钮。在视图中，单击并拖动鼠标，以创建 VRaySun 灯光，如图 7-1 所示。

　　在"修改"面板中，可以设置 VRaySun 的参数，如强度、颜色、阴影等。根据需要，调整 VRaySun 的位置和方向，以获得所需的光照效果，参数设置如图 7-2 所示。

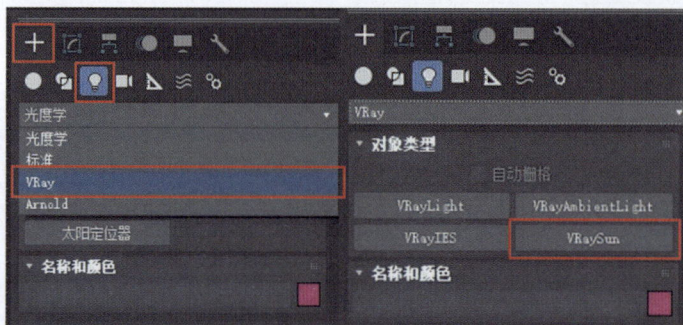

图 7-1　创建 VRaySun 灯光

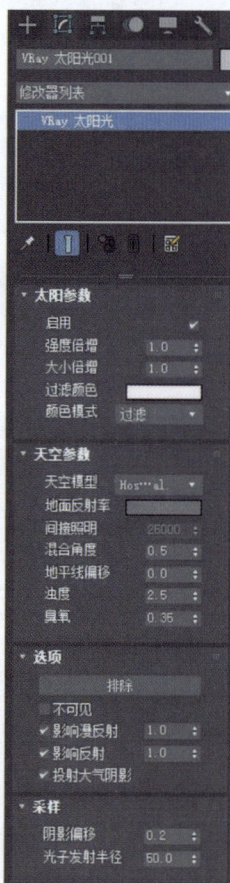

图 7-2　VRaySun 参数
设置

（1）启用：控制是否开启该灯光。

（2）强度倍增：控制太阳光的强度，可以根据场景的需求进行调整。

（3）大小倍增：控制太阳的大小，较大的值会使阴影边缘更加柔和。

（4）过滤颜色：可以调整太阳光的颜色，如模拟早晨或傍晚的暖色调阳光。

（5）天空模型：可以通过选择不同的天空模型来影响整体的光照氛围。

课堂案例1：制作夕阳落日效果

在现代极简客厅场景中使用VRaySun制作夕阳落日效果。案例效果如图7-3所示。

图7-3 案例效果

打开场景文件，如图7-4所示。

图7-4 场景文件

选择"创建"→"灯光"→VRay→VRaySun命令。在场景前视图中，在窗户的外面位置拖动并创建1盏VRaySun，从外向内照射。并在各个视图中调整灯光位置，确保其符合黄昏的特征，太阳应该接近地平线，如图7-5所示。

图 7-5　VRaySun 灯光设置

在弹出的"V-Ray 太阳"对话框中,单击"否"按钮,如图 7-6 所示。

选中 VRaySun 灯光,单击"修改"面板,设置"强度倍增值"为 0.4,"尺寸倍增值"为 3.0,"混合角度"为 0.5,"浑浊度"为 6.0,"臭氧"为 0.6,其他参数不变,如图 7-7 所示。设置完成后按 Shift+Q 快捷键将其渲染即可。

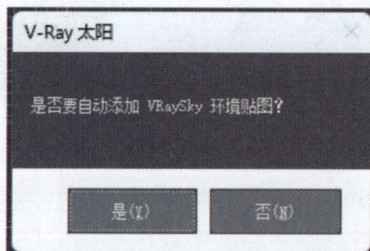

图 7-6　"V-Ray 太阳"对话框

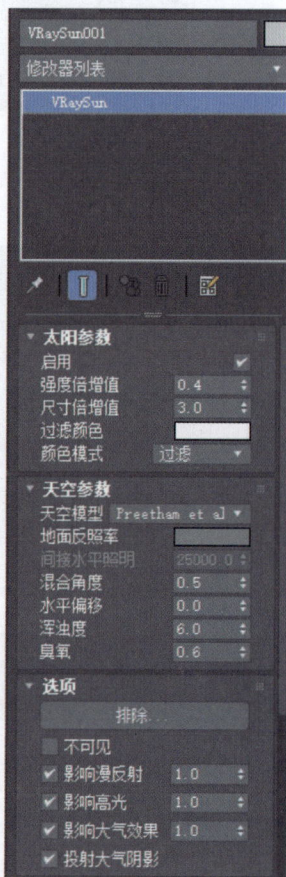

图 7-7　VRaySun 参数设置

任务 7.2　室外光表现

环境光（也称室外光）是一种无方向性的光照，它模拟了场景中所有物体反射的光线混合在一起的效果，为场景提供了一个基本的光照水平。主要用于消除完全黑暗的区域，为场景提供一个全局的光照背景。它可以模拟间接光照，如从墙壁、天花板和地板等反射的光。通过设置环境光可以调整环境光的亮度和颜色，以补充场景主灯光。环境光不会产生阴影，因为它没有明确的光源方向。在 3ds Max 中，可以使用以下几种灯光类型模拟环境光。

1. 泛光灯

泛光灯是一种点光源，向所有方向均匀发射光线，常用于模拟室内照明，如灯泡或吊灯。由于其光线分布均匀，泛光灯也适合用来模拟环境光的漫反射效果。

在 3ds Max 中，选择"创建"→"灯光"→"泛光"命令，如图 7-8 所示。在场景中单击即可创建一个"泛光"灯光，如图 7-9 所示。

选中"泛光"灯光，单击"修改器"面板，泛光参数设置如图 7-10 所示。

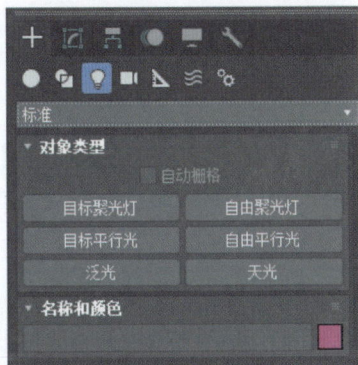

图 7-8　灯光界面

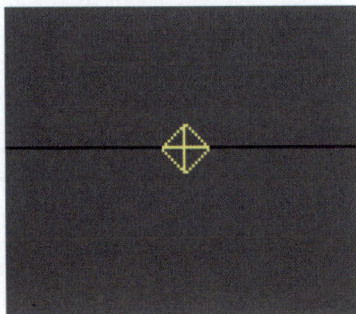

图 7-9　创建泛光

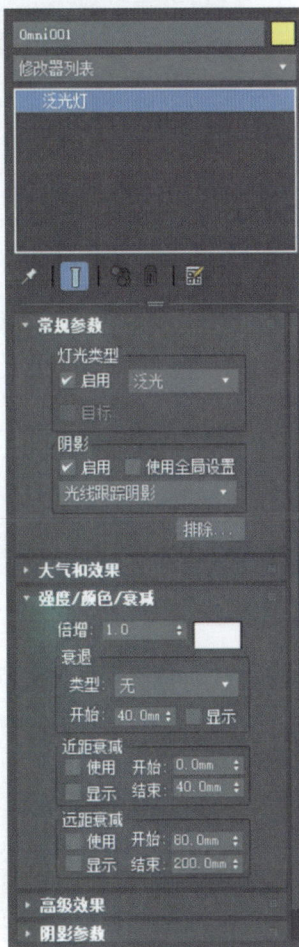

图 7-10　泛光参数设置

（1）灯光类型中的"启用"：可以打开或关闭泛光灯。

（2）阴影中的"启用"：选中"启用"，可以为泛光灯添加阴影效果。

（3）倍增：控制泛光灯的明亮强度，即灯光的亮度。

（4）颜色：可以调节泛光灯的颜色，通过单击颜色样条来选择。

（5）近距衰减：定义灯光从中心开始的衰减区域。

（6）远距衰减：定义灯光在远处的衰减区域。

泛光灯渲染效果如图 7-11 所示

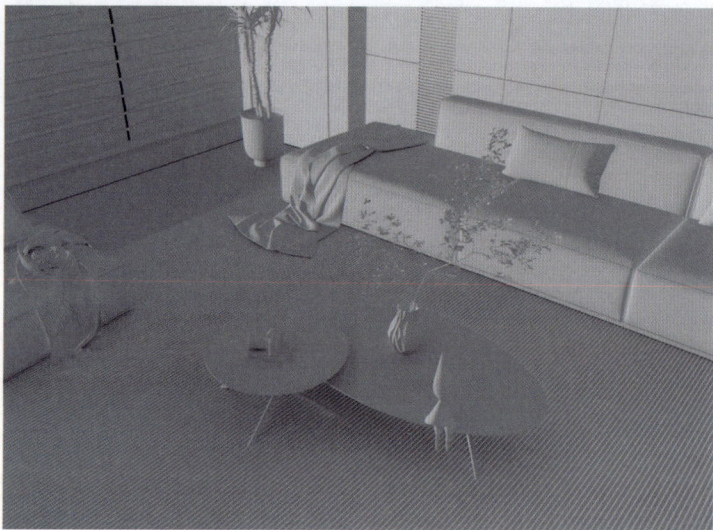

图 7-11　泛光灯渲染效果

2．VRay 穹顶灯

穹顶灯形状类似于一个半球体，模拟了自然界中天光通过大气层反射形成的光照效果。可以模拟柔和的、均匀的光照效果，适用于室内场景的照明，可以作为环境光的补充。穹顶灯光形状如图 7-12 所示，穹顶灯效果如图 7-13 所示。

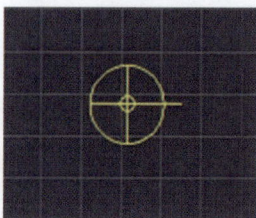

图 7-12　穹顶灯光形状

图 7-13　穹顶灯效果

任务 7.3　室内光表现

在 3ds Max 中打造室内光照时，人工灯光是模拟室内照明效果的重要组成部分。使用 VRay 灯光是实现高质量渲染效果的关键步骤之一。VRay 灯光提供了多种类型的灯光选项，允许设计师根据具体需求调整光照效果，从而创造出逼真的室内场景。以下是一些常用的人工灯光类型。

7.3.1　VRayLight

VRayLight（VRay 灯光）因其出色的光照模拟能力和灵活性，广泛应用于室内场景的光照设置中。常见的 VRayLight 类型包括平面灯、穹顶灯、球体灯、网格灯和圆形灯等，每种类型都有其特定的用途和优势。

在 3ds Max 中，选择"创建"→"灯光"→ VRay → VRayLight 命令，在场景中拖动即可创建一个 VRay 灯光，参数设置如图 7-14 所示。

（1）开：用于控制灯光是否开启。

（2）类型：用于选择灯光的类型，如图 7-15 所示。

（3）目标：用于控制灯光的目标距离数值。

（4）长度：用于调整灯光的长度。

（5）单位：用于设置灯光的发光单位，根据需要选择合适的灯光亮度单位，如辐射功率（W）、发光功率（lm）等。常用为默认值（图像），如图 7-16 所示。

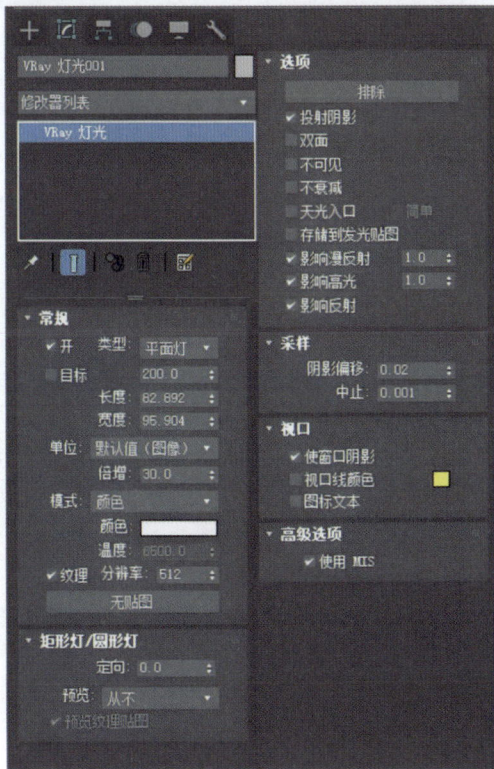

图 7-15　VRay 灯光类型

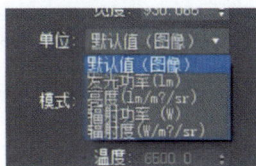

图 7-14　VRay 灯光修改面板

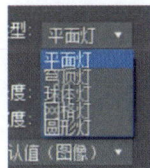

图 7-16　"单位"参数设置

（6）倍增：用于控制灯光的整体强度。数值越大，灯光越强。

（7）模式：可以根据场景需要调整，设置灯光或温度的模式。

（8）颜色：用于选择或输入 RGB 值来定义灯光的颜色。

（9）温度：当模式设置为温度时，可以通过设置色温值来调整灯光的颜色。一般来说，6500K 左右的色温接近自然白光，小于 6500K 的色温会偏向暖色调（如黄色、橙色），而大于 6500K 的色温则偏向冷色调（如蓝色、紫色）。

（10）纹理：用于模拟光源表面的复杂图案或颜色变化，增强灯光效果的真实感。

（11）分辨率：纹理的分辨率设置直接影响渲染的质量和速度。分辨率越高，纹理细节越丰富，但渲染时间也会相应增加。

（12）投射阴影：启用后，灯光将产生阴影效果，增强场景的真实感，如图 7-17 和图 7-18 所示。

图 7-17　选中投射阴影

图 7-18　未选中投射阴影

（13）双面：选中后，灯光将从两面发光，适用于需要双面照明的场景，如图 7-19 所示。

（14）不可见：选中后，灯光本身在渲染结果中不可见，通常用于隐藏光源。如图 7-20 所示。

图 7-19　选中"双面"效果

图 7-20　选中"不可见"效果

（15）不衰减：若选中，灯光强度将不受距离影响，需谨慎使用。

（16）天光入口：若选中，该灯光将作为天光入口，允许外部的天光（如 HDRI 环境贴图）通过此入口照亮室内。

（17）存储到发光贴图：若选中，将灯光的直接照明效果存储到发光贴图中，以便在后续的渲染过程中快速调用，从而提高渲染效率。

（18）影响漫反射：若选中，灯光将参与物体的主要照明，照亮物体的固有色，使其呈现出应有的颜色和亮度。

（19）影响高光：若选中，物体表面将出现由该灯光产生的高光效果，增加物体的光泽感和立体感。

（20）影响反射：若选中，具有反射属性的物体表面将反射出该灯光的光线和颜色，增加场景的真实感和层次感。

（21）阴影偏移：用于当光线源非常接近或正好位于被照射物体表面时，通过调整阴影偏移值，避免阴影不完全或漏光现象。

（22）中止：在光线穿过透明物体并达到一定穿透程度时判断是否中止计算以节约计算资源，在场景中包含大量透明物体时，可以根据渲染速度或质量的需求来适当降低或增加透明中止值，但需权衡渲染时间和质量的影响。

1．平面灯

平面灯，也称为VRay矩形灯或区域灯，是一种以平面为形状向外发射光线的灯光类型。它可以在渲染场景中提供均匀或定向的光照效果。不仅能够为场景提供基础或辅助照明，还能模拟现实世界中的各种平面光源效果。例如灯带、LED面板灯等，如图7-21和图7-22所示。平面灯光形状如图7-23所示，平面灯光效果如图7-24所示。

图 7-21　灯带效果

图 7-22　LED 面板灯效果

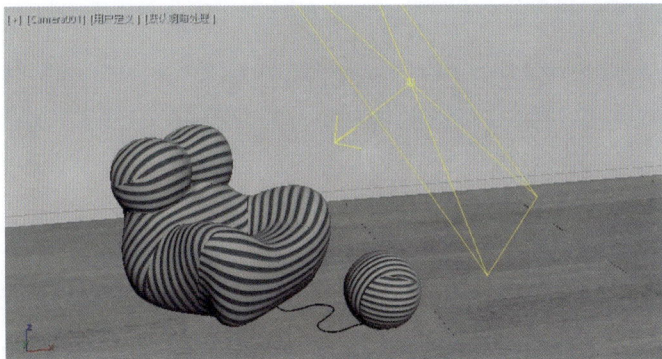

图 7-23　平面灯光形状

图 7-24　平面灯光效果

2．穹顶灯

穹顶灯形状类似于一个半球体，模拟了自然界中天光通过大气层反射形成的光照效果。穹顶灯光形状如图 7-25 所示，穹顶灯光效果如图 7-26 所示。

图 7-25　穹顶灯光形状

图 7-26　穹顶灯光效果

3．球体灯

球体灯模拟了球状光源的照明效果，适用于需要均匀照亮场景或特定区域的场合。球体灯光形状如图 7-27 所示，球体灯光效果如图 7-28 所示。

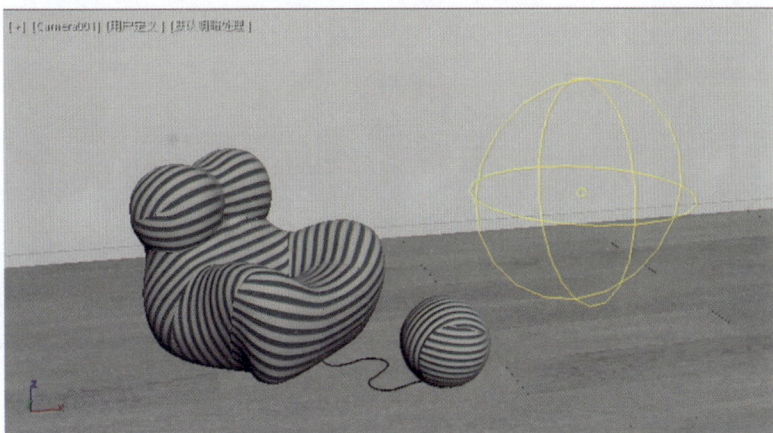

图 7-27　球体灯光形状

图 7-28　球体灯光效果

4．网格灯

网格灯通过指定一个三维网格模型作为灯光的形状，使得灯光能够按照该模型的轮廓进行照明。这种灯光类型特别适用于那些需要特殊形状照明效果的场景，如异形灯具、装饰性照明等。

在 VRay 网格灯的属性编辑器中，通过 Pick mesh 选项指定之前创建的三维网格模型作为灯光的形状，如图 7-29 所示。

网格灯光形状如图 7-30 所示，网格灯光效果如图 7-31 所示。

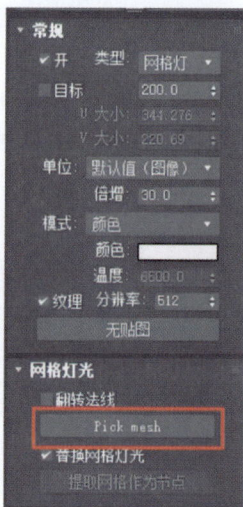

图 7-29　网格灯设置

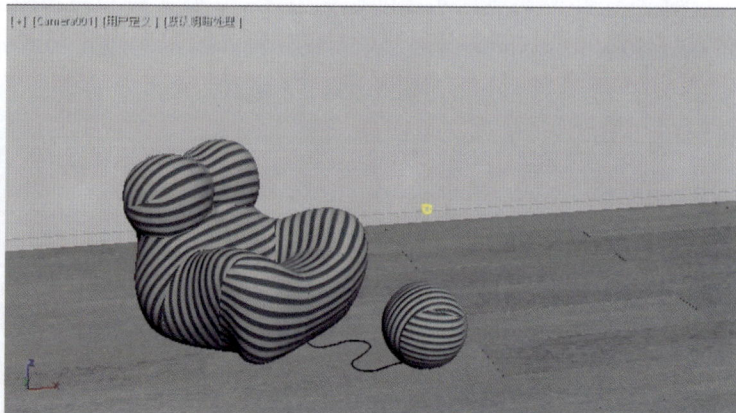

图 7-30　网格灯光形状

图 7-31　网格灯光效果

5．圆形灯

通过模拟圆形光源的照明效果，为场景提供均匀且柔和的光线。圆形灯光形状如图 7-32 所示，圆形灯光效果如图 7-33 所示。

图 7-32　圆形灯光形状

图 7-33　圆形灯光效果

7.3.2　VRayIES

VRayIES 是 3dsMax 中 V-Ray 渲染器的一种灯光类型,它基于 IES(Illuminating Engineering Society,照明工程学会)文件来定义灯光的光强分布模式。IES 文件包含了真实世界中灯泡或灯管等光源的详细光分布信息,通过这些文件,VRayIES 灯光能够在 3ds Max 场景中准确地模拟出各种实际灯具的光照效果。

在 3ds Max 中,选择"创建"→"灯光"→ VRay → VRayIES 命令。

在视图中,单击并拖动鼠标,以创建 VRayIES 灯光。在"修改"面板中,单击"IES 文件"按钮,选择要导入的 IES 文件,单击"打开"按钮。调整 VRayIES 灯光的参数,如强度、颜色、阴影等,参数设置如图 7-34 所示。

课堂案例 2：书房光照效果

在现代书房场景中试用 VRay 灯光制作窗口灯光、落地灯和橱窗灯光效果,案例中窗口灯光和橱窗灯光的灯光类型为平面灯,落地灯的灯光类型为网格灯。打开场景文件,如图 7-35 所示。

选择"创建"→"灯光"→ VRay 命令,如图 7-36 所示。

在场景的窗户外面创建一盏 VRay 灯光,从外向内照射,如图 7-37 所示。创建完成后选择"修改"→"常规"命令,设置类型为"平面灯","倍增"为 2.0,颜色为暖黄色,展开"选项"卷展栏,选中"不可见",取消选中"影响高光"和"影响反射",如图 7-38 所示。

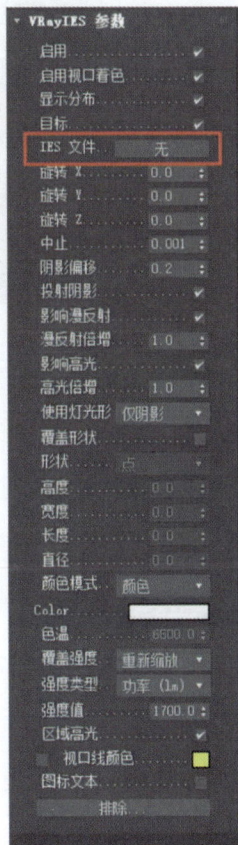

图 7-34　VRayIES 参数设置

图 7-35　场景文件

图 7-36　创建灯光

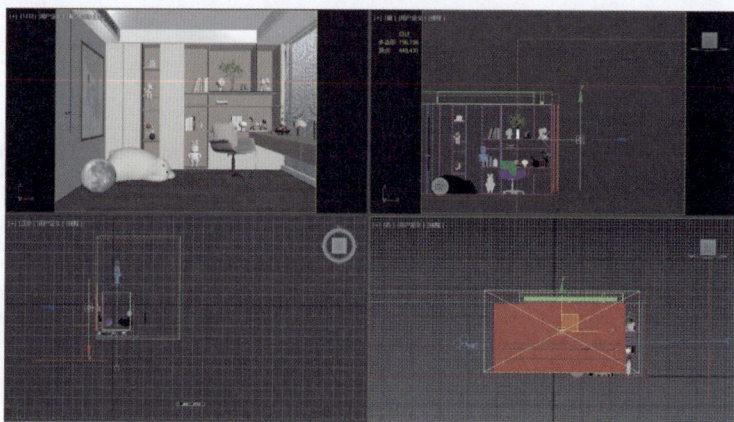

图 7-37　窗外灯光设置

书房光照效果

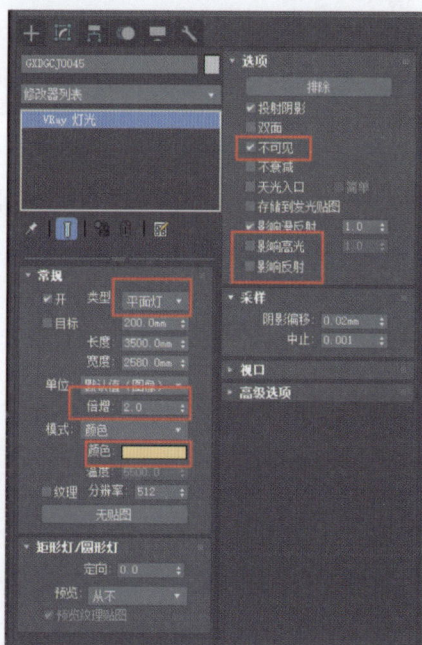

图 7-38　灯光参数设置

用同样的方法在书柜凹槽上方创建 VRay 灯光，设置类型为"平面灯"，"倍增"为 25.0，颜色为暖黄色，展开"选项"卷展栏，选中"不可见"。书柜灯光设置如图 7-39 所示，书柜灯光参数设置如图 7-40 所示。用相同的方式将其他书柜点亮。

图 7-39　书柜灯光设置

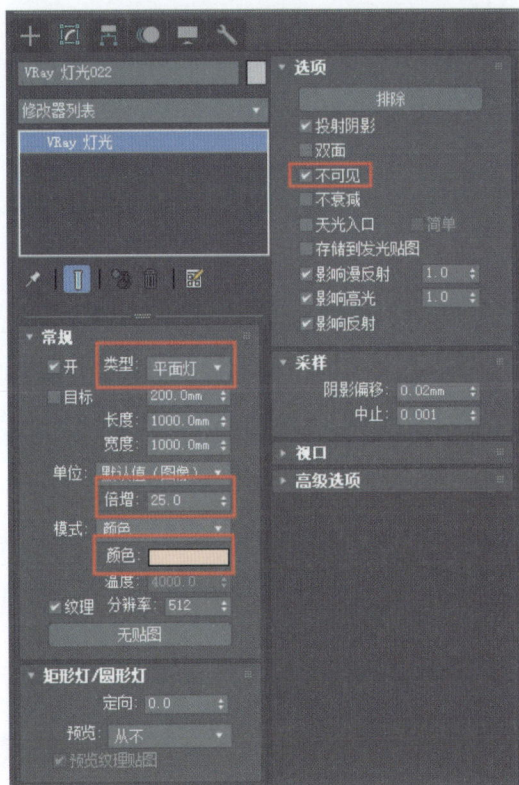

图 7-40　书柜灯光参数设置

在书房上方创建 VRay 灯光，照亮整个房间，设置类型为"平面灯"，"倍增"为 8.0，颜色为淡黄色，展开"选项"卷展栏，选中"不可见"，取消选中"影响高光"和"影响反射"。书房灯光设置如图 7-41 所示，书房灯光参数设置如图 7-42 所示。

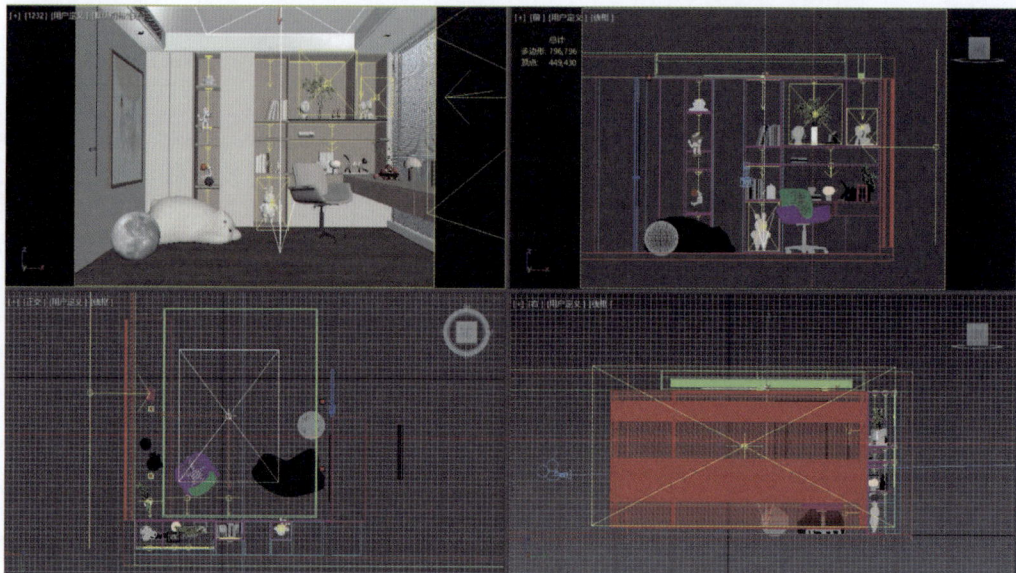

图 7-41　书房灯光设置

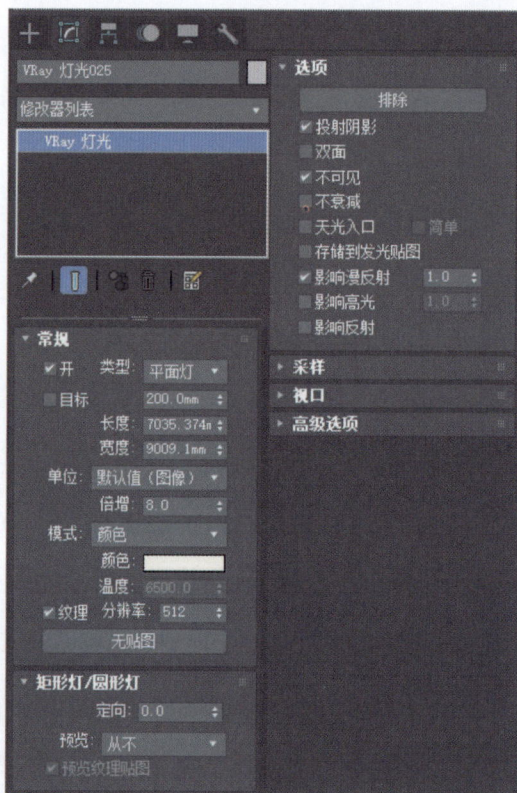

图 7-42　书房灯光参数设置

设置完成后按 Shift+Q 快捷键将其渲染,书房光照效果图如图 7-43 所示。

图 7-43　书房光照效果图

任务 7.4　最终渲染设置

在工具栏中单击"渲染设置"按钮,在弹出的"渲染设置:扫描线渲染器"窗口中,单击"渲染器"选项右侧的下拉按钮 ,在打开的列表中选择 V-Ray 6 Update 1.1,如图 7-44 所示。

在"公用"选项卡中,设置"输出大小"参数,"宽度"设置为 3000,"高度"设置为 2250,如图 7-45 所示。

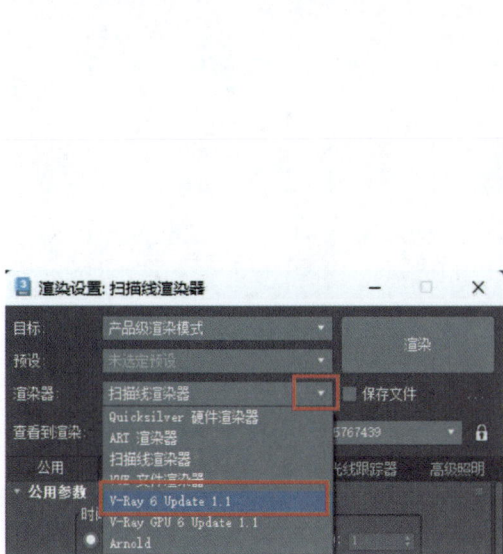

图 7-44　渲染设置

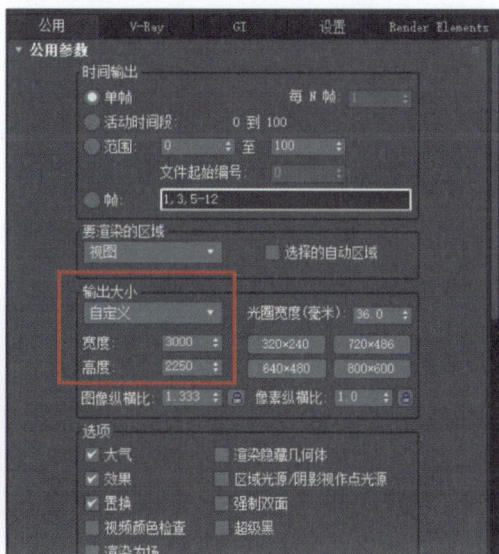

图 7-45　公用参数设置

在"渲染输出"参数中，选中"保存文件"，单击右侧"文件"按钮，设置保存路径，如图 7-46 所示。

在 V-Ray 选项卡中打开"全局开关"卷展栏，在窗口右侧单击"默认"按钮，将其转换为"高级"，如图 7-47 所示。

在"全局开关"卷展栏高级模式中，选中"隐藏灯光"，将"默认灯光"设置为"关闭 GI"，并将"自适应灯光"修改为"全灯光评估"，如图 7-48 所示。

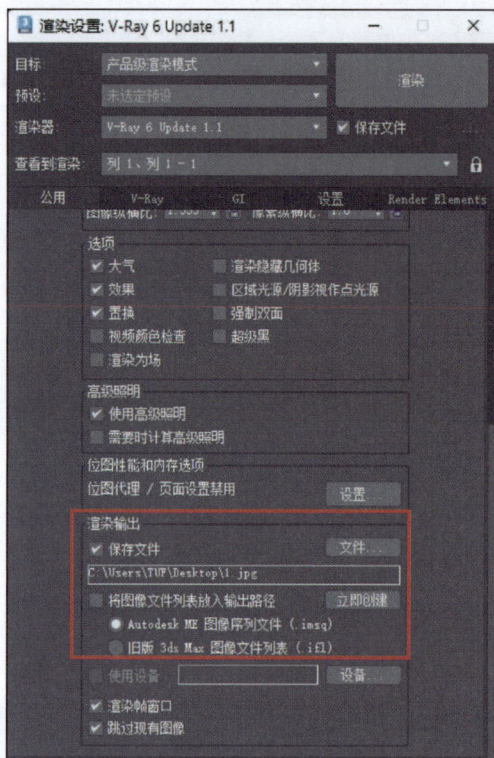

图 7-46　设置保存路径

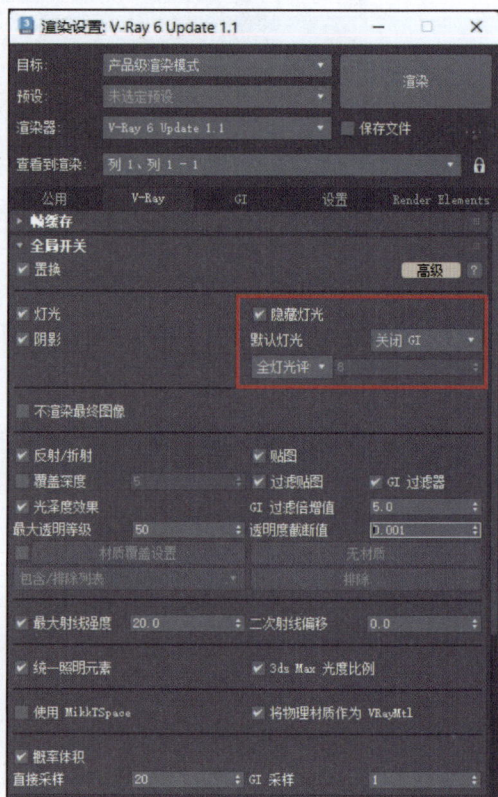

图 7-48　隐藏灯光

图 7-47　全局开关转换高级

打开"图像采样器（抗锯齿）"卷展栏，将"类型"选择为"小块式"，"最小着色比率"设置为 16。在对应的"小块式图像采样器"卷展栏中，将"最小细分"设置为 2，"最大细分"设置为 16，"噪点阈值"设置为 0.005，如图 7-49 所示。

打开"图像过滤器"卷展栏选中图像过滤器，将"过滤器类型"设置为 Catmull-Rom，如图 7-50 所示。

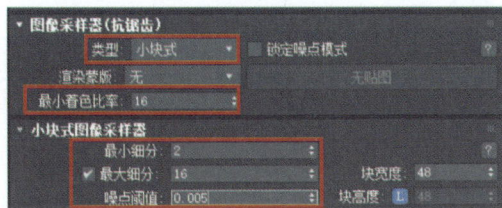

图 7-49　小块式图像采样器参数设置

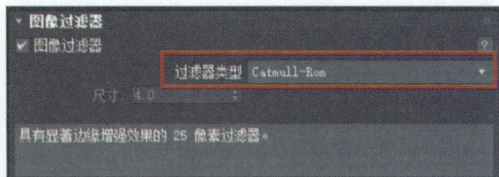

图 7-50　图像过滤器设置

在 GI 选项卡中，打开"全局照明"卷展栏，将"首次引擎"设置为 Brute force，"次级引擎"设置为"灯光缓存"，并选中"环境光遮蔽"，参数设置为 1.0，半径设置为 20.0。"灯光缓存"卷展栏中，将"细分"设置为 1500，如图 7-51 所示。

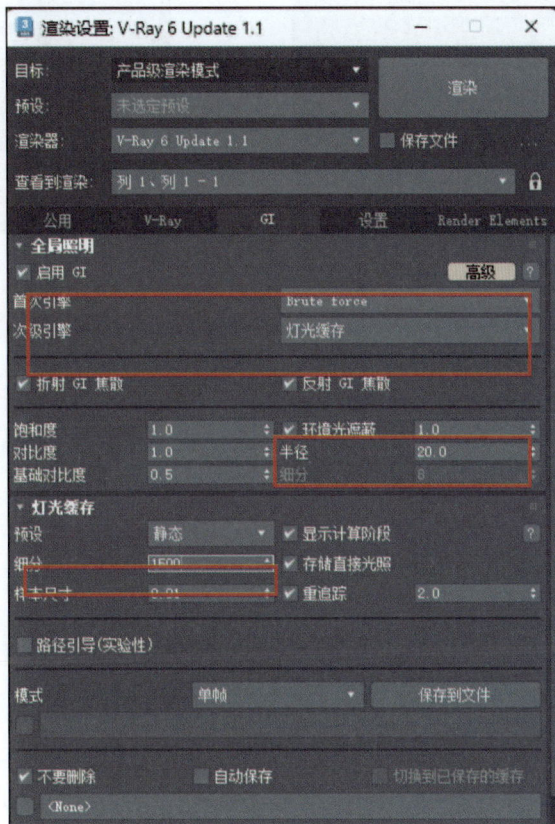

图 7-51　全局照明参数设置

在 Render Elements 选项卡中，打开"渲染元素"卷展栏，单击"添加"按钮，在"渲染元素"中选择 VRayDenoiser，单击"确定"按钮，并选中"激活元素"，如图 7-52 ～图 7-54 所示。

参数设置完成后，即可单击"渲染"按钮进行渲染。

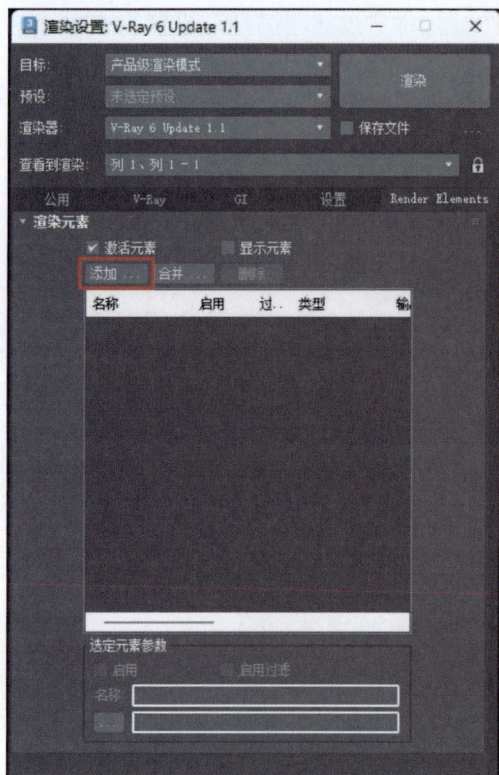

图 7-52　Render Elements 添加元素

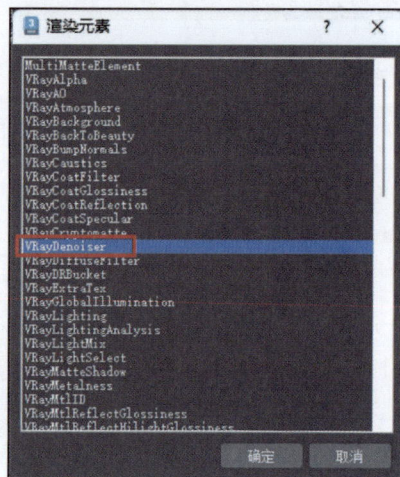

图 7-53　VRayDenoiser 渲染元素选择

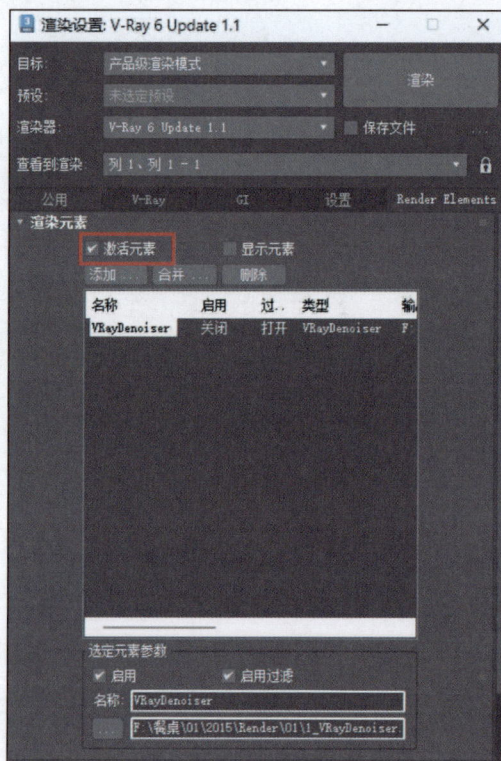

图 7-54　选中激活元素

课堂案例 3：添加 VRayLightMix 渲染元素

在传统的 3D 渲染工作流程中，当需要调整不同灯光的强度、颜色、阴影等参数时，通常需要重新渲染整个场景，无法提高工作效率。在 V-Ray 6 中可以使用 V-Ray 灯光混合对每个光源进行极为灵活的调整。实时控制灯光参数，如直接通过滑块或数值改变强度或用颜色拾取器调整颜色，且可单独开启、关闭某一个或多个灯光，单独控制每个光源效果，有助于高质量的最终效果呈现，能够精准营造灯光氛围。

添加 VRayLightMix 渲染元素

在工具栏中，单击"渲染设置"按钮，在弹出的"渲染设置：扫描线渲染器"窗口中，单击选中 Render Elements 选项卡，打开"渲染元素"卷展栏，单击"添加"按钮，在"渲染元素"中选择 VRayLightMix，单击"确定"按钮，并选中"激活元素"，如图 7-55 所示。

选中 V-Ray 选项卡，打开"帧缓存"卷展栏，选中"启用内置帧缓存"，如图 7-56 所示。参数设置完成后，即可单击"渲染"按钮进行渲染。

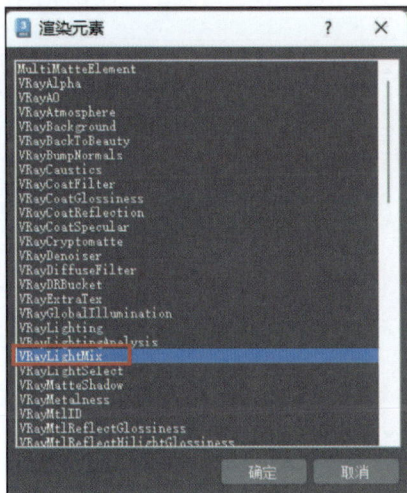

图 7-55　VRayLightMix 渲染元素添加

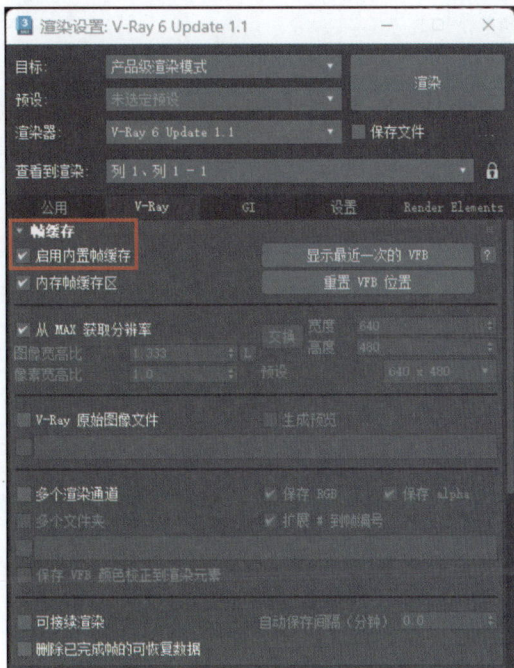

图 7-56　启用内置帧缓存

在 V-Ray Frame Buffer 窗口中，单击右侧"图层"窗口中的"源：灯光混合"，即可对场景中的所有灯光进行实时调整，调整每个灯光的属性，如亮度、颜色、阴影等，以达到理想的效果，如图 7-57 所示。

参数调整至合适数值后，可单击"到场景"按钮，使灯光参数应用至每盏灯光中，再次单击"渲染"按钮即可，如图 7-58 所示。

图 7-57　灯光缓存窗口

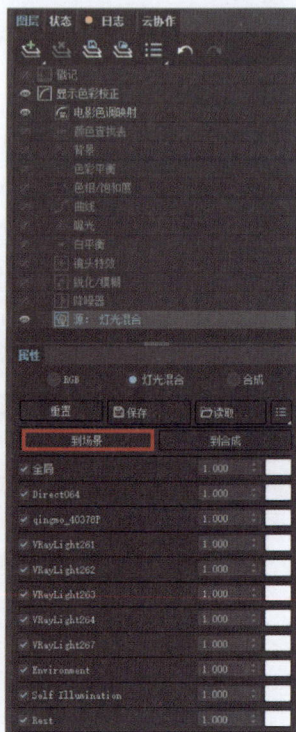

图 7-58　参数应用到场景

项目重难点总结

　　本项目的重难点主要集中在理解并应用不同类型的灯光（如泛光灯、聚光灯和平行光）及其参数设置,掌握自然光和人工光源的模拟技巧；以及如何通过灯光来实现逼真的光照效果,同时还需掌握阴影的创建和调整,以及如何利用渲染元素进行后期处理,这些都是提升渲染质量和效率的关键技术点。

项目8 建造现代极简风卧室

【素质目标】

本项目通过介绍现代极简风格的特点,引导学生理解简约设计的理念,强调"少即是多"的美学观念,培养学生简约、实用的生活态度。通过实践操作,使学生掌握现代极简风格卧室的建模技巧,培养学生的动手能力和创新精神,同时引导学生思考如何通过技术手段实现设计理念。

建造现代极简风卧室

1. 培养学生的创新思维和审美能力。

2. 激发学生对室内设计行业的兴趣和热情,提升专业素养。

3. 培养学生团队协作能力与解决问题的能力。

【知识目标】

1. 理解现代极简风格的设计理念,包括色彩搭配、空间布局、材质选择等方面的知识。

2. 学习如何根据设计需求选择合适的家具和装饰品,以及它们在卧室中的摆放位置和比例关系。

3. 理解建模、材质、灯光和渲染等方面的理论知识,为实际创作提供理论支持。

【能力目标】

1. 掌握可编辑多边形命令的使用,能够灵活处理复杂模型的细节,如家具的边角、曲线的弧度等。

2. 掌握材质编辑器的高级功能设置,如反射、折射、高光等参数的调整,使材质更加逼真。

3. 掌握灯光和阴影的设置方法,营造出适合现代极简风格的照明效果。

4. 掌握 V-Ray 渲染器的使用方法,包括渲染参数的设置、材质和灯光的调整等,以获得高质量的渲染效果。

【本项目要点提示】

- 各种建模方式的灵活应用;
- 极简风格材质贴图应用;
- 摄像机创建;
- 无主灯设计中的灯光设置。

任务 8.1 项目空间分析

目前室内设计在我国现代化经济建设中发挥着重要作用,其主要目的是创造高质量的生活环境,实现高品质的舒适度,提高生活水平。室内设计是反映人类物质生活和精神生活的一面镜子，是生活创造的舞台。

本案例旨在制作现代极简风卧室，最大的特征就是它造型简洁，反对多余的装饰且注重空间设计的功能性和实用性，同时也注重呈现空间结构及装饰元素本身的美感。但是现代简约风格会根据整个现场装修情况进行综合考虑，在墙面、吊顶等占据视觉比例较大的空间进行留白，以减少视觉负担。同时采用全屋无主灯设计，摒弃传统的吊灯或者是吸顶灯，选择筒灯、磁吸轨道灯，又或者是格栅射灯进行搭配。简约而不简陋肤浅，而是经过提炼形成精、约、简、省的风格，以个性化、简单化的装修方式打造舒适的家居环境。搭配暖色调，如治愈系的奶茶色，使空间活泼又不失质感，让人感到宁静与舒适，融入灯带以诠释繁归于简的生活态度。

设计始于量房，不管是家装还是工装，在所有装修前量房是必备的，我们需要到现场手绘并量尺。量房时，设计师和业主一般都会到场，在业主对设计有一定想法的时候可以和设计师沟通，看看这些方法是否行得通，沟通起来会更有效果。量房基本流程为：以门为起点，可以顺时针或逆时针绕一圈，并在手绘图上标注好墙面尺寸。测量门高、门洞大小、窗的大小、窗高及离地，这些必不可少。测量房内梁的高度和宽度，这两个尤为重要，它决定了房屋内的吊顶及造型。将量房的手绘图在 CAD 中先用直线（LINE）命令框出大概的框架，再用偏移（OFFSET）命令往外偏移墙体 240mm，最后用合并（FILLET）命令合并线段。在现有基础上进行细化完善，具体包括：补充梁的绘制、明确标注梁体的高度与宽度尺寸，并完善全屋结构标注系统，这样原始框架就基本完成了，如图 8-1 所示。

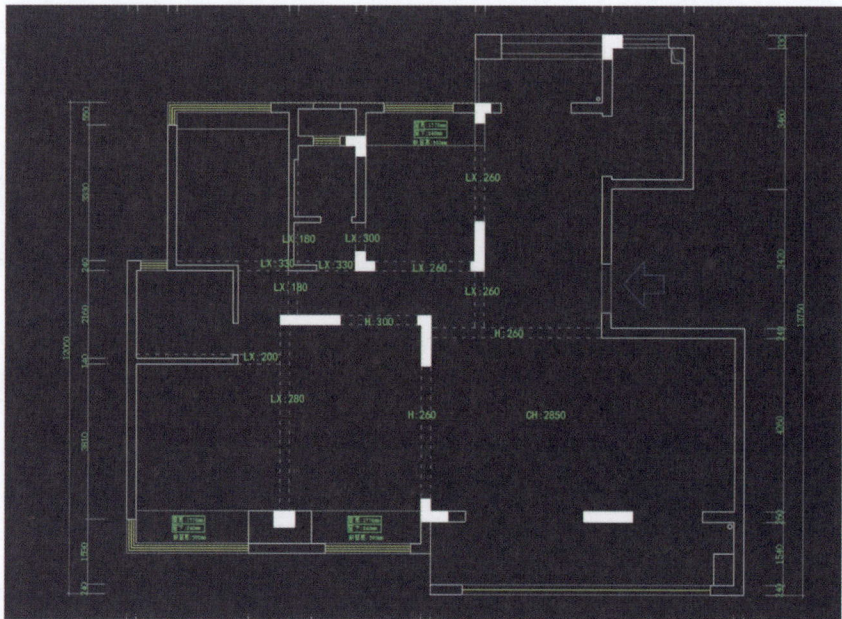

图 8-1　CAD 原始框架

平面方案布置图是设计方案的第一步，也是最重要的一步。一张优秀的平面图不需要多么酷炫，多么新颖，多有创意，而是要全面考虑，让每个空间都符合人性化设计和人体功能学，让每个空间的优势都发挥到极致，不浪费也不拥挤，使空间利用率最大化。

其次，需要考虑空间功能划分是否合理，分区合理是进行下一步设计的关键，也决定了整个空间的动线合理化。在对其进行划分的同时需要考虑人们在这个空间中的活动轨迹，进行更合理的动静分区，尽量避免出现复杂、迂回路线。

接着，需要根据业主的生活习惯对家具进行合理摆放，具体考虑朝向、大小等。家具作为室内空间的重要组成部分，与空间呈相辅相成的关系，作为室内空间的主体，对空间的影响还是较为明显的。

此外，一定要学会运用光线，它为室内提供能量，如能合理地运用灯光，打造出舒适、温馨的环境，便成就了美感。

本案例的空间布局满足了业主基本的生活需求且布局合理，运用动静分离的方式，在保持动区基本活动的基础下，又让静区保持一定的私密性，减少彼此间的干扰，平面方案布置图如图 8-2 所示。

图 8-2　平面方案布置图

任务 8.2　模型的建立

8.2.1　整理 CAD 平面

为了提高制作效率，需要简化 CAD 平面图，以避免工程文件占用计算机资源，从而导致计算机卡顿。由于本案例为现代极简风卧室制作，因此可以删除房间其余部分。

整理 CAD 平面

在 AutoCAD 中打开学习资源中的"现代极简风卧室"→"CAD图纸"→"精简平面"文件，本案例的 CAD 平面图如图 8-3 所示。把无用的空间线条删除，包括外框、标注尺寸等。删除后的效果图如图 8-4 所示。

框选图块，按快捷键 W，选择 W（WBLOCK）命令以保存选定的对象或将块转换为指定的图形文件，如图 8-5 所示。然后在写块面板中设置"插入单位"为毫米，使其与 3ds Max 中的系统单位统一，接着选择保存路径，如图 8-6 所示。

图 8-3　房屋精简平面图

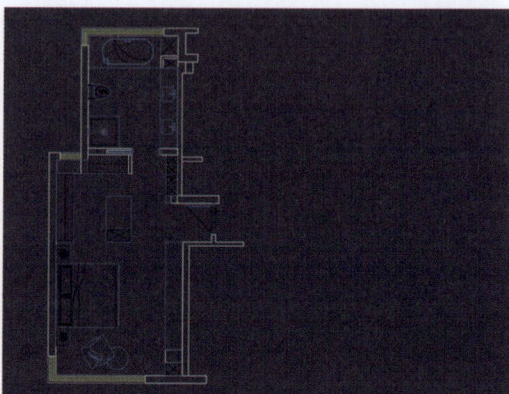

图 8-4　简化后卧室精简平面图

图 8-5　保存图形文件命令

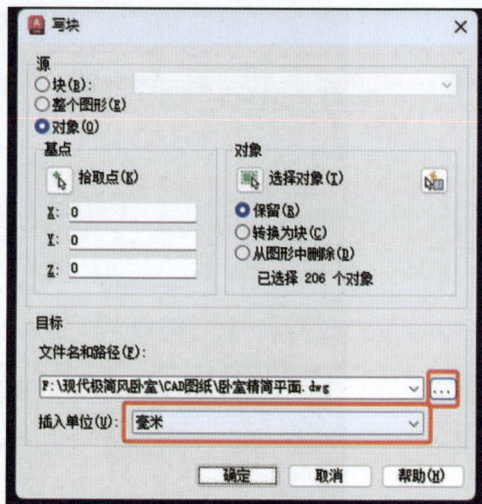

图 8-6　"写块"面板

在选择保存路径时，系统会弹出"浏览图形文件"对话框，输入保存的 CAD 图纸名称，以中文标准名字的方式命名。在设置"文件类型"时，保存的 CAD 版本一定要比 3ds Max 的版本低或者与之相等，否则是无法导入的，如图 8-7 所示。

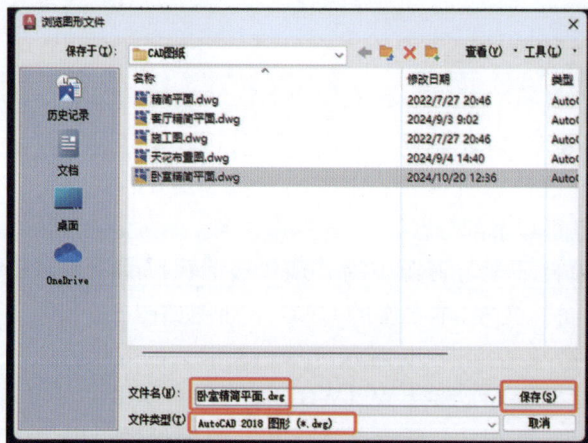

图 8-7　"浏览图形文件"对话框

8.2.2　导入 CAD 图纸

（1）启用 3ds Max，在导入 CAD 图纸之前需要进行单位设置，选择菜单栏中的"自定义"→"单位设置"命令，显示单位比例中的"公制"选择为"毫米"，如图 8-8 所示。同时将系统单位设置中的单位比例改为"毫米"，如图 8-9 所示。

导入 CAD 图纸

（2）设置完成后将 CAD 图纸导入 3ds Max，选择菜单栏中的"文件"→"导入"命令，找到之前保存的 CAD 文件后单击"打开"按钮，在弹出对话框中，选中"重缩放"并单击"确定"按钮，如图 8-10 所示。这样我们会看到 CAD 图纸已经导入 3ds Max 中了。

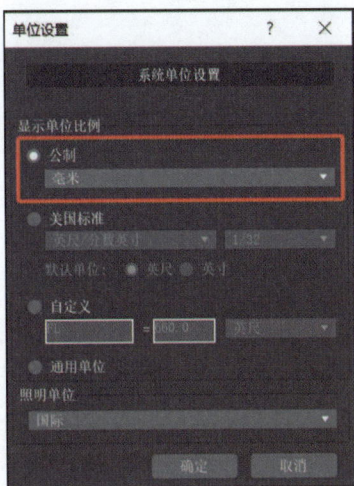

图 8-8　"单位设置"面板

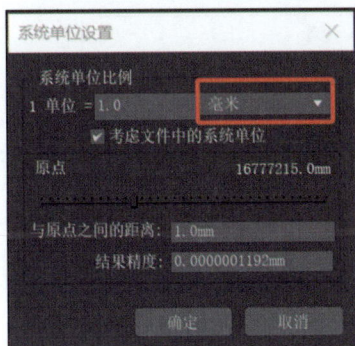

图 8-9　"系统单位设置"面板

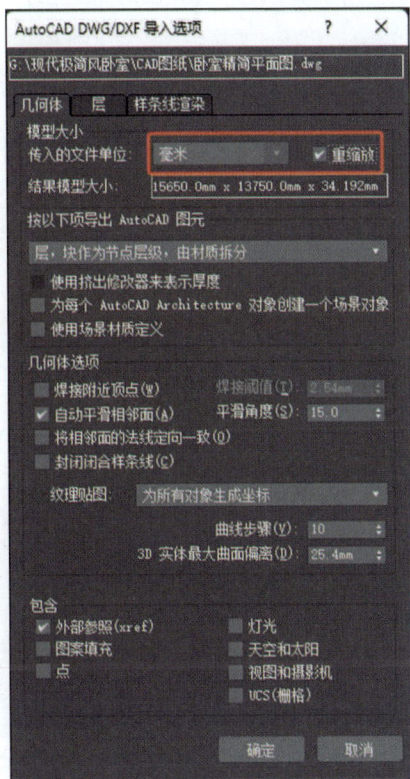

图 8-10　"Auto CAD DWG/DXF 导入选项"设置面板

（3）将导入的 CAD 图纸进行打组（或在菜单选择"自定义"→"自定义用户界面"命令进行快捷键编辑，将编组的快捷键指定为 Ctrl+G）。打组完成后，选择平面图，在"选择并移动"工具上右击，然后设置"绝对：世界"的坐标值均为 0，如图 8-11 所示，也就是把平面图设置到世界原点位置。

（4）接着按 Z 键最大化显示平面图，最后按 G 键去掉栅格，方便操作和观察对象。最后右击冻结当前选项，最终效果如图 8-12 所示。

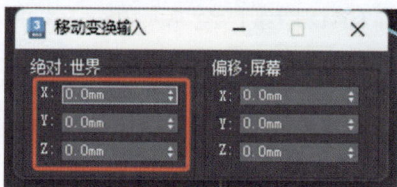

图 8-11　"移动变换输入"设置面板

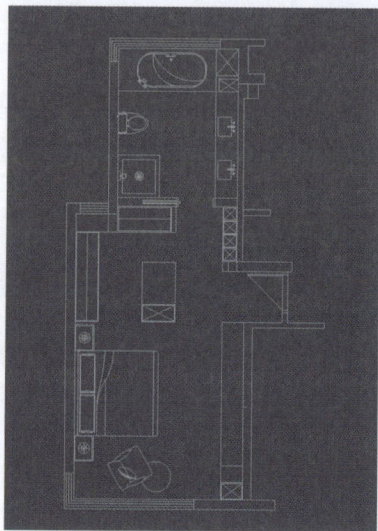

图 8-12　CAD 图纸导入效果

8.2.3　墙体的建模

1．创建墙体基线

在已经导入 CAD 图纸的基础上，运用样条线对图纸进行画框。这里我们可以先进行栅格和捕捉设置，长按捕捉开关，使用"2.5D 捕捉"，同时右击打开"栅格和捕捉设置"对话框，取消选中"栅格点"并选中"顶点""端点""中点"。在"选项"选项卡中选中"捕捉到冻结对象"和"启用轴约束"，如图 8-13 所示，最后打开捕捉开关进行辅助。

墙体的建模

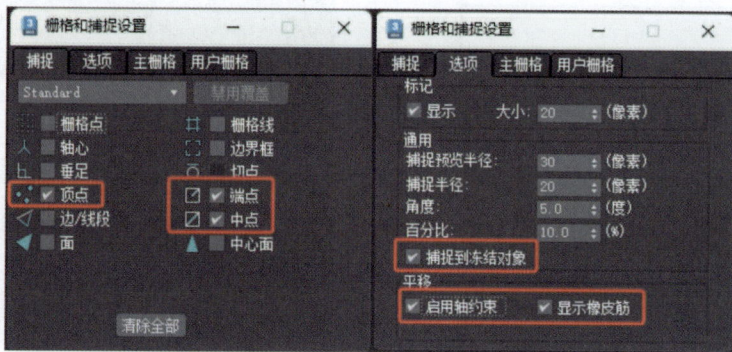

图 8-13　"栅格和捕捉设置"面板

切换到顶视图，选择"创建"→"图形"→"样条线"命令，取消选中"开始新图形"，通过捕捉图纸顶点来绘制墙体的线，如图 8-14 所示。

2．创建墙体立面

在完成后选择"修改"→"修改器列表"→"挤出"命令，挤出墙体层高为 2850mm，如图 8-15 所示。

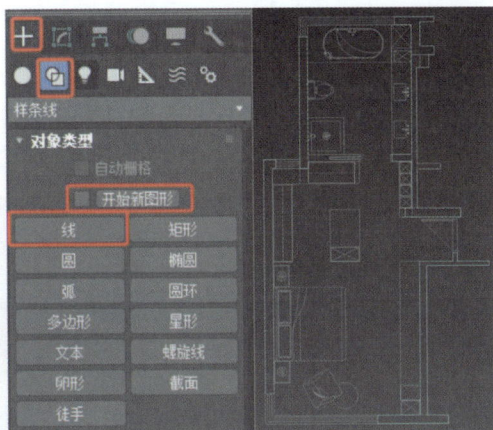

图 8-14　绘制样条线

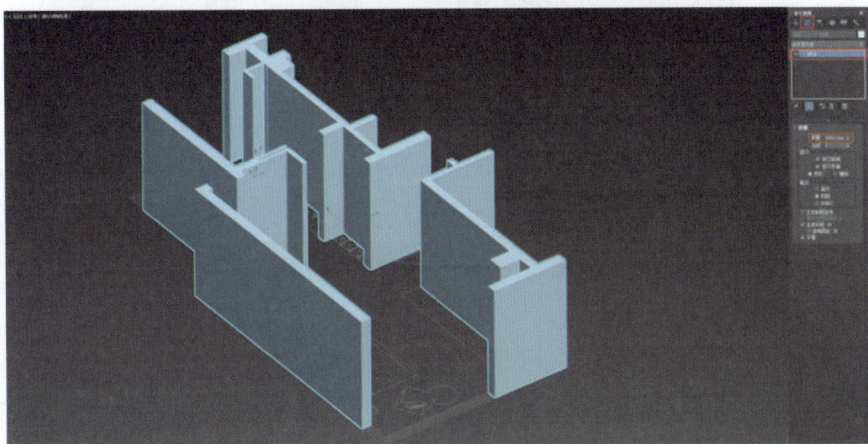

图 8-15　挤出墙体效果

3．创建窗下墙体基线

接下来绘制窗下墙体,选择"创建"→"图形"→"矩形"命令,取消选中"开始新图形",通过捕捉图纸顶点来绘制墙体的线,效果如图 8-16 所示。

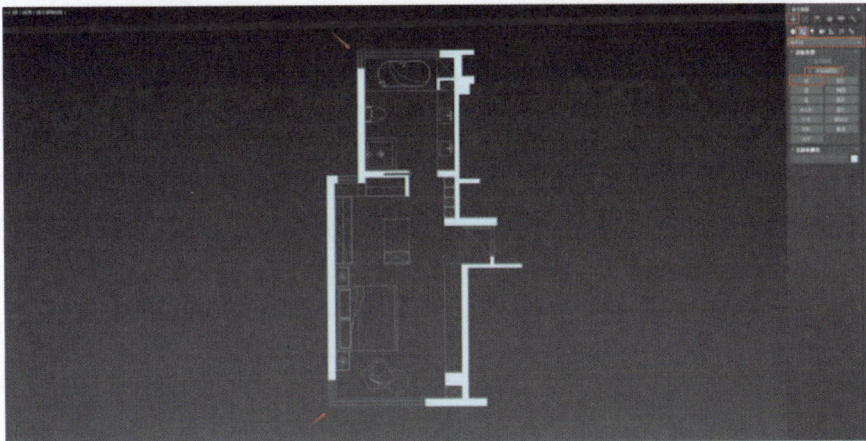

图 8-16　墙体样条线绘制效果

4．创建窗下墙体立面

选择"修改"→"修改器列表"→"挤出"命令，挤出墙体层高为 500mm。通过 Shift 键将墙体原地复制，将挤出高度改为 340mm，再利用捕捉工具上移作为窗上墙体，最终效果如图 8-17 所示。

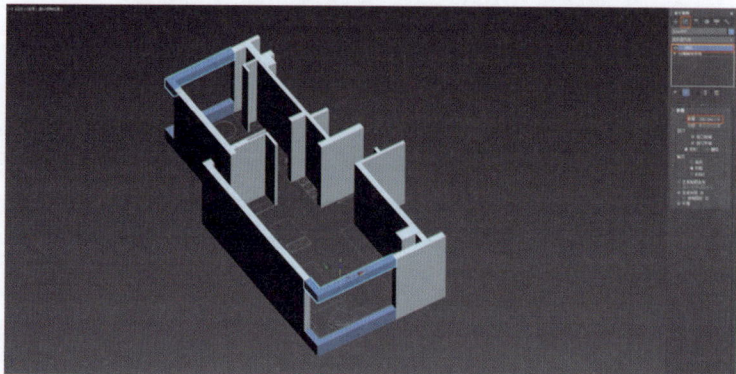

图 8-17　窗上墙体建模最终效果

同理用样条线绘制出另一块窗下墙体区域，窗下墙体高度为 900mm，窗上墙体高度为 340mm，墙体建模最终效果如图 8-18 所示。

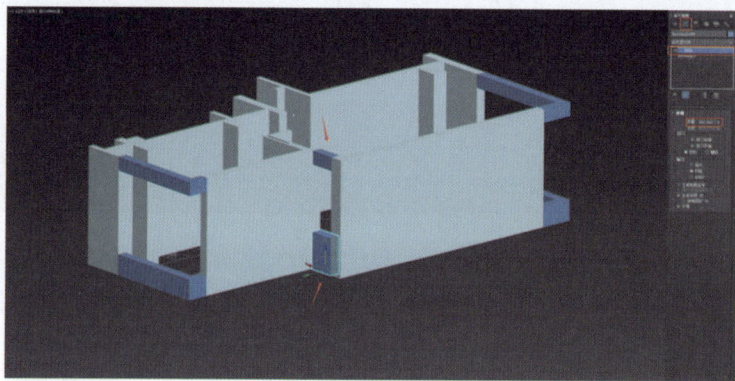

图 8-18　墙体建模最终效果

8.2.4　卧室天花板和地板建模

1．主卧天花板建模

（1）将整理好的天花板布置图导入 3ds Max，同时对布置图进行打组。移动至适当位置，接着按 Z 键最大化显示平面图，按 G 键去掉栅格，方便操作和观察对象。最后右击冻结当前选项。

主卧天花板建模

（2）首先制作主卧天花板，根据 CAD 图对卧室的天花板进行轮廓描边，选择"创建"→"图形"→"矩形"命令，选中"开始新图形"，选择矩形图纸并进行画框，预留出灯带位置，如图 8-19 所示。

（3）在完成后选择"修改"→"修改器列表"→"挤出"命令，根据天花板尺寸图挤出墙体层高分别为 –80mm、–40mm，如图 8-20 所示。

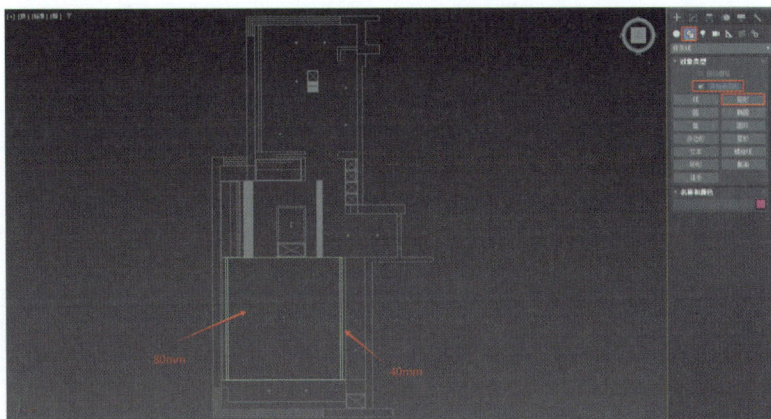

图 8-19　主卧天花板吊顶样条线绘制

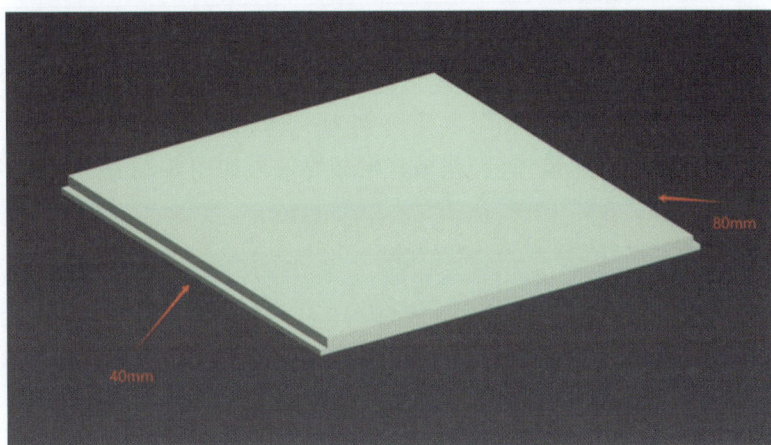

图 8-20　主卧天花板吊顶造型效果 1

（4）接着绘制卧室剩余天花板区域，样条线如图 8-21 所示。挤出天花板高度为 −350mm，效果如图 8-22 所示。

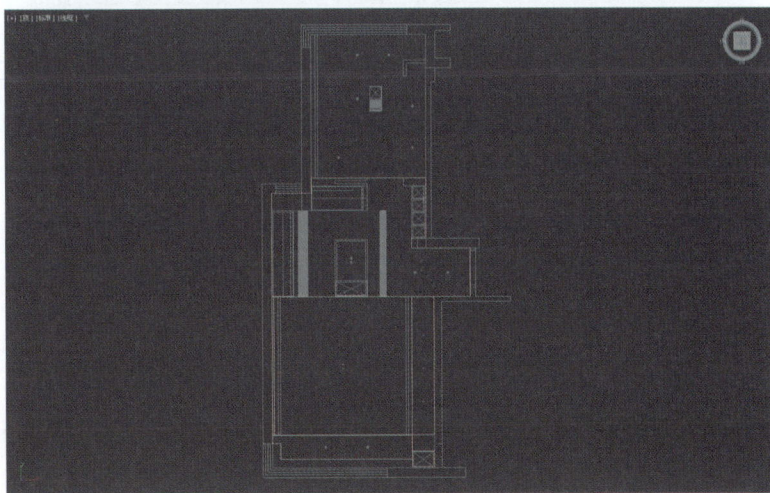

图 8-21　天花板吊顶样条线绘制

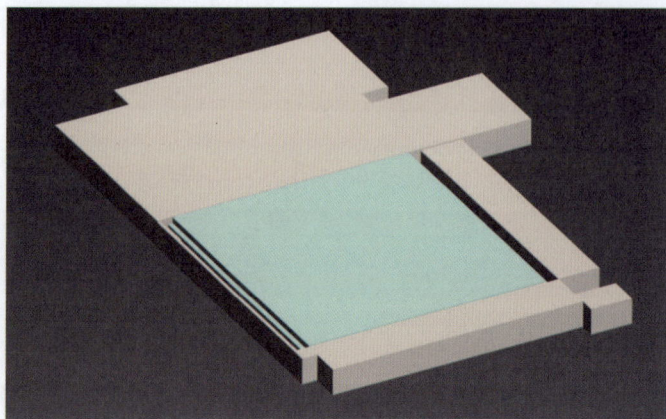

图 8-22　主卧天花板吊顶造型效果 2

2．主卫天花板建模

　　根据 CAD 天花布置图对主卫天花板区域进行轮廓描边，创建两个矩形样条线，如图 8-23 所示。将其进行"挤出"，高度分别为－270mm 和－80mm，对其进行摆放，将天花板捕捉、移动、镶嵌至墙体，天花板建模最终效果如图 8-24 所示。

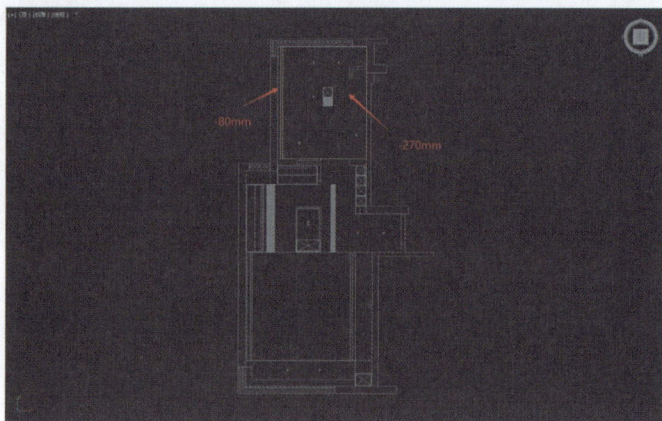

图 8-23　主卫天花板样条线绘制

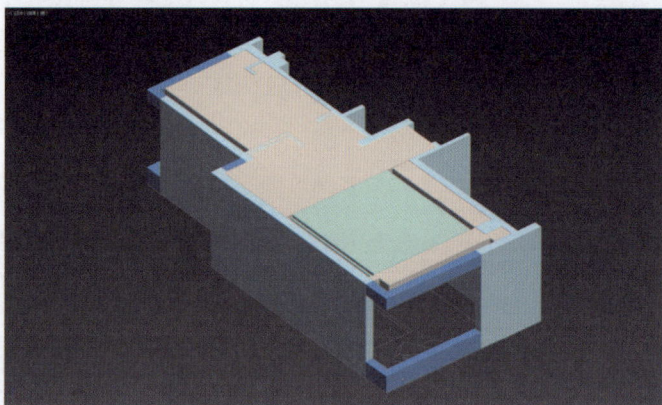

图 8-24　天花板建模最终效果

3．地板建模

隐藏所有物体，绘制地板区域，样条线区域如图 8-25 所示。挤出地板高度为 10mm，地板建模最终效果如图 8-26 所示。

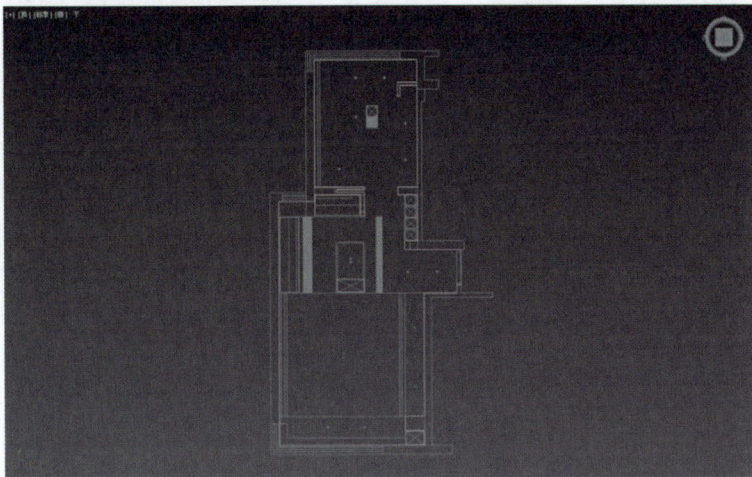

地板建模

图 8-25　地板样条线区域

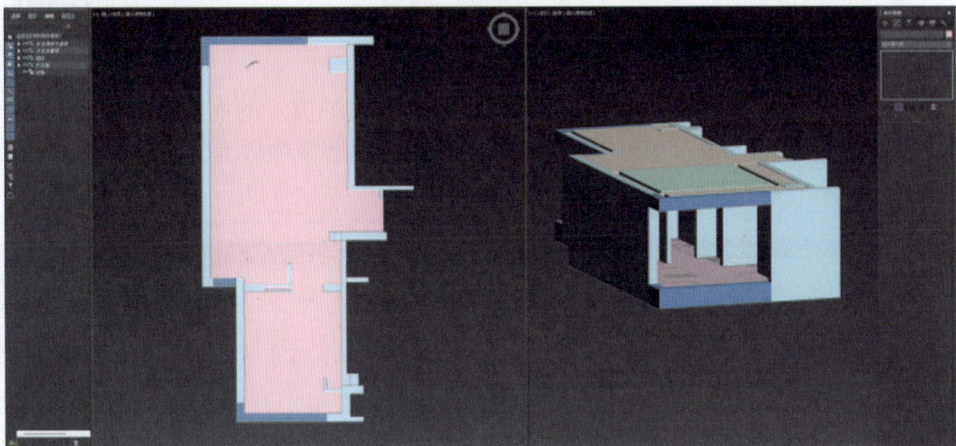

图 8-26　地板建模最终效果

8.2.5　展示柜的建模

（1）建立一个 400mm×540mm×2500mm 的长方体，与电视机柜平齐，使它们在同一平面，更具美感，右击长方体，将其转换成可编辑多边形。选择"边"或"边界"→"编辑边"→"连接"命令。按 Ctrl 键加选两条边并单击"连接"按钮，设置分段为 4，并且将边线移动至适当位置，如图 8-27 所示。

展示柜的建模

（2）选择"多边形"子对象层级并加选所有面，在编辑多边形中选择"插入"命令的设置键。再将类型改为"按多边形"，将数量改为 25mm。最后加选所有面，进行"挤出"，数量为 −400mm，效果如图 8-28 所示。

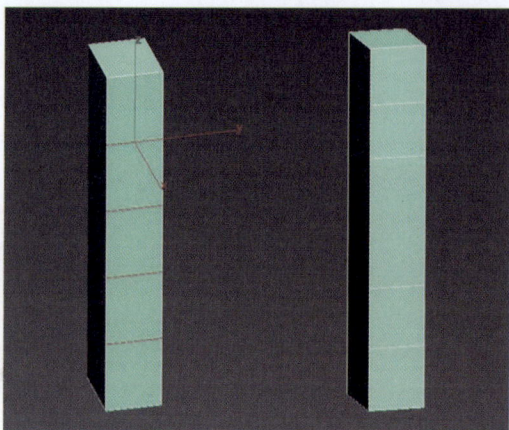

图 8-27 展示柜分段图

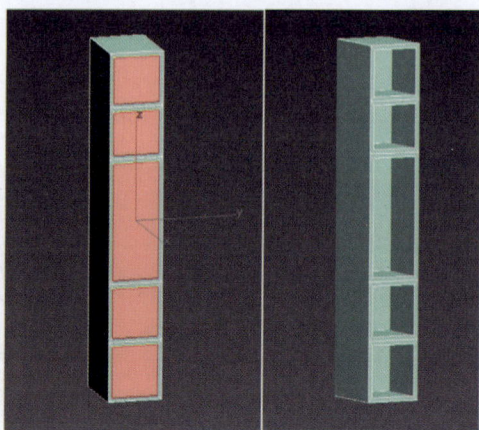

图 8-28 展示柜建模效果

（3）对对应边进行切角操作，选择"边"子对象层级，选择展示柜所有边线，在编辑边中选择"切角"，"边切角量"为 2mm，"链接边"分段为 5。

8.2.6 电视机柜的建模

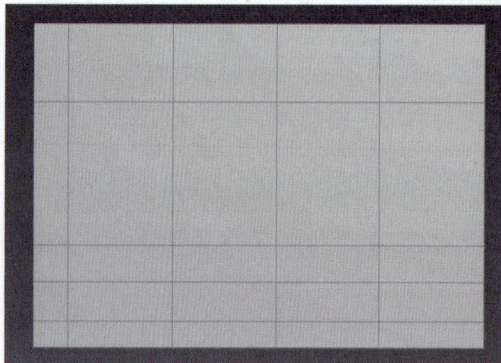

（1）首先创建一个 3370mm×300mm×2300mm、长度分段为 5、高度细分为 5 的长方体作为电视机柜，再将电视机柜长方体的分段线移动至合适位置，如图 8-29 所示。

电视机柜的建模

（2）选择中间预留的电视机位置的面以及下方收纳位置的面进行"挤出"，高度为−250mm。接着删除侧面多余面，最后选择边界元素，运用"封口"工具把模型的缺口封闭起来，最终效果如图 8-30 所示。

图 8-29 长方体分段

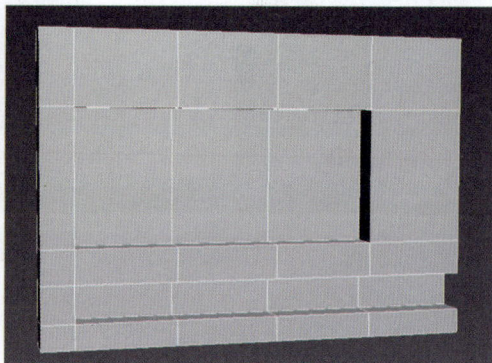

图 8-30 电视机柜基础造型最终效果

（3）选择下方收纳位置内里上下两条边线，进行"连接"，各个面的分段为 30，收缩改为 7，再选择所有分段线进行"挤出"，高度为−5mm，宽度为 4mm，电视机柜凹凸造型效果如图 8-31 所示。

（4）同理将电视机柜的纵向分段进行"挤出"，高度为−10mm，宽度为 4mm。同理将预留电视机位置的边线进行"连接"，再"挤出"，电视机柜最终效果如图 8-32 所示。

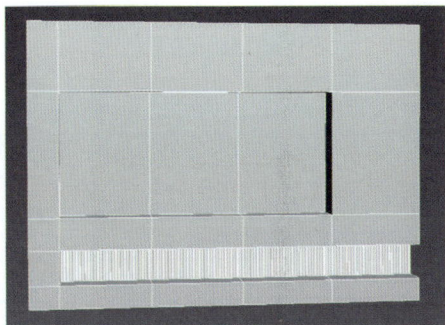

图 8-31　电视机柜凹凸造型效果　　　　　　图 8-32　电视机柜最终效果

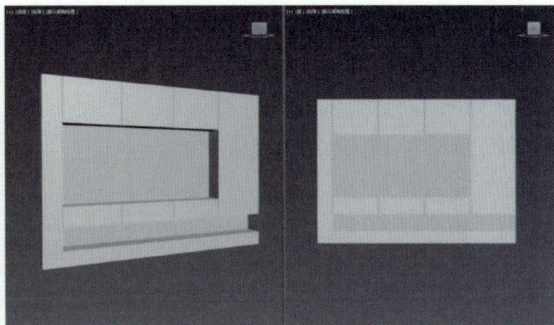

任务 8.3　摄影机的创建和设置

8.3.1　摄影机的创建

选择"摄影机"→"目标"命令,再选择前视图,创建"目标摄影机",如图 8-33 所示。

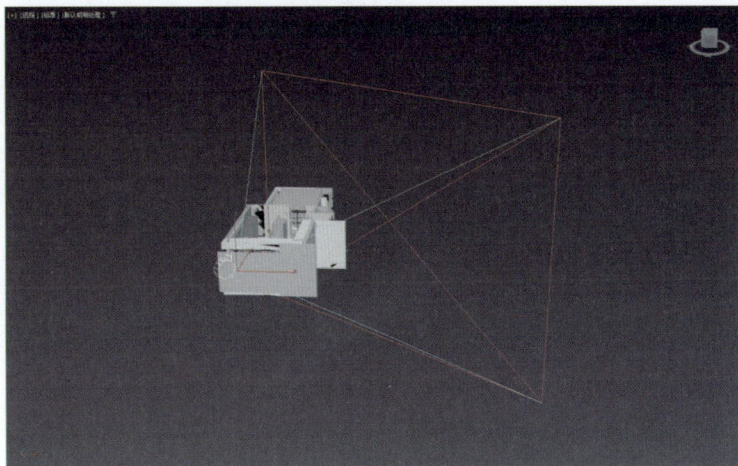

摄影机的创建

图 8-33　创建目标摄影机

8.3.2　摄影机的设置

(1)摄影机设置思路为:首先设置"视野",即摄影机视野所包含范围;然后设置"视角",即摄影机与被摄物体的距离;最后设置"视点",即通过改变视线消失点的方式,将画面调整至最佳视图。

(2)将视图切换为双视图,并将左视图切换为摄影机视图,激活安全框(快捷键为 Shift+F),将右视图切换为透视图;选择摄影机"修改",镜头设置为 18.0,视野自动切换为 90.0°;激活"剪切平面"子菜单的"手动剪切",近距剪切为500.0mm,远距剪切为 12000.0mm,如图 8-34 所示,摄影机视角效果图如图 8-35所示。

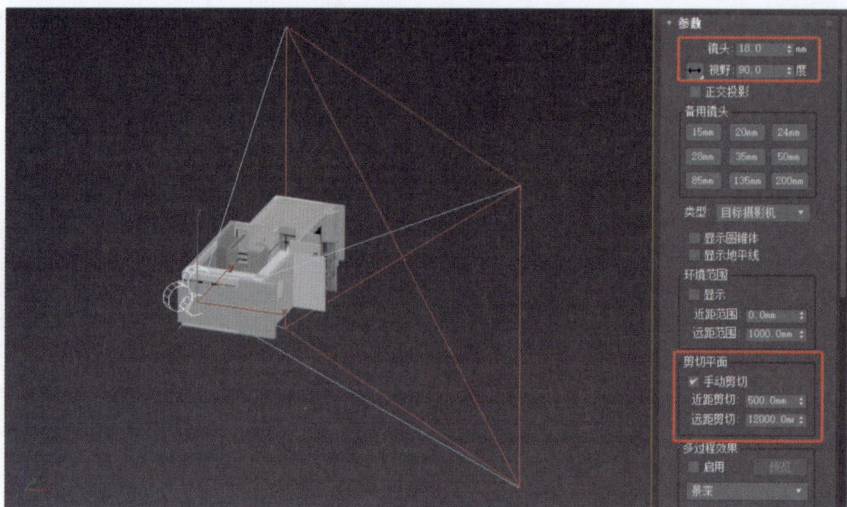

图 8-34　调整摄影机位置

图 8-35　摄影机视角效果图

任务 8.4　材质的设置

8.4.1　基础效果渲染设置

为了能够在渲染界面呈现场景材质效果，需要进行基础渲染设置，便于后续反复渲染观察效果。

（1）激活"渲染设置"，"目标"设置为"产品级渲染模式"；"渲染器"设置为 V-Ray 6 Update 1.1；选中"公用"选项卡，设置"输出大小"为 1600mm × 800mm。

（2）选中 V-Ray 选项卡，将"图像采样器（抗锯齿）"中"类型"设置为"小块式"；"小块式图像采样器"中"最小细分"为 1，"最大细分"为 4；"图像过滤器"中，"过滤器类型"设置为 Catmull-Rom；"颜色映射"中"类型"设置为"指数"。

（3）选中 GI 选项卡，选中"启用 GI"；"首次引擎"设置为"发光贴图"；"次级引擎"设置为"灯光缓存"；"发光贴图"中 Current preset 设置为 Very low，Subdivs 设置为 60，Interp.samples 设置为 60；"灯光缓存"中"细分"设置为 100，如图 8-36 所示。

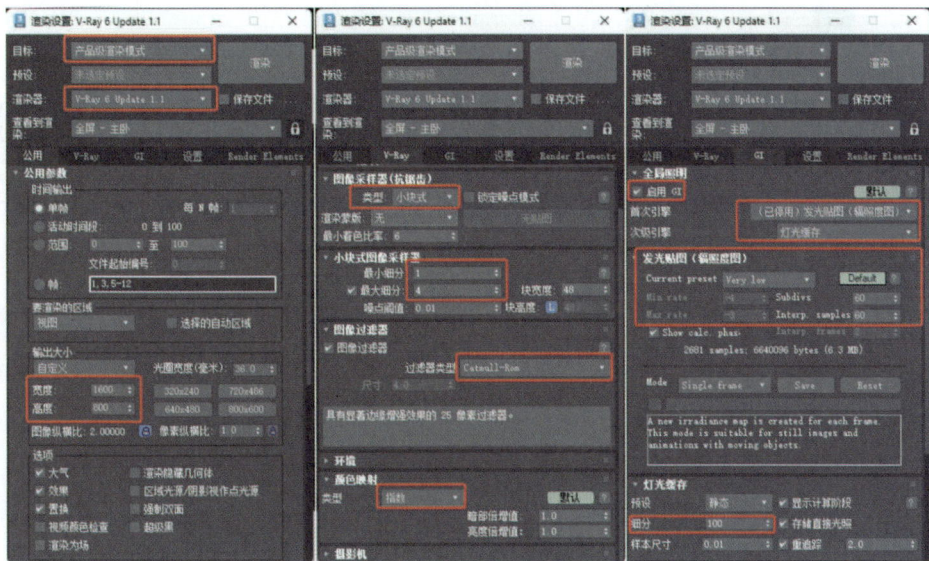

图 8-36　基础效果渲染设置

8.4.2　材质制作与赋予

1. 全屋天花板材质

全屋天花板采用刷乳胶漆的方式,"漫反射"调成偏灰,"反射"改为 40,选中"菲涅尔反射",反射"光泽度"改为 0.9,在选项中取消选中"追踪反射",调整数据如图 8-37 所示。

全屋天花板材质

图 8-37　全屋天花板材质

2．展示柜材质

在基础参数的"漫反射"中添加贴图,在"反射"中添加贴图并将反射"光泽度"改为 0.78,取消选中"菲涅尔反射"。在贴图"漫反射"中再添加一个 Color Correction,降低贴图饱和度。在"反射"添加"衰减",参数如图 8-38 所示。将材质球赋给展示柜后添加"UVW 贴图",调整为长方体,调整长、宽、高数值,展示柜效果图如图 8-39 所示。

展示柜材质

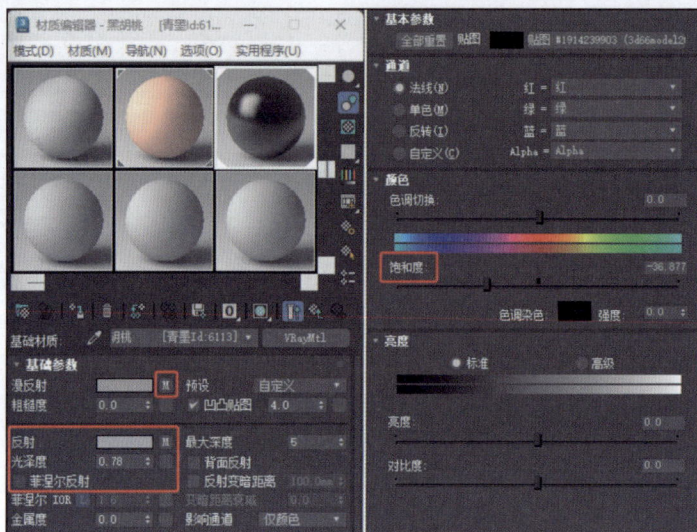

图 8-38　材质参数设置

图 8-39　展示柜效果图

3．电视机柜材质

木饰面部分在基本参数中"漫反射"添加贴图,并调整反射"光泽度"为 0.66,最终为电视机柜选择"将材质指定给选定对象",并激活"视口中显示明暗处理材质",材质详情和材质效果图如图 8-40 所示。

电视机柜材质

4．主卧地板材质

新建一个 VRayMtl 材质球,为"漫反射"加载一张"木材"贴图,"光泽度"设置为 0.85,如图 8-41 所示。单击"反射"色块,在"颜色选择器:反射"中适当地将"白度"按钮向下滑动一点。添加"UVW

主卧地板材质

贴图",调整为长方体,调整长、宽、高数值,最终效果图如图 8-42 所示。

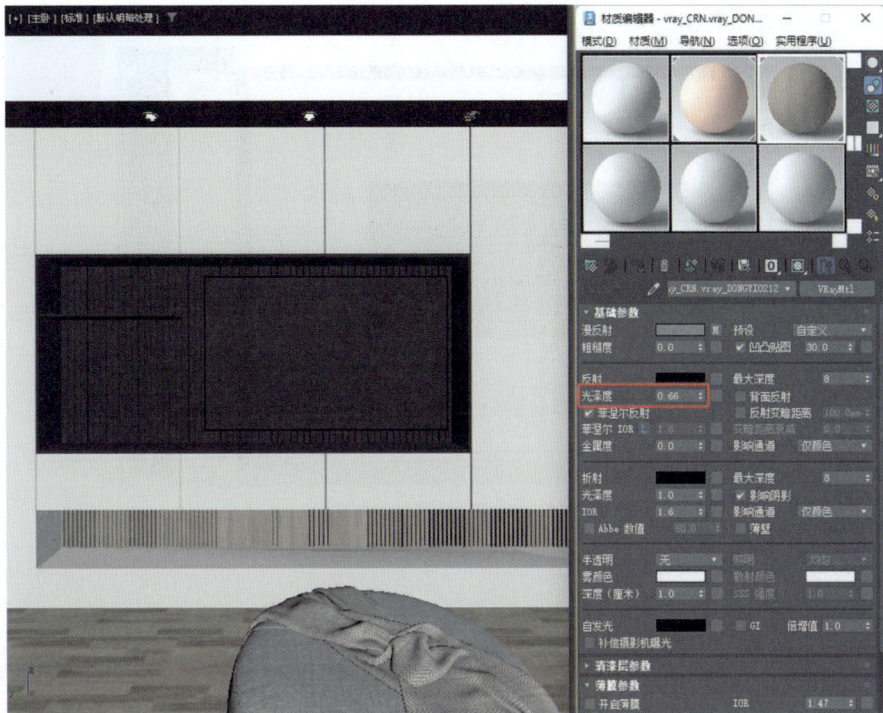

图 8-40 电视机柜材质详情和材质效果图

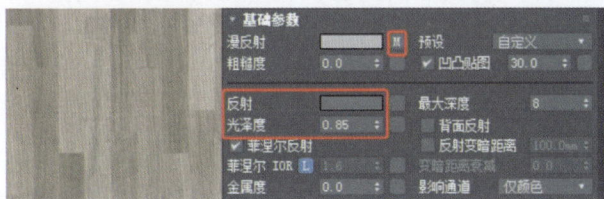

图 8-41 地板贴图与材质参数调整

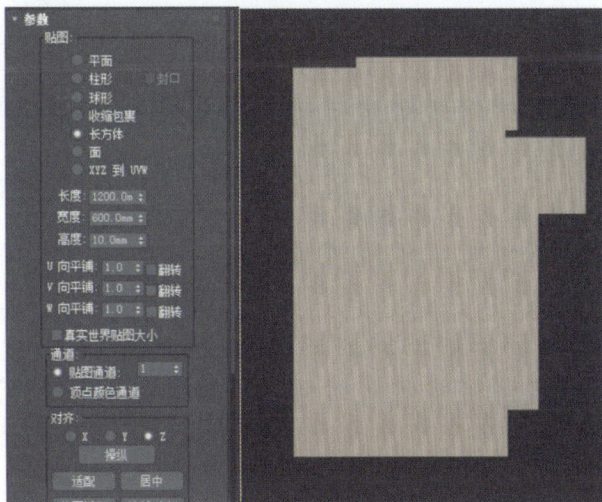

图 8-42 主卧地板贴图材质最终效果图

在完成卧室内的基本材质贴图后，可以看到电视机柜和展示柜的效果如图 8-43 所示。

图 8-43　电视机柜和展示柜效果图

任务 8.5　灯光的设置

8.5.1　灯光设置思路

我们一般将 3ds Max 打光大体分为两种，即室外光和室内光，再将室内光分为主光和辅光。

8.5.2　室外光制作

1．室外太阳光制作

首先创建一个太阳光来表示室外光，方法为选择"创建"→"灯光"→ VRay → VRay Sun 命令，创建完成后进一步调整高度和位置，将"强度倍增值"调整为 0.02，"尺寸倍增值"调整为 6，"过滤颜色"调整为白偏黄，具体参数如图 8-44 所示。

2．室外面光制作

为了进一步提高室外光的亮度，可以在室外创建面光，方法为选择"创建"→"灯光"→ VRay → VRay Light，创建完成后将位置和大小进行调整，将"倍增值"调整为 7.0，"颜色"调整为白偏黄，同时为灯光添加外景贴图，具体参数如图 8-45 所示。

灯光的设置

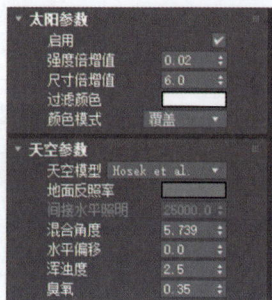

图 8-44　设置太阳参数

8.5.3　室内光制作

1．室内灯带制作

接着对室内进行布光，在 3ds Max 中室内灯光一般由 VRayLight 及 VRayIES 来进行呈现,卧室作为主要的活动空间必然离不开灯光,为了避免灯光直射形成的眩晕,床头位置改成偏柔和点缀性的灯带,具体数值如图 8-46 所示。

2．室内格栅射灯制作

床尾位置的格栅射灯起到一个主灯的作用,这里使用 VRayLight 来代替,具体数值如图 8-47 所示。

3．室内氛围灯制作

在衣柜、电视柜和窗口位置设置两三个筒灯（VRayIES）,通过这种局部照明、舒缓的灯光分布来缓解一天的疲劳,具体数值如图 8-48 所示。在完成这些布光之后,开始调试场景内灯光的明暗,如果感觉过暗,可以通过添加面光或者球光进行场景内的补光,也可以通过调整场景内已添加的灯光强度,主卧具体灯光分布图如图 8-49 所示。

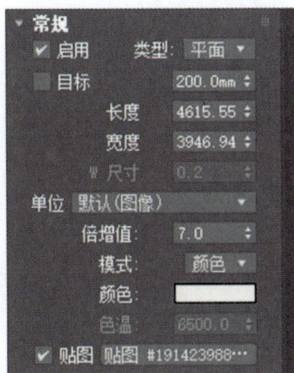

图 8-45　室外面光参数设置

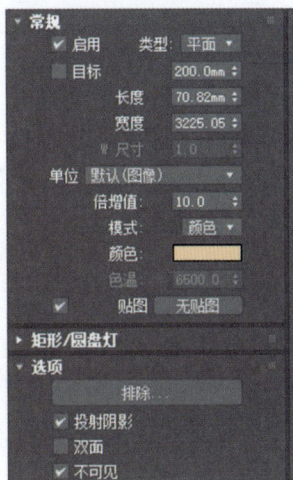

图 8-46　灯带参数设置

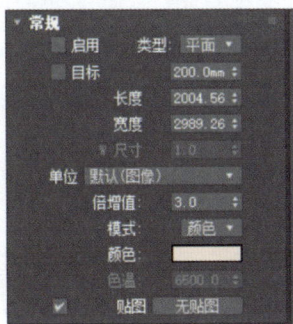

图 8-47　格栅射灯参数设置

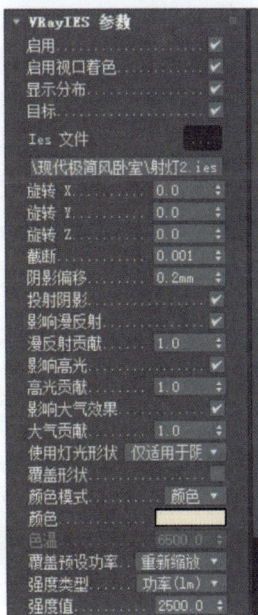

图 8-48　筒灯参数设置

图 8-49　主卧灯光分布

任务 8.6　GI 设置与后期设置

（1）激活"渲染设置"，"目标"设置为"产品级渲染模式"；"渲染器"设置为
V-Ray 6 Update 1.1；选中"公用"选项卡，设置"输出大小"为 1600mm×800mm。

（2）选中 V-Ray 选项卡，将"图像采样器（抗锯齿）"中"类型"设置为小块式；
"图像过滤"中，"过滤器类型"选择 Catmull-Rom；"块图像采样器"中"最小细分"
为 1，"最大细分"为 20，"颜色映射"中"类型"设置为"指数"。

（3）选中 GI 选项卡，选中"启用 GI"；"首次引擎"设置为"发光贴图"；"次级
引擎"设置为"灯光缓存"；"发光贴图"中 Current preset 设置为 Medium，Subdivs
设置为 60，Interp.sample 设置为 60；"灯光缓存"中"细分"设置为 1000，渲染如
图 8-50 所示。

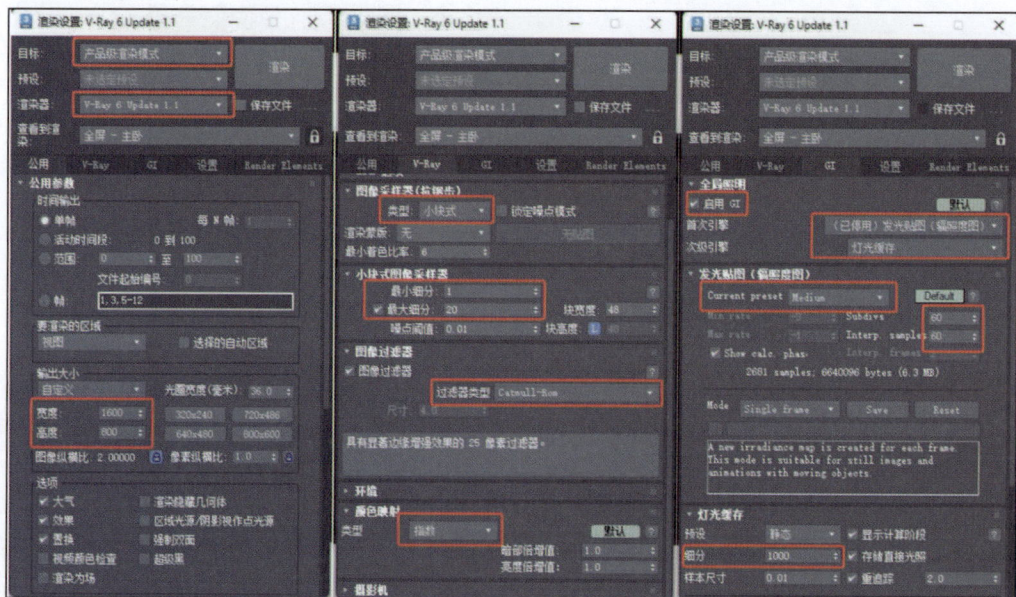

图 8-50　渲染设置

（4）渲染最终效果，如图 8-51 所示并以 JPEG 格式保存效果图，保存工程文件。

图 8-51　渲染效果图

（5）也可增加主卧全景效果图渲染，选中 V-Ray 选项卡，将"摄影机"中"类型"设置为"球形"，选中"覆盖视野"并将数值改为 360.0，如图 8-52 所示。最后主卧全景效果如图 8-53 所示。

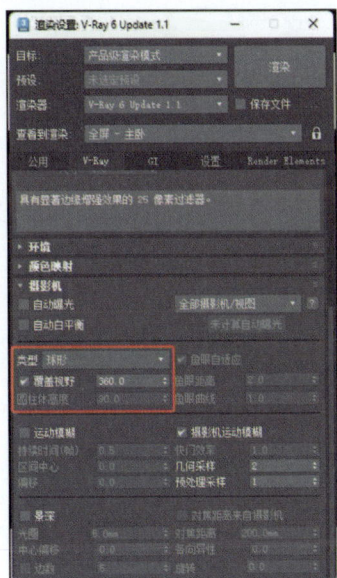

图 8-52　全景摄影机设置

图 8-53　主卧全景效果图

项目重难点总结

1．现代极简风卧室项目不仅涉及技术层面的挑战，还需要在项目整体规划与执行方面投入精力，包括理解现代极简风格的设计理念。在项目执行过程中，要保持清晰的思路，明确构建的主次关系，由大到小、由表及里进行制作。

2．材质贴图是现代极简风格卧室表现的关键，需要按照整体制作思路，采用从大到小、从面到点的方式逐次进行材质制作。

3．现代极简风格通常采用无主灯设计，如筒灯、磁吸轨道灯、格栅射灯等，如何合理搭配以营造温馨舒适的光环境是一大难点。

项目9　建造新中式风茶室

【素质目标】

　　新中式风茶室以传统中式风格元素为依托,选择了传统中式室内家具元素进行现代化改造,形成符合现代审美的新中式风茶室。其中,以屏风、吊灯为代表性的家具,运用中国传统纹样中的直棂纹为设计元素,融入整体场景,其造型方正竖直,具有丰富的审美意趣。这种造物方式运用借物喻人的手法,寓意品性正直、高洁及宁折不弯的坚韧品质,这既表达了对继承和弘扬中华民族优秀品质的美好期许,又加深了对中华优秀传统文化的认识与理解。

　　1.具备一定的文化自信,形成正确的世界观、人生观与价值观。

　　2.具备一定的中华民族传统文化底蕴,能够传承好中华优秀传统文化。

　　3.具备分析和判断问题的科学方法和精神。

　　4.具备科学的创新精神和创新能力。

　　5.具备团队合作意识,培养精益求精、追求细节的工匠精神和爱岗敬业的劳模精神。

　　6.具备良好的职业道德修养。

建造新中式
风茶室

【知识目标】

　　1.了解室内设计行业的相关理论和国家政策。

　　2.了解室内效果图设计的前沿趋势。

　　3.掌握室内效果图制作流程。

　　4.掌握新中式设计风格的特点。

　　5.掌握室内建模、材质、灯光等的设置与制作。

【能力目标】

　　1.学会收集、获取行业内最新流行趋势,提升对关键信息的敏锐度。

　　2.能够将流行元素、文化底蕴融入作品案例中。

　　3.学会根据新中式的设计风格选择合适的材质、灯光和配色方案。

　　4.学会根据实际情况及整个效果图制作流程,合理安排流程进度,按时完成工作。

　　5.形成一定的艺术审美修养。

【本项目要点提示】

● 空间场景的建立;

● 摄像机与灯光的建立与设置;

● 材质设置与赋予;

● 测试渲染与高清渲染设置;

● 后期处理。

任务 9.1　项目空间分析

　　新中式风茶室以典雅、闲致的新中式为设计风格。色调以简约、淡雅的原木色为主，家具以沙发、茶几为主；再搭配不同类型的中式座椅，装饰、分隔空间的素雅屏风，直棂纹吊灯以装饰场景；最后，悬挂水墨画以突出画意美感，如图9-1所示。

上海养云安缦酒店

图 9-1　新中式风格茶室场景效果

任务 9.2　模型的建立与设置

9.2.1　墙体建立

1. 导入 CAD 平面图

选择"文件"→"导入"→"CAD 平面图"命令，如图9-2所示。

墙体建立

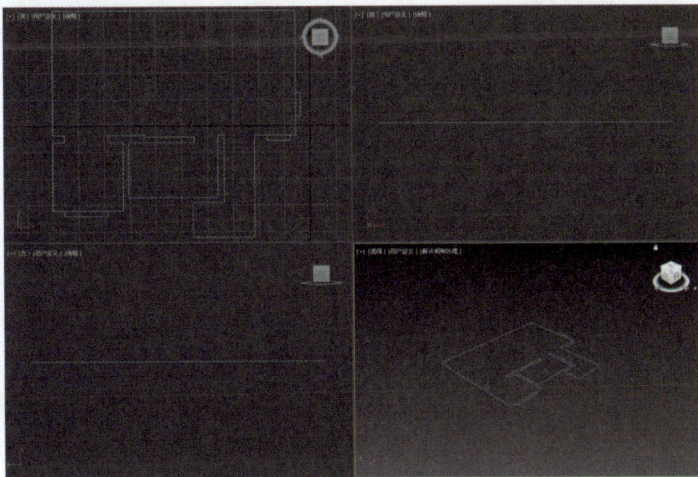

图 9-2　平面图效果

2．创建墙体基线

（1）切换透视图（快捷键为 Alt+W），方便观察墙体基线。

（2）开启"捕捉"开关，长按左键切换为"3D 捕捉"，右击开启"栅格和捕捉设置"，激活"顶点"选项，如图 9-3 所示。

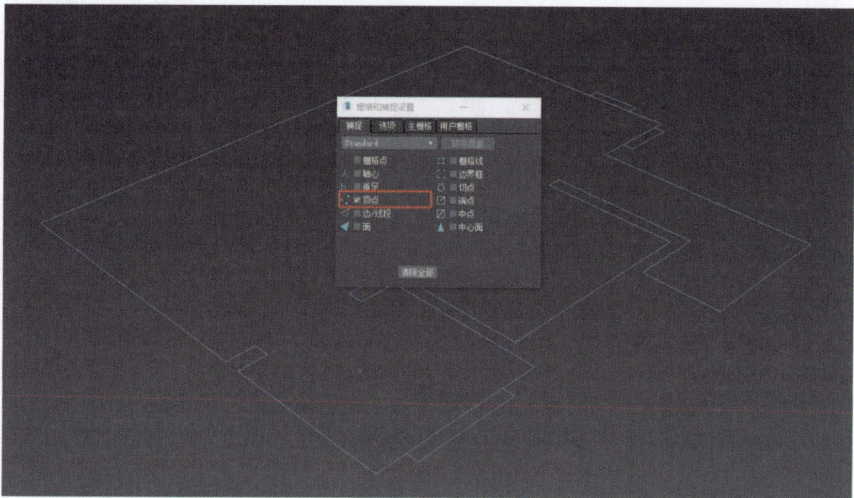

图 9-3　捕捉设置

（3）激活"创建"面板，单击 按钮，选择"线"，沿着 CAD 平面图创建墙体基线；单击"捕捉"按钮，关闭捕捉。

3．创建墙体立面

（1）选中已创建完成基线，选择"修改"→"修改器列表"→"壳"命令，将"参数"中的"外部量"设置为 3200.0mm，如图 9-4 所示。

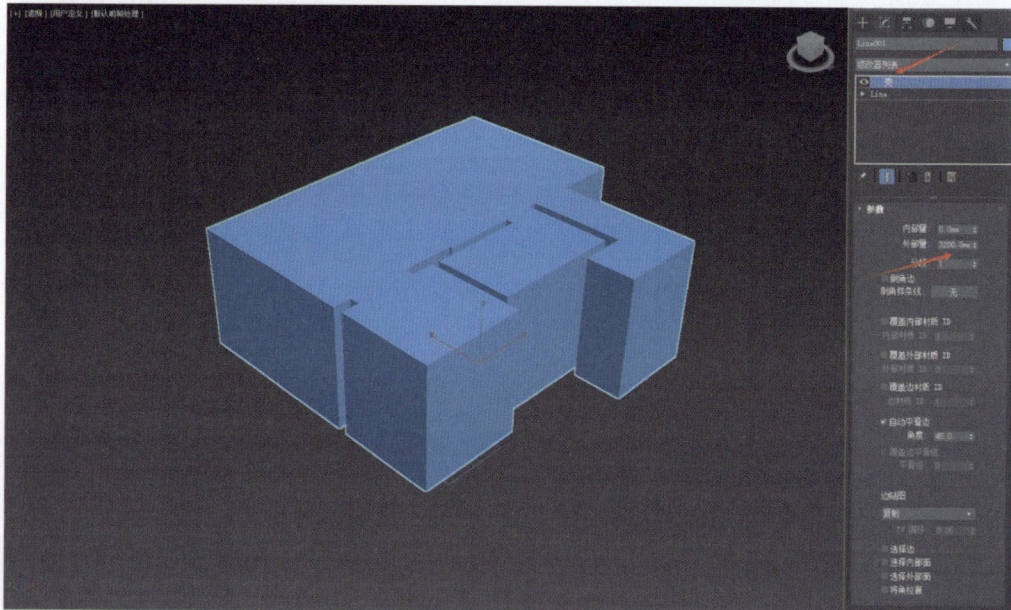

图 9-4　墙体创建

（2）选中墙体，右击选择"转换为"，单击"转换为可编辑多边形"。

（3）为了能够更好地观察空间内部布局，激活"修改"面板，选择"可编辑多边形"下子栏目中"元素"层级，选择"编辑元素"中"翻转"命令，将所有面向外翻转。

（4）根据场景效果图显示，场景顶部为吊顶式设计，需要另外进行制作，故删去现有顶部面。选择"多边形"层级，按 Delete 键，删除顶部面。

（5）选中所有面，右击激活"对象属性"，选中"背面消隐"，在视角中能观察到模型内部环境，便于后续制作，如图 9-5 所示。

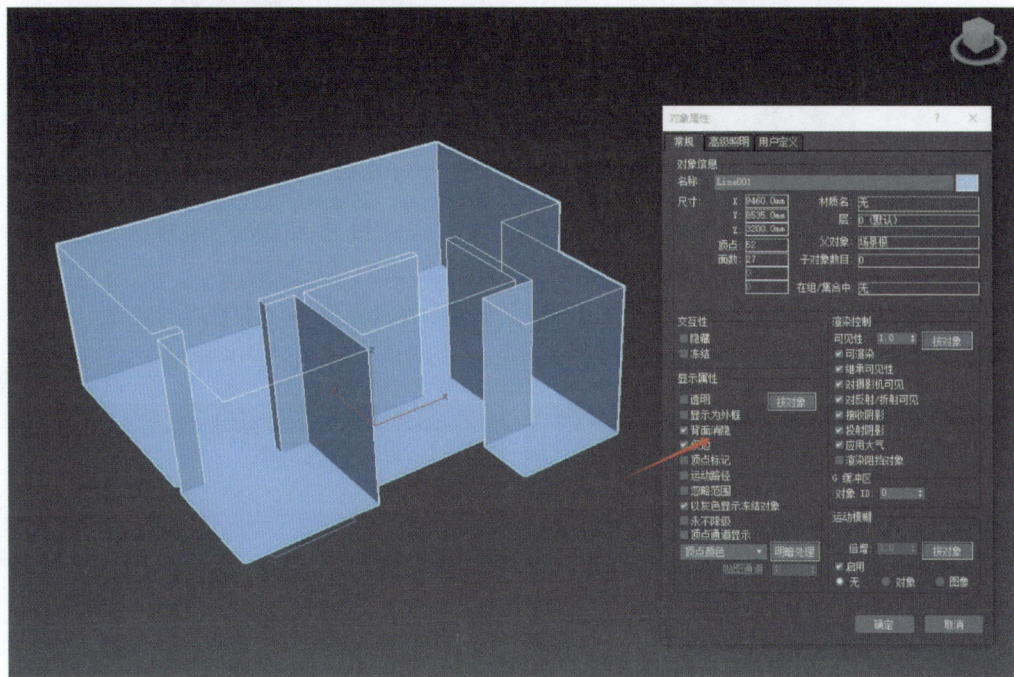

图 9-5　墙体立面效果

（6）由于 CAD 平面图与地面基线存在重合，故删去。

9.2.2　窗户建立

窗户建立依赖墙面上横向与纵向布线，布线思路为横向布线 4 条，分割出两扇窗户的纵向区域；纵向布线 2 条，分割出窗户的横向区域。

窗户建立

1．窗户横向布线

（1）激活"可编辑多边形"子层级"边"，按 Ctrl 键分别加选窗户所在墙面顶部与底部边，选择"编辑边"→"连接"命令，得到 1 条两边之间的中线，如图 9-6 所示。

（2）激活"3D 捕捉"，捕捉设置选择"顶点"，将光标移至"中线"底部，直到出现"+"光标，将"中线"移动到最左边边线之上。

（3）单击"选择并移动"按钮，右击选择"移动变换输入"命令，将"偏移：世界"中 X 轴偏移设置为 700，得到精准位移后的线段 1。

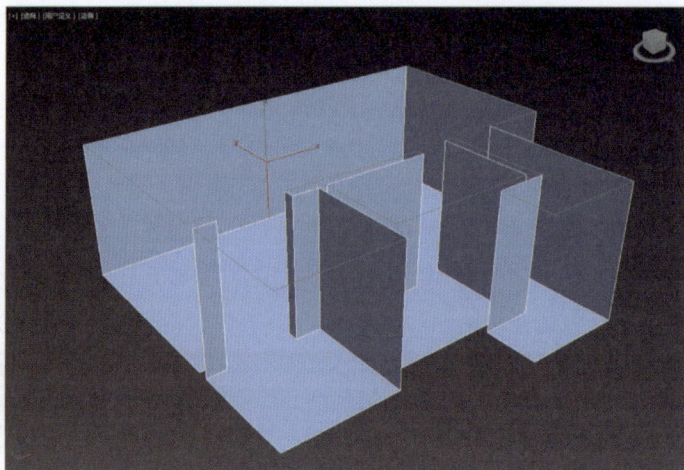

图 9-6　连接中线

（4）同理，再次创建线段，精准移动至最右边边线之上，将"偏移：世界"中 X 轴偏移设置为 700mm，得到精准位移后的线段 2，如图 9-7 所示。

（5）同理，分别再次创建线段 3、4，将线段精确移动至最左（右）边线之上，将"偏移：世界"中 X 轴偏移分别设置为 3500mm 与 −3500mm，如图 9-8 所示。

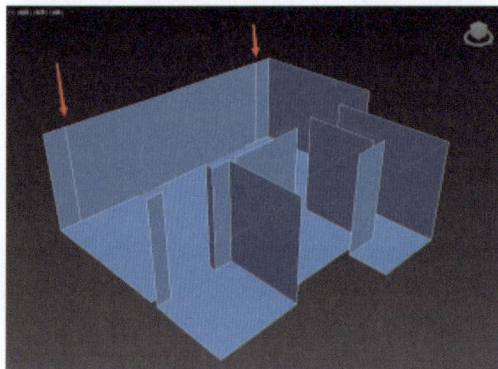

图 9-7　精准位移线段 1、2

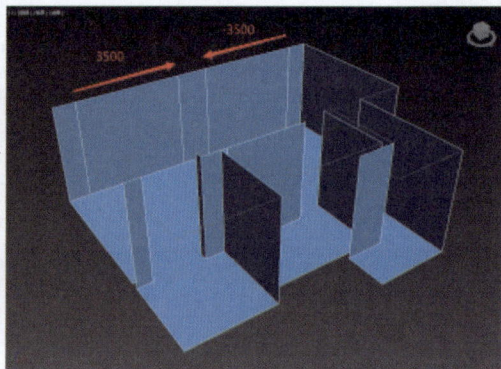

图 9-8　精准位移线段 3、4

2．窗户纵向布线

（1）选择"可编辑多边形"子层级"边"，按 Ctrl 键加选竖向所有边，选择"编辑多边形"中"连接"，得到线段 5。

（2）激活"3D 捕捉"，捕捉设置选择"顶点"，将线段移动到最上边线之上。

（3）单击"选择并移动"按钮，再次右击打开"移动变换输入"对话框，将"偏移：世界"中 Z 轴偏移设置为 −700mm，得到精准位移后的线段 5；同理，再次创建线段，精准移动至最底部，将"偏移：世界"中 Z 轴偏移设置为 −600mm，得到线段 6，如图 9-9 所示。

（4）选中窗户部分，选择"多边形"层级，单击"挤出"，向外挤出 200mm，并删除红色区域面，如图 9-10 所示。

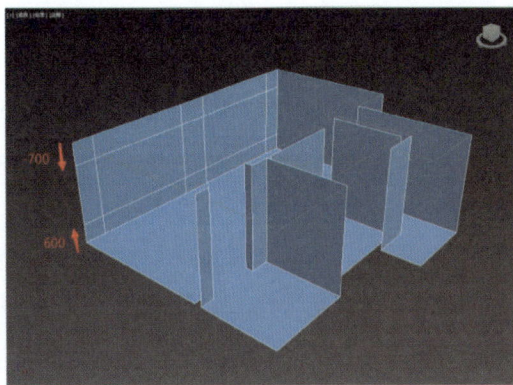

图 9-9　精准位移线段 5、6

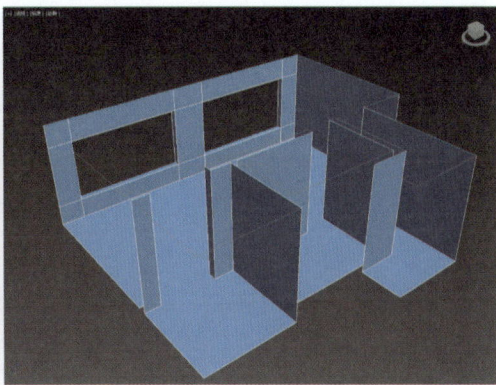

图 9-10　挤出与删除面

9.2.3　吊顶建立

1．吊顶的组成

吊顶共有 3 个部分，分别为上层吊顶、下层吊顶及吊顶内芯。

2．吊顶内外轮廓基线建立

（1）选择"文件"→"导入"→"吊顶 CAD 平面图"命令；激活"3D 捕捉"，右击激活"栅格和捕捉设置"，选中"顶点"，将顶部 CAD 平面图置于模型顶部。

（2）选择"创建"→"线"命令，沿着吊顶 CAD 平面图创建墙体外轮廓基线；取消选中"开始新图形"，分别创建内轮廓基线，创建完毕之后选择"闭合样条线"，最后右击退出编辑创建。由于创建完毕轮廓基线之后，原"吊顶 CAD 平面图"在后续制作中存在干扰"捕捉"的可能性，故删去，如图 9-11 所示。

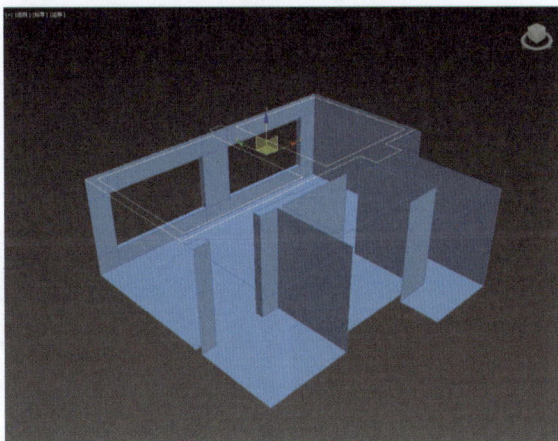

图 9-11　吊顶轮廓基线制作

3．上、下层吊顶建立

（1）选中已创建完成基线，长按快捷键 Shift，拖动基线，对基线复制 2 次，弹出"克隆选项"对话框，选择"复制"；创建上层吊顶，单击任意 1 条基线，选择"修改器"面板中的"壳"编辑器，"外部量"

上、下层吊顶建立

设置为540mm；同理，创建下层吊顶，"壳"编辑器的"外部量"设置为100mm，创建上层吊顶，如图9-12所示。

（2）开启"3D捕捉"，分别将上、下层吊顶捕捉至如图9-13所示位置，删除基线。

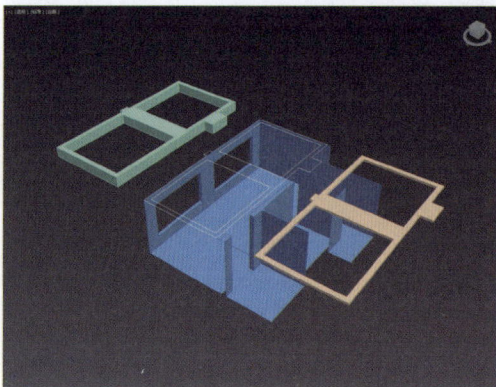

图9-12　上、下层吊顶制作1

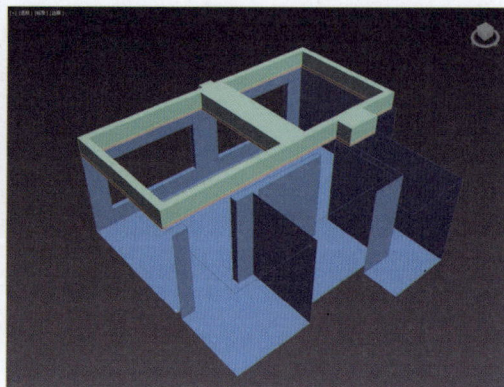

图9-13　上、下层吊顶制作2

4．吊顶内芯建立

（1）右击，选中"隐藏未选定对象"，隐藏墙面；开启"3D捕捉"，使用"线"，沿着吊顶内部轮廓分别创建2个闭合矩形；添加"壳"修改器，外部量设置为400mm。

吊顶内芯建立

（2）右击，分别将两个矩形"转换为可编辑多边形"；进入"可编辑多边形"子层级，选择"多边形"层级，选中顶部面，选择"编辑多边形"子层级的"倒角"命令，倒角高度及倒角轮廓分别设置为−400mm，创建内芯元素1、2，如图9-14所示。

（3）选择"多边形"层级，分别删除顶部的中心面与底部面，激活"角度捕捉"，右击开启"栅格和捕捉设置"，将捕捉"角度"设置为180°，将模型旋转得到底面朝上视角，取消激活"角度捕捉"；选择"边"层级，按Ctrl键，分别将平行对应的内外轮廓的两条边加选选中，选择"编辑边"的子层级"桥"，将面分别进行填充，如图9-15所示。

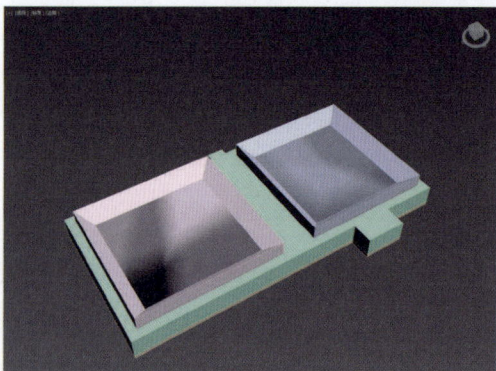

图9-14　设置"倒角"命令

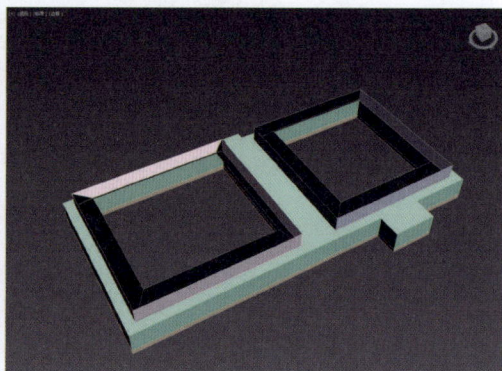

图9-15　设置"桥"命令连接面

（4）由于目前模型边缘处于未完全封闭状态，需要将模型边缘完全封闭，以便后续材质与贴图的赋予。进入"顶点"层级，选中所有顶点，选择"焊接"命令，"焊接顶点"设置为 0.5（焊接阈值），将所有点进行焊接；激活"角度捕捉"和"3D捕捉"，将捕捉"角度"设置为 180°，将制作完成的两个模型分别置于外吊顶之内，并将所有吊顶模型进行旋转至正面朝上，便于后续制作，如图 9-16 所示。

（5）右击冻结已完成模型，开启"3D捕捉"，进入"样条线"层级，选择"矩形"沿着吊顶内轮廓创建矩形，并添加"挤出"修改器，数量为 200mm，得到内芯元素 3、4；分别复制内芯元素 3、4，将"挤出"数量设置为 40mm，得到内芯元素 5、6，分别放置于内芯元素 3、4 之上，如图 9-17 所示。

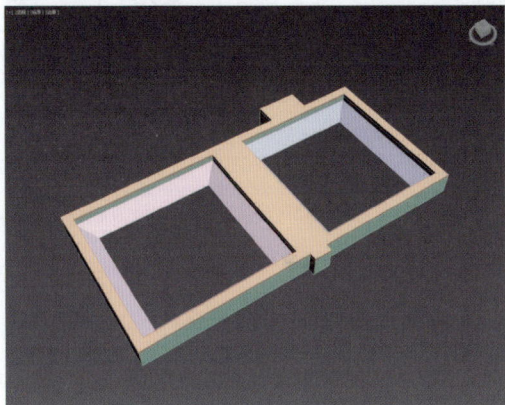

图 9-16　设置"焊接"命令焊接面

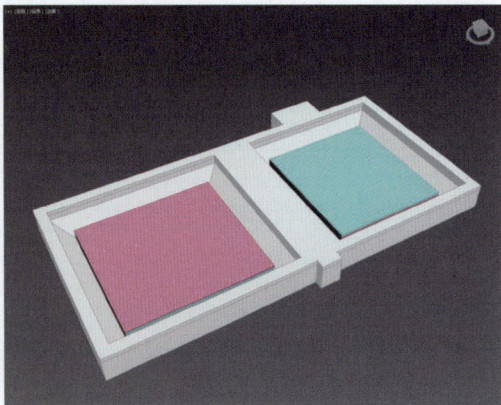

图 9-17　设置"挤出"命令创建内芯元素 3～6

（6）重复步骤（5），创建矩形；并切换至顶视图，将所有矩形"转换为可编辑样条线"，选择进入"样条线"层级，选择"轮廓"，向外延伸 50mm，如图 9-18 所示。

（7）分别添加"壳"修改器，外部量为 50mm，得到内芯元素 7、8，如图 9-19所示。

图 9-18　设置"轮廓"命令创建轮廓

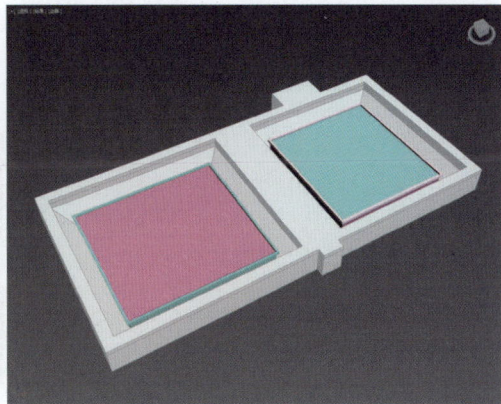

图 9-19　设置"壳"命令创建内芯元素 7、8

（8）重复步骤（7），创建底部轮廓模型，"轮廓"向内延伸 50mm，"壳"外部量设置为 100mm，得到内芯元素 9、10，如图 9-20 所示。

（9）将所有吊顶成组，进行翻转，并使用长方体补全其他吊顶，以达到覆盖顶部的效果，设置为单色，如图 9-21 所示。

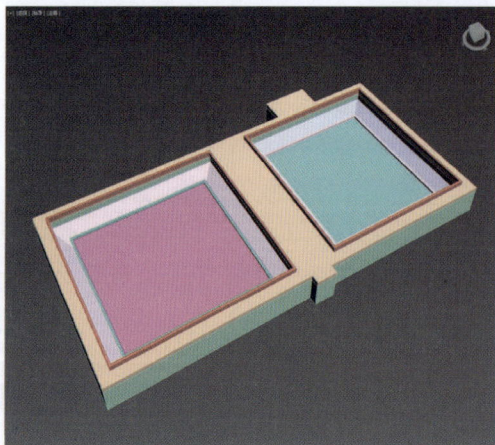

图 9-20　设置"壳"命令创建内芯元素 9、10

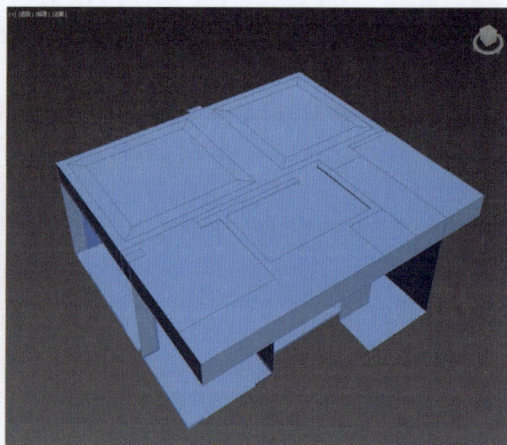

图 9-21　完善所有吊顶部分

9.2.4　其余模型导入与调整

（1）暂时隐藏吊顶部分，方便观察。

（2）选择"文件"→"导入"，再单击"合并"，导入"门组合 .max"文件。为防止模型导入后出现错误，取消选中"图形""灯光""摄影机"选项，单击"全部"按钮，单击"确定"按钮，导入模型，如图 9-22 所示。

（3）同理，导入"窗户、窗帘组合""沙发、椅子及吊灯组合""屏风、柜体组合""挂画组合"及"踢脚线"（MAX）文件。全选所有模型，选择"工具"→"更多"→"UVW 移除"命令，选中"设置灰度"，单击"材质"，将所有模型材质设置为灰色，形成统一色调，方便后期材质赋予，如图 9-23 所示。

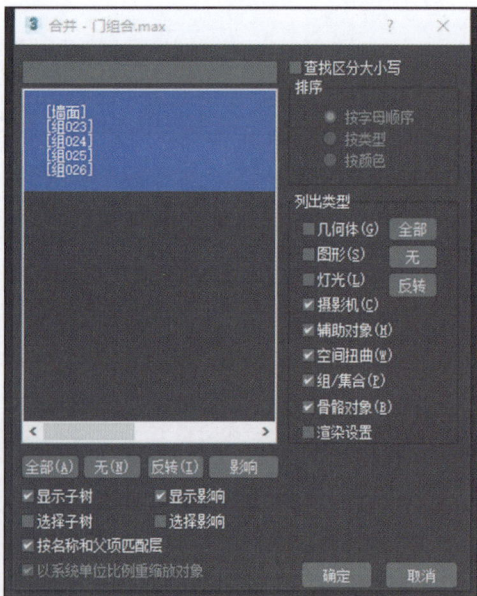

图 9-22　导入其余模型

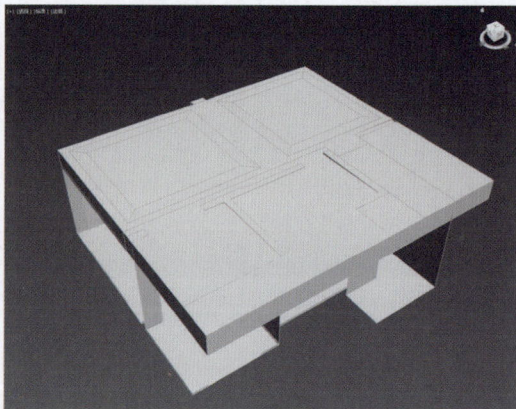

图 9-23　模型完整效果

任务 9.3　材质的设置

9.3.1　设置基础灯光

为了能够显示渲染材质,需要在场景中设定基础灯光,基础灯光选用 VRayLight。

(1)切换到顶视图,选择"命令"面板,激活"灯光",选择 VRay,"对象类型"选择 VRayLight,在顶视图顶部创建灯光,置于客厅空间中,如图 9-24 所示。

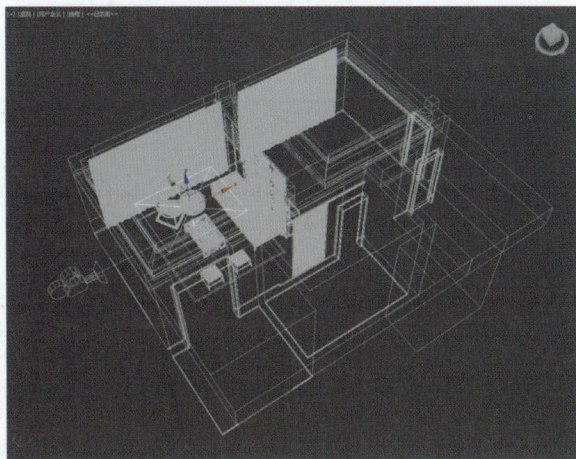

设置基础灯光

图 9-24　添加 VRayLight

(2)切换到透视图,调整灯光至合适位置,在"一般"卷展栏中,灯光"倍增"达到照明效果即可,后续再进行细节调整,"选项"卷展栏选中"不可见","颜色"设置为淡黄色(255,245,228),并复制灯光至另一空间,复制类型选择"实例",如图 9-25 所示。

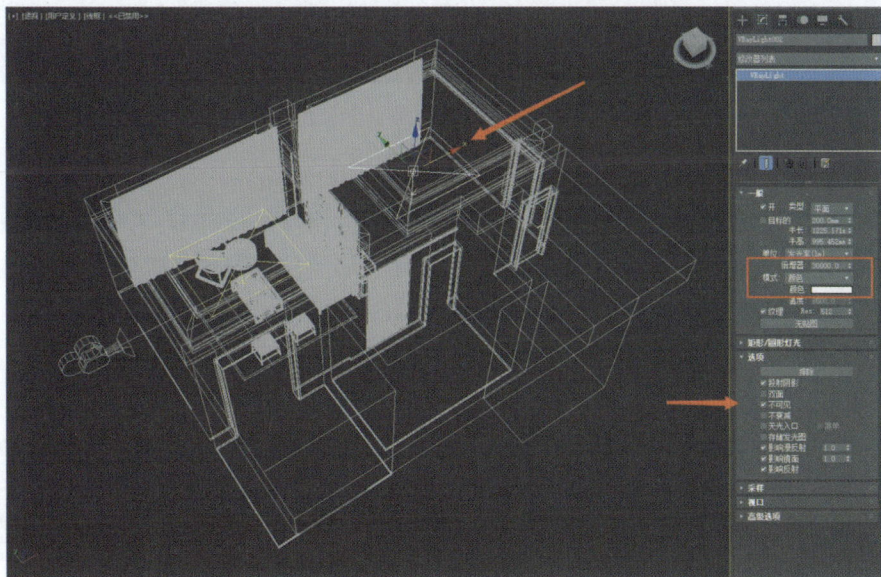

图 9-25　设置灯光参数

9.3.2 材质制作与赋予

材质赋予思路：对所有材质进行分类，再选择不同种类材质，从大到小进行制作和赋予，相似材质可以复制原有材质球并修改，从而节约时间、提高制作效率。

1．窗外景模型制作及灯光材质

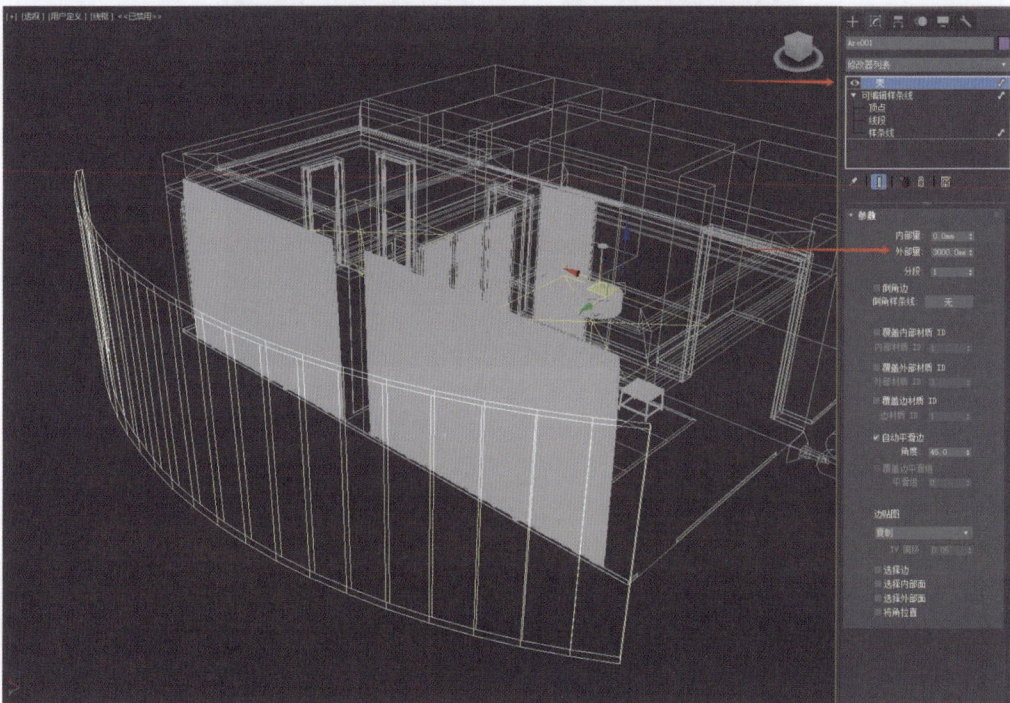

（1）视图切换为顶视图，在"样条线"面板选择"弧"，在窗外创建"弧"，右击选择"转换为可编辑样条线"；视图切换为透视图，在"可编辑样条线"子层级选择"样条线"，激活"轮廓"，设置为100mm，如图9-26所示。

窗外景模型制作及灯光材质

图9-26　创建窗外景

（2）将样条线添加"壳"命令，选择外部量为3000.0mm。

（3）使用快捷键M键，开启"材质编辑器"，选择V-Ray子栏目VRayLightMtl；在灯光材质子页面中"灯光倍增值参数"栏目添加"位图"；在素材文件夹images中选择"窗外景材质"；选择并将"颜色"设置为深灰色，如图9-27所示。

（4）选择"将材质指定给选定对象"，并激活"视口中显示明暗处理材质"；给模型添加"UVW贴图"编辑器，选择"贴图"为"长方体"，如图9-28所示。

2．浅黄色木板材质

（1）调出"材质编辑器"，选择1个新材质球。单击 Standard ，选择VRayMtl材质。单击"漫反射"，选择"位图"，置入"浅黄色木板材质"，如图9-29所示。

浅黄色木板材质

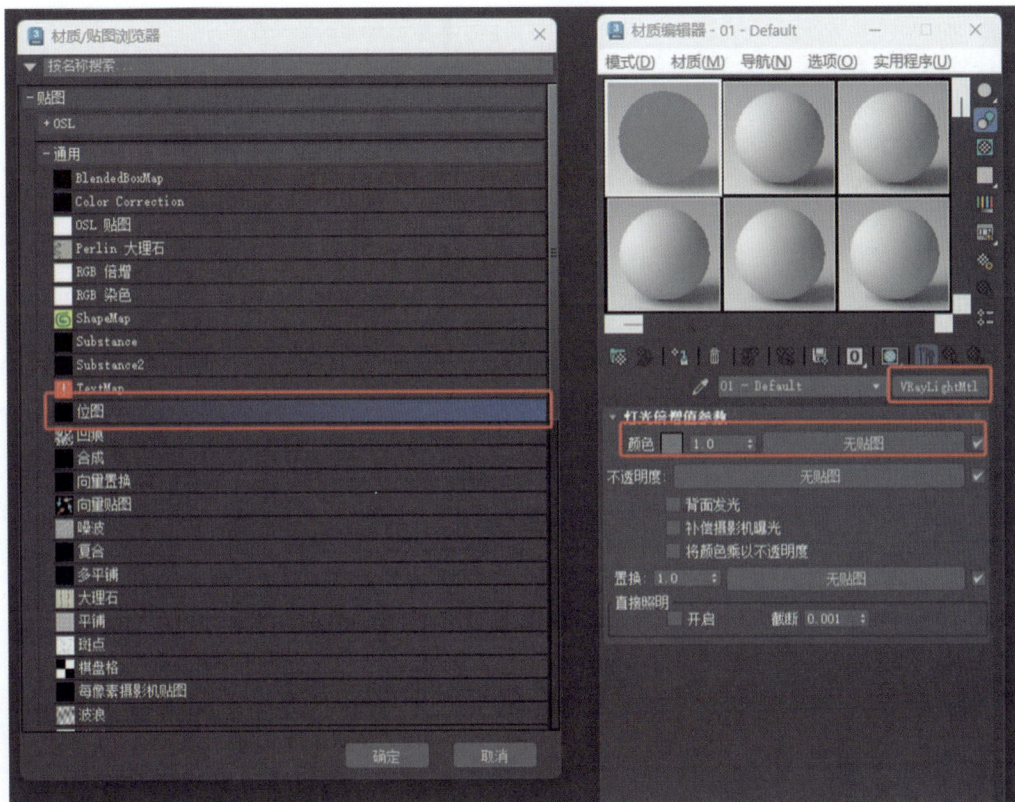

图 9-27　设置窗外景

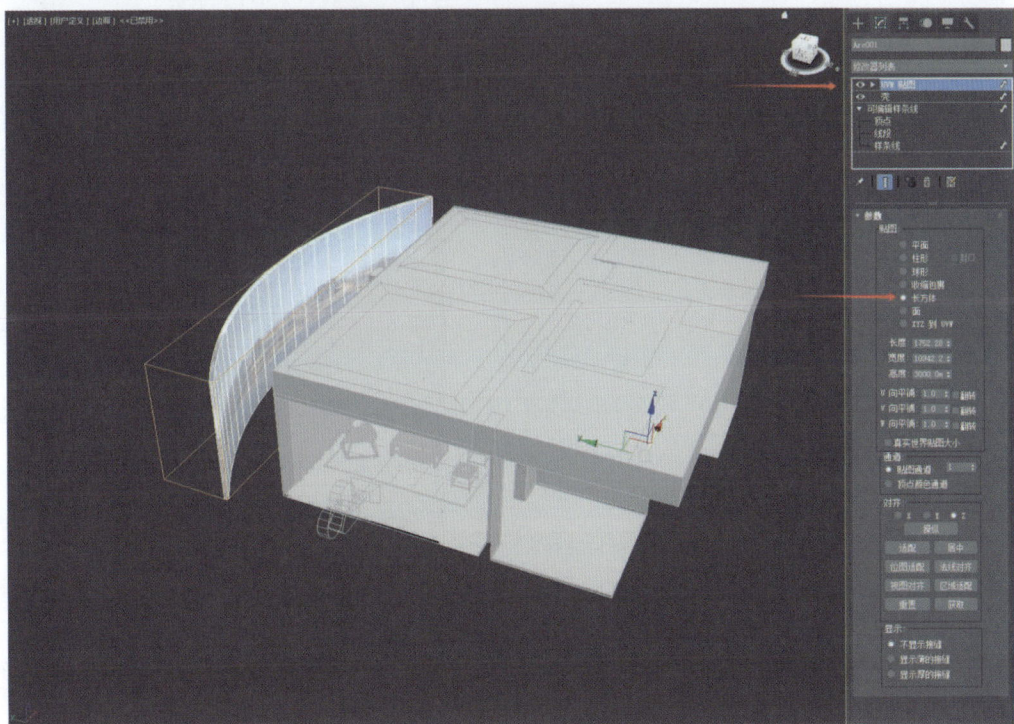

图 9-28　添加窗外景贴图

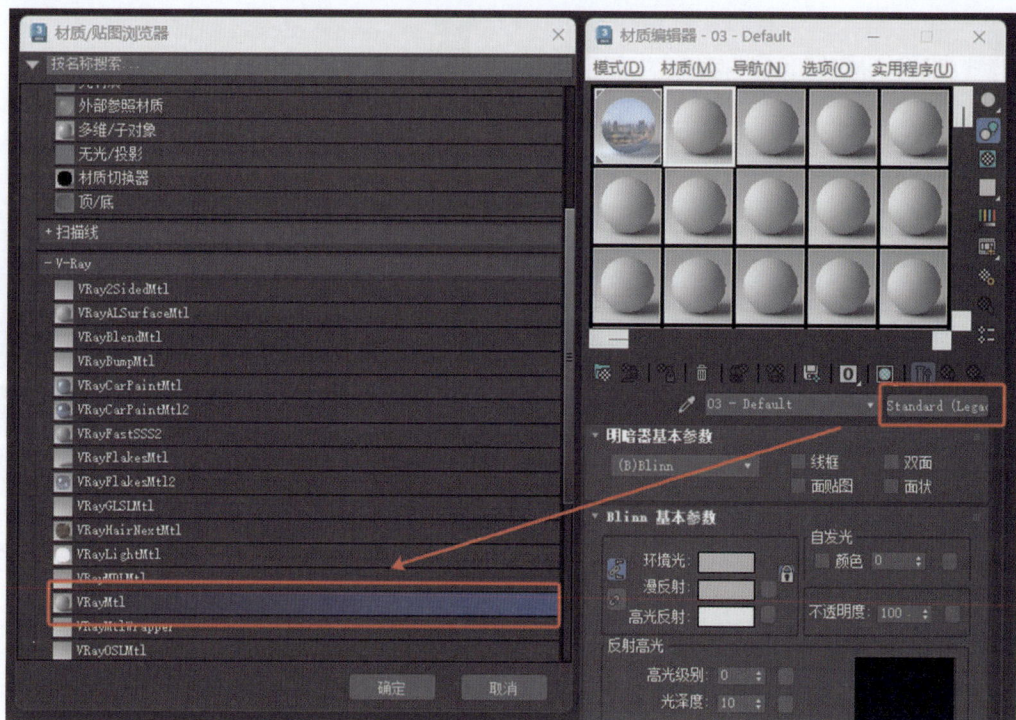

图 9-29　选择 VRayMtl 材质

（2）单击 Bitmap，选择 Color Correction（颜色校正），设置"颜色"面板下"饱和度"为 -30.0，"亮度"为 5.0；双击材质球，如图 9-30 所示。

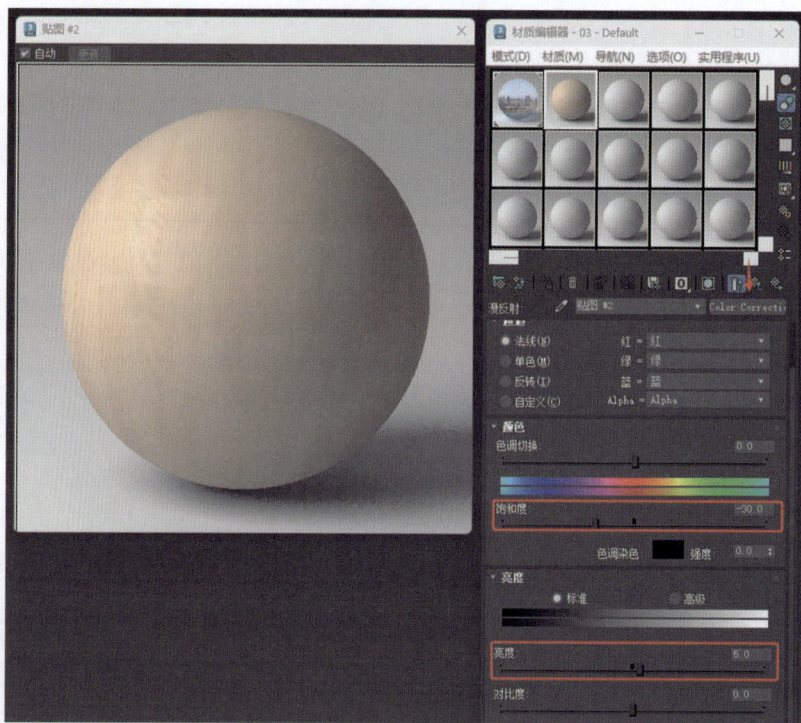

图 9-30　颜色校正

（3）单击"转到父对象"按钮，"反射"设置为灰色（57）；"光泽度"为0.7；开启"背景"，方便观察材质，如图9-31所示。

图 9-31　添加光泽

（4）在"贴图"卷展栏中，将"漫反射"通道贴图复制到"凹凸"通道，类型选择"复制"；选择"将材质指定给选定对象"，并激活"视口中显示明暗处理材质"，如图9-32所示。

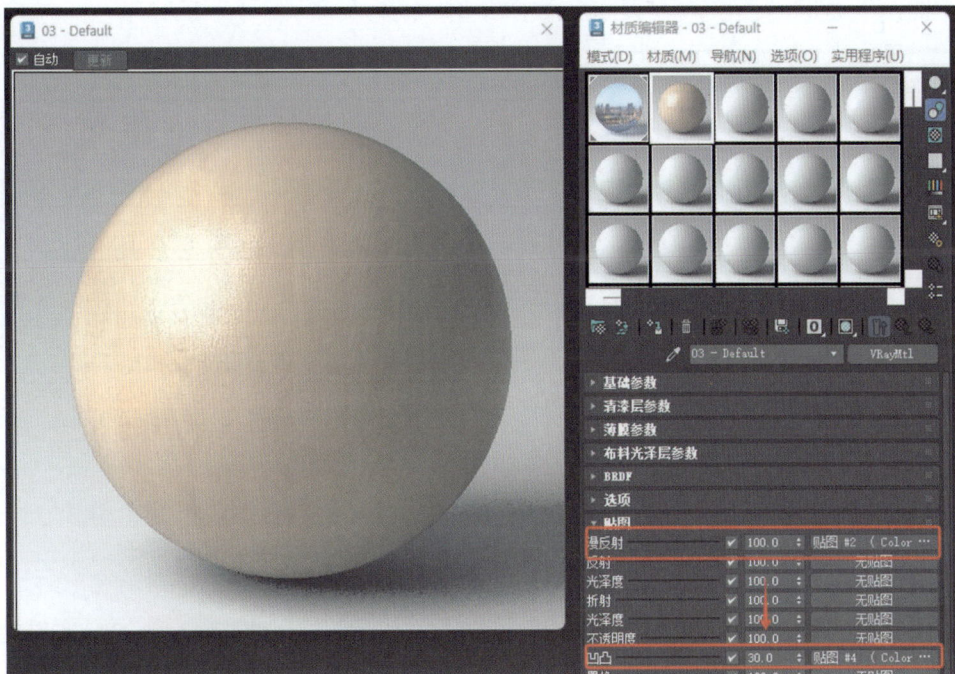

图 9-32　设置表面纹理效果

221

（5）将场景中所有"浅黄色木板材质"相关模型赋予材质，如图 9-33 所示。

图 9-33　场景效果

3. 深色、纹理木板及灯芯材质

（1）制作深色木板材质：将"浅黄色木板材质"球拖动复制，置于新的材质球上，并重新命名；选择"漫反射"，进入子层级，选择"位图参数"子栏目"位图"，将原有贴图置换为"深色木板材质"贴图；再选择 Bitmap ，选择 Color Correction（颜色校正），将"颜色"卷展栏下"色调切换"设置为 −10.0，"饱和度"设置为 −30.0；选择"转到父对象"，回到主页面，在"贴图"卷展栏中，将"漫反射"通道贴图复制到"凹凸"通道，类型选择"复制"，如图 9-34 所示。

深色、纹理木板及灯芯材质

图 9-34　设置材质参数

（2）制作纹理木板材质：同理，复制"深色木板材质"球，置于新的材质球上，并重新命名；在 Color Correction 中，将"颜色"卷展栏下"色调切换"设置为 −10.0，"饱和度"设置为 −30.0；切换至"贴图"卷展栏，将"漫反射"通道贴图复制到"凹凸"

通道,类型选择"复制";选择"将材质指定选定对象",并激活"视口中显示明暗处理材质"。

（3）制作灯芯材质：复制"浅黄色木板材质"球,产生新材质球,并重新命名,选择"折射",设置"亮度"为80。

（4）将所有制作完成的材质赋予场景,如图9-35所示。

图 9-35　场景效果

4．白色、褐色、蓝色、黄色绒布及窗帘材质

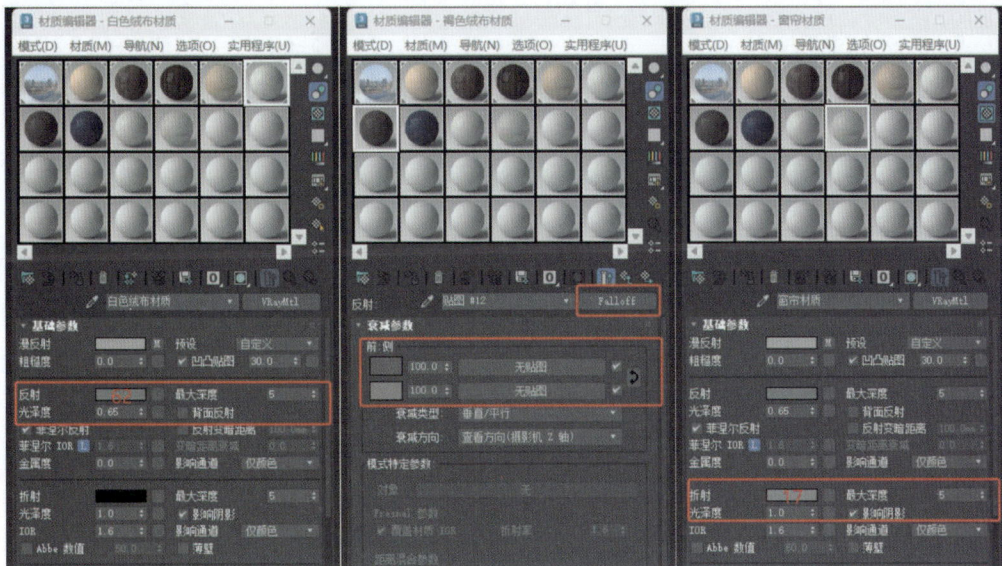

（1）制作白色绒布材质：新建材质球,选择"漫反射",置入"白色绒布材质"位图;选择"反射",颜色为深灰色（62）,"光泽度"设置为 0.65,如图 9-36 所示。

白色、褐色、蓝色、黄色绒布材质

图 9-36　设置白色、褐色绒布及窗帘材质参数

（2）制作褐色绒布材质：复制"白色绒布材质"球,置于新材质球上,并重新命名,将"漫反射"位图替换为"褐色绒布材质";选择"反射",置入 Falloff（衰减）;

Falloff 中"衰减参数"的"前"为深褐色（40，33，33），"侧"为浅褐色（80，70，70）。

（3）制作蓝色绒布材质：复制"白色绒布材质"球，置于新材质球上，并重新命名，将"漫反射"位图替换为"蓝色绒布材质"。

（4）制作黄色绒布材质：复制"白色绒布材质"球，置于新材质球上，并重新命名，将"漫反射"位图替换为"黄色绒布材质"；切换至"贴图"选项，将"漫反射"通道贴图复制于"置换"通道，类型选择"复制"，数值为5。

（5）制作窗帘材质：复制"白色绒布材质"球，置于新材质球上，并重新命名；选择"折射"，设置为17。

（6）将所有制作完成的材质赋予场景，如图9-37所示。

图 9-37 场景效果

5. 地砖、陶瓷及乳胶漆材质

（1）制作地砖材质：选择"漫反射"贴图，进入子层级，置入"地砖材质"位图；在 `Color Correction`（颜色校正）中"饱和度"设置为−20，"亮度"设置为−5；选择"反射"，设置为深灰色（45），"光泽度"0.9，如图9-38所示。

地砖、陶瓷及乳胶漆材质

（2）制作陶瓷材质：新建材质球，设置"漫反射"为白色（255），"反射"为深灰色（43），如图9-38所示。

（3）制作乳胶漆材质：选择一个新的材质球，设置为VRayMtl材质。在"基本参数"选项下将"漫反射"设置为白色（252）；"反射"设置为深灰色（15），并设置"光泽度"为0.65，如图9-38所示。

（4）将所有制作完成的材质赋予场景，如图9-39所示。

6. 其他材质应用

分别选择立面、地面模型，按照先大后小原则，进行材质应用；将视图设置为"摄影机"视图，渲染效果图；同理，给场景中其他剩余模型赋予材质，渲染效果，如图9-40所示。

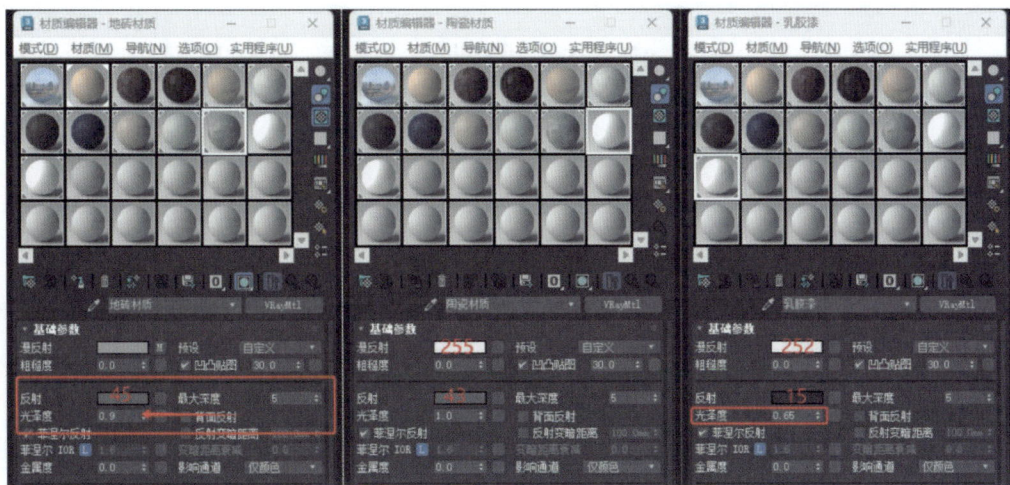

图9-38　设置地砖、陶瓷及乳胶漆材质参数

图9-39　场景渲染效果

图9-40　材质赋予完成效果

任务 9.4　灯光的设置

9.4.1　灯光设置思路

先设置室外灯光,再设置室内灯光;在室内灯光中,先设置主要灯光,再设置次要灯光。

9.4.2　室外灯光制作

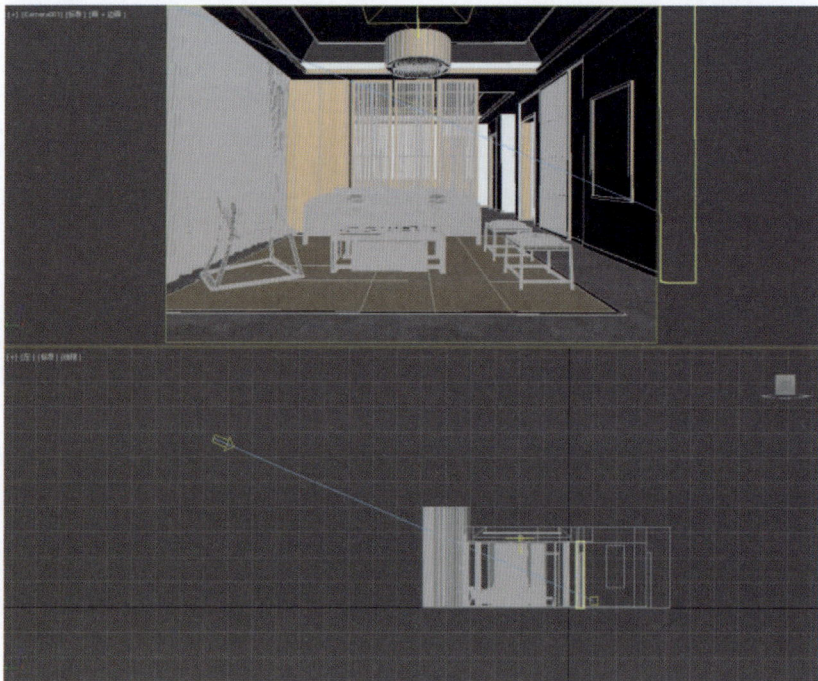

1. 室外太阳光制作

(1)设置视图:切换为双视图模式,将其中一个视图设置为"摄影机"视图并添加视图安全框(快捷键 Shift+F),方便观察视图,用于观察场景效果;另一个视图设置为"左"视图,用于制作室外灯光。

(2)创建室外灯光:选择"灯光",模式选择为"标准","对象类型"选择为"目标平行光"。在"左"视图创建一个从左上到右下的灯光,光的目标点在室内,如图 9-41 所示。

室外灯光制作

图 9-41　创建灯光并设置光照角度

(3)切换视图为"透视图",设置灯光参数,"常规参数"栏目下"阴影"选择"启用","阴影类型"设置为 VRayShadow;"强度 / 颜色 / 衰减"栏目下"倍增"设置为 5,"颜色"设置为天蓝色(230,255,255);"平行光参数"栏目下聚光区域与衰减区域设置为 3000 左右;在 VRayShadows params 中选中"区域阴影",UVW 大小统一设置为 500;渲染场景效果,场景稍微变亮,如图 9-42 所示。

图 9-42 创建灯光并设置光照角度

2．室外窗户面光制作

（1）切换到左视图，选择"灯光"，切换为 VRay，"对象类型"选择为 VRayLight，在场景中创建面光；调整面光位置，置于窗户外，光照方向向里，"倍增器"设置为 5，"颜色"设置为天蓝色（220，255，255）；"选项"中选中"不可见"；将面光实例复制并置于另一面窗户外，如图 9-43 所示。

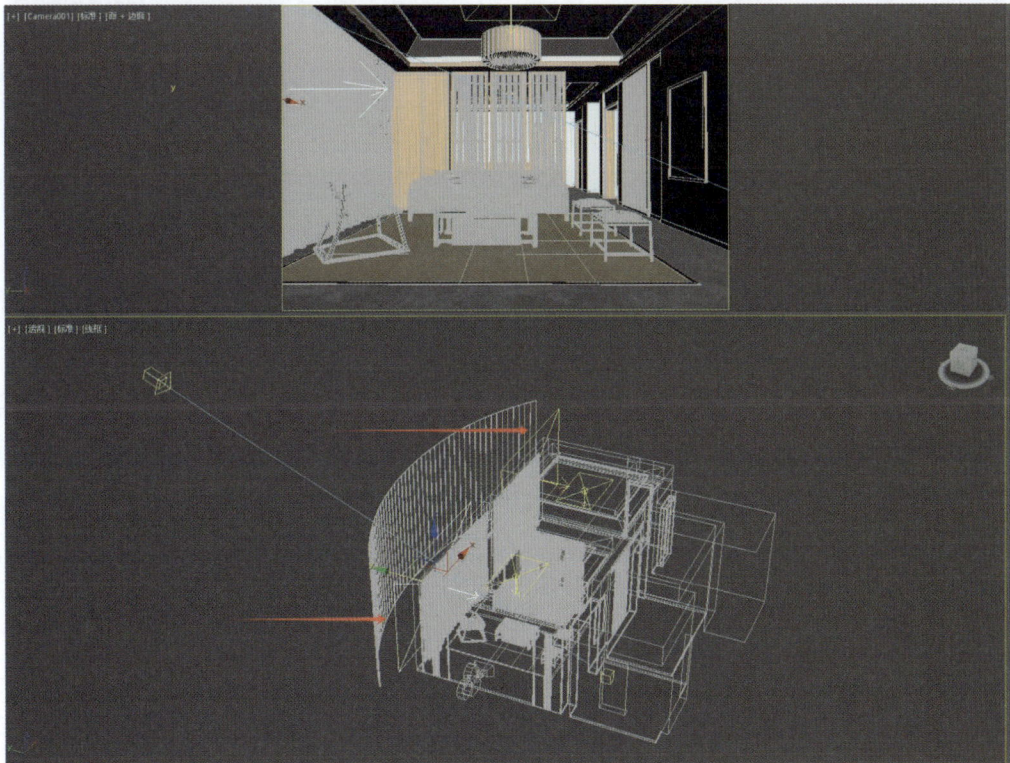

图 9-43 创建室外面光并设置参数

（2）渲染"摄影机"视图效果，空间效果更加敞亮，如图 9-44 所示。

图 9-44　场景渲染效果

9.4.3　室内灯光制作

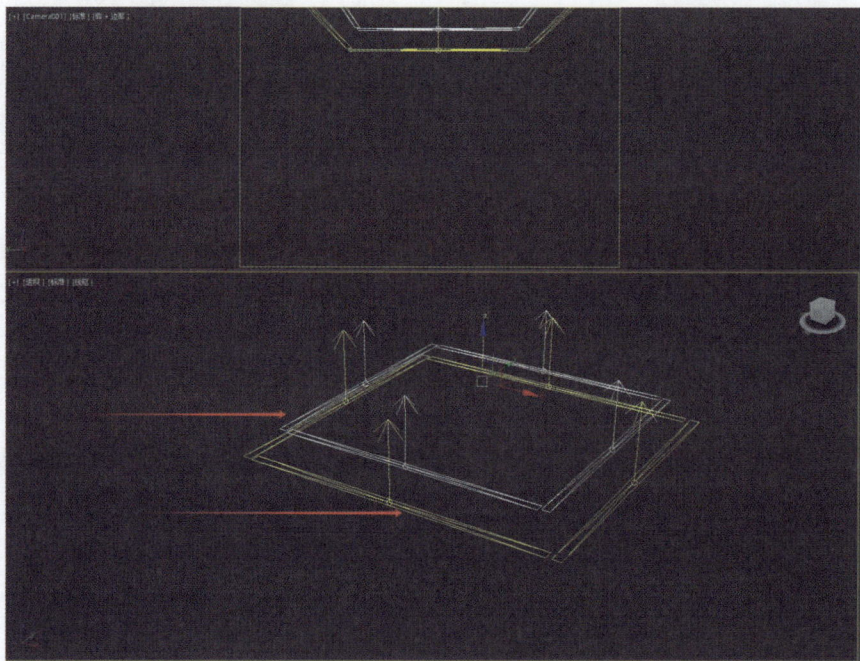

1．室内吊顶灯制作

（1）选择灯带模型，隐藏其他场景，并切换至"顶"视图；选择"灯光"，切换为 VRay，"对象类型"选择为 VRayLight，在场景中创建面光并复制形成环绕状，灯光照明方向向上。

室内灯光制作

（2）调整面光位置，置于灯带外侧，"倍增器"设置为 10，"颜色"设置为暖黄色（254，229，196）；"选项"中选中"不可见"，如图 9-45 所示。

图 9-45　室内吊顶灯光制作

（3）渲染场景效果，吊顶灯光效果明显，如图 9-46 所示。

图 9-46　场景渲染效果

2．室内氛围灯制作

（1）选择家具及屏风部分，隐藏其他场景，以便于创建氛围灯光；视图切换为"左"视图，选择"灯光"，切换为 VRay，"对象类型"选择 VRayIES，在场景中创建 1 个氛围光，并复制两个"实例"从上到下照射。

（2）选择"VRayIES 参数"栏目下"IES 文件"，导入"射灯"文件；"颜色"设置为暖黄色（254，238，223）；"强度类型"设置为"功率"，"强度值"为 3000，如图 9-47 所示。

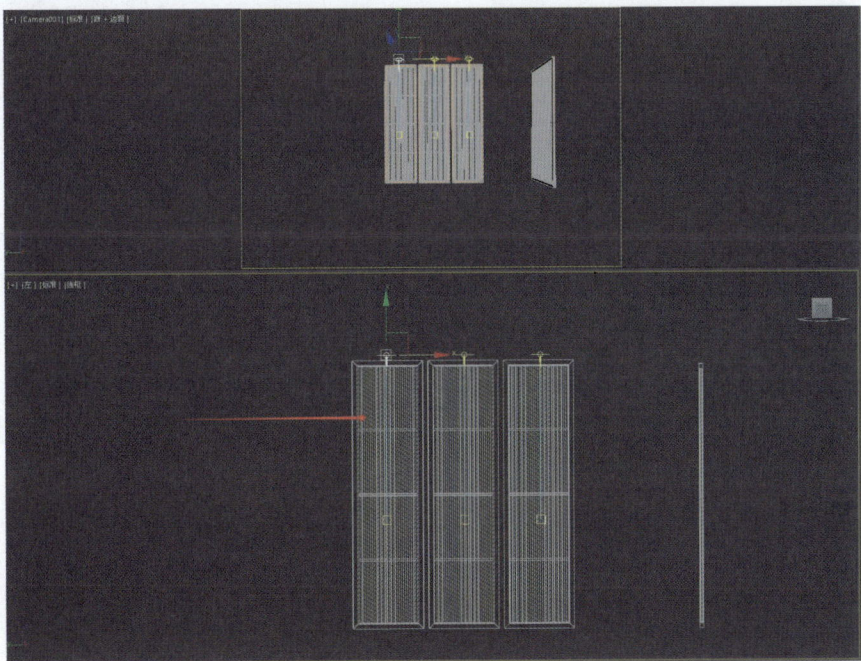

图 9-47　室内氛围灯制作

（3）设置全部取消隐藏，渲染场景效果，氛围灯光照射在沙发、茶几上，如图9-48所示。

图 9-48　场景渲染效果

3. 室内吊灯灯光制作

选择吊灯，隐藏其他场景；选择"灯光"，切换为 VRay，"对象类型"选择 VRayLight，"一般"栏目下设置类型为"球体"，"倍增器"设置为5，"颜色"设置为暖黄色（254，241，223），如图9-49所示。

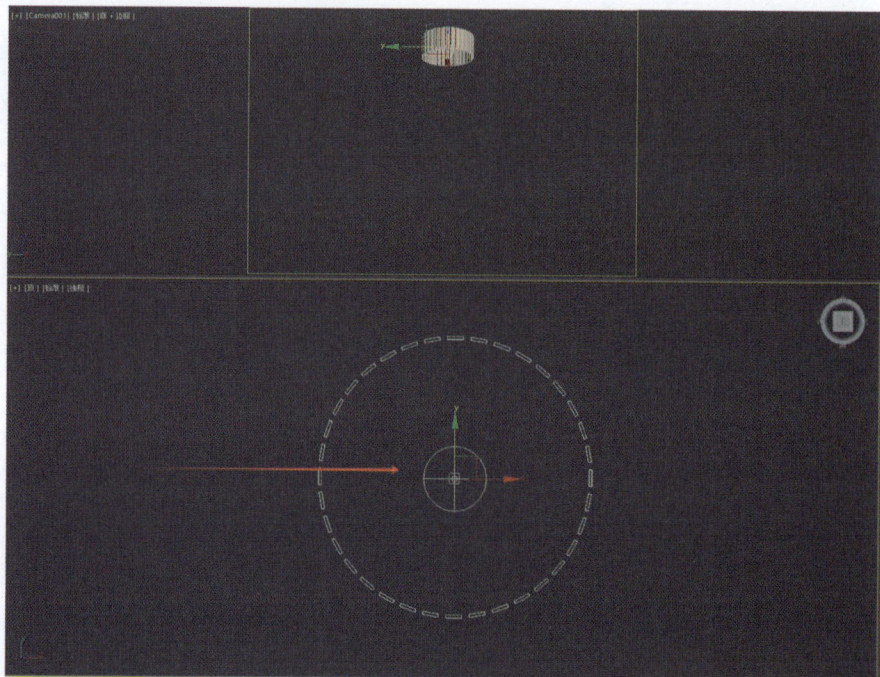

图 9-49　吊灯灯光制作

任务 9.5 渲染参数的设置

9.5.1 整体灯光效果渲染

适当设置 VRayLight，适当调整场景灯光至合适效果，渲染整体灯光效果，并多次调整至合适参数，再次渲染至合适效果，如图 9-50 所示。

图 9-50 整体灯光效果渲染

9.5.2 渲染设置

（1）激活"渲染设置"，"目标"设置为"产品级渲染模式"；"渲染器"设置为 V-Ray 6 Update 1.1 ；选中"公用"选项卡，设置"输出大小"为 1200mm×800mm。

（2）选中 V-Ray 选项卡，设置"图像采样器（抗锯齿）"中"类型"为"小块式"；"图像过滤"中，"过滤器"选择 Catmull-Rom；"块图像采样器"中"最小细分"为 1，"最大细分"为 20；"颜色贴图"中"类型"设置为"指数"。

（3）选中 GI 选项卡，选中"启用 GI"；"首次引擎"设置为"发光贴图"；"二次引擎"设置为"灯光缓存"；"发光贴图"中 Current preset 设置为 Medium，Subdivs 设置为 60，Interp.sample 设置为 60；"灯光缓存"中"细分"设置为 1000，如图 9-51 所示。

（4）渲染最终效果图如图 9-52 所示，并以 JPEG 格式保存效果图，保存工程文件。

高清效果图渲染
设置过程

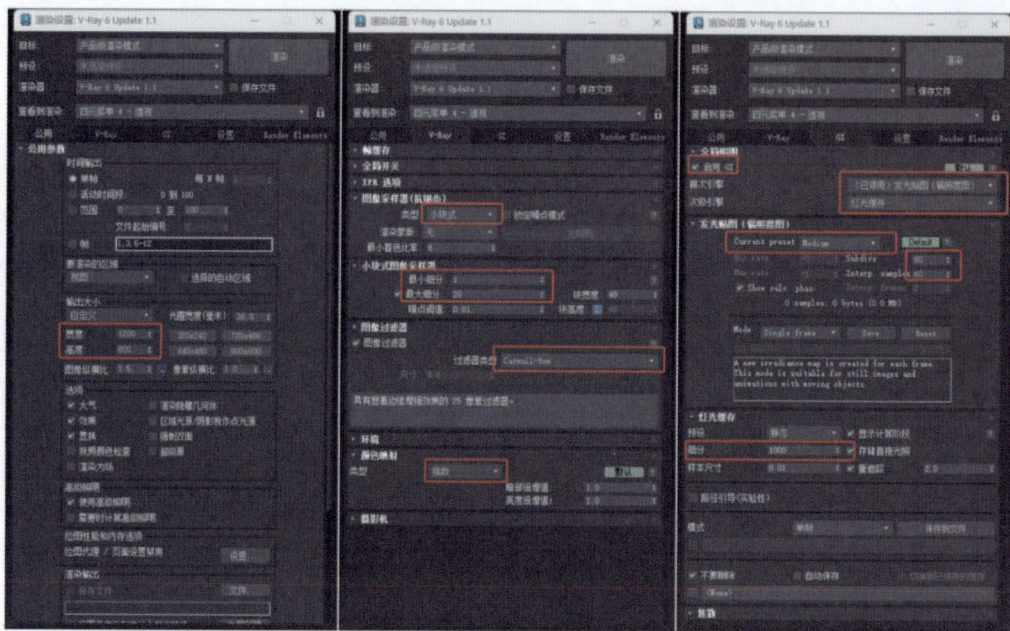

图 9-51　渲染设置

图 9-52　最终效果图渲染

任务 9.6　后期处理

9.6.1　AO 效果图渲染

（1）去除场景材质：保存模型与材质工程文件，再次保存文件，文件命名为"AO 效果"；激活"材质编辑器"，选择"实用程序"→"重置材质编辑器窗口"命令，将所有材质还原为默认设置。

后期处理

（2）选择"漫反射"，添加 V-Ray 栏目下 VRayDirt（污垢）贴图；参数栏目下"半径"设置为 200.0，"分布"与"衰减"统一设置为 1.0，"细分"设置为 28；选择"转

到父对象"，"自发光"栏目下"颜色"亮度设置为 100；全选所有场景,赋予材质,如图 9-53 所示。

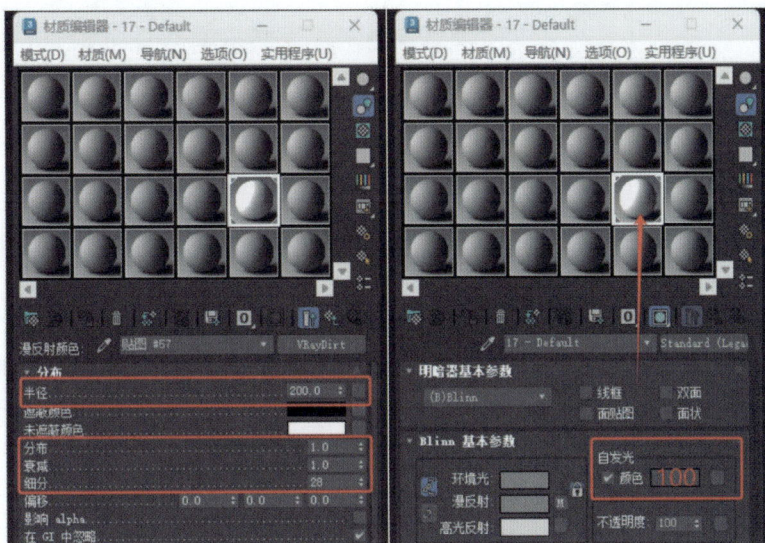

图 9-53 设置自发光

（3）打开"渲染设置"，"全局开关"卷展栏下分别取消选中"置换""灯光"及"隐藏灯光"；"环境"卷展栏下取消选中"GI 环境"；GI 选项卡中,"全局光照"卷展栏下取消选中"启用 GI",渲染场景效果图,如图 9-54 所示。

图 9-54 关闭场景灯光设置

9.6.2 RGB 效果图渲染

（1）打开"渲染设置"，在 Render Elements 选项卡的"渲染元素"卷展栏中单击"添加"按钮,选择"V-Ray 渲染 ID"。

（2）渲染 RGB 效果图,如图 9-55 所示,并以 JPEG 格式保存。

图 9-55　渲染 RGB 效果图

9.6.3　Photoshop 后期调色

（1）打开 Photoshop，将"最终效果图""AO 效果图"及"RGB 效果图"置入 Photoshop；调整位置顺序为"AO 效果图""最终效果图""RGB 效果图"。

（2）选择"AO 效果图"，设置"混合模式"为"正片叠底"，"不透明度"设置为 30%。

（3）选择"最终效果图"，选择"图像"，激活"曲线"，调整画面亮度；激活"色彩平衡"，调整画面色彩关系。

（4）导入效果图，保存工程文件，最终效果图如图 9-56 所示。

图 9-56　最终渲染效果图

项目重难点总结

1. 场景构建：根据 CAD 平面图，进行基础场景构建，需要注意场景的横向与纵向的布线关系，具体尺寸及参数需要设置合理，与现实场景相对应；场景构建思路要明确，明确构建的主次关系，由大到小、由表及里进行制作。

2. 材质制作：制作材质前，需要形成整体制作思路，用从大到小、从面到点的方式进行逐次材质制作；制作完所有材质后，需检查是否遗漏材质。

3. 灯光制作：设置灯光前，遵循由外到内、由大到小原则，每次添加灯光后，应立即渲染，及时掌握灯光效果。

参 考 文 献

[1] 李谷伟,郑丛,吴萱萱 .3ds Max/VRay 室内效果图制作教程 [M]. 北京：清华大学出版社，2021.

[2] 魏庆 . 三维模型制作技术与应用案例解析 [M]. 北京：清华大学出版社，2024.

[3] 应武,罗杰 . 三维建模（微课版）[M]. 北京：电子工业出版社，2024.

[4] 梁艳霞 .3ds Max 三维建模基础教程 [M]. 北京：电子工业出版社，2019.

[5] 陈静 .3ds Max 实用教程 [M]. 北京：电子工业出版社，2022.

[6] 周贤 . 中文版 3ds Max/VRay 室内效果图制作实训教程 [M],北京：人民邮电出版社，2020.

[7] 余伟军 .3ds Max 三维建模教程 [M]. 武汉：华中科技大学出版社，2022.

[8] 程雯雯,张梅 .3ds Max 效果图制作标准教程 [M]. 北京：人民邮电出版社，2022.

[9] 陈怡怡,徐长存,张乐天 .3ds Max 虚拟现实 VR 基础建模 [M]. 南京：南京大学出版社，2021.

[10] 任思旻 . 新印象 3ds Max/VRay 室内家装／工装效果图全流程技术解析 [M]. 北京：人民邮电出版社，
    2021.